高等职业教育教学用书

Dreamweaver CS5 网页设计教程

赵增敏　陈　祥　郑宝昆　主　编

吴　洁　姜红梅　卢　捷　彭　辉　副主编

电子工业出版社

Publishing House of Electronics Industry

北京·BEIJING

内 容 简 介

本书详细地介绍了 Dreamweaver CS5 的基本操作方法和网页设计制作技巧。全书分为 10 章，主要内容包括 Dreamweaver CS5 使用基础、文本与表格、图像与媒体、链接与框架、层叠样式表应用、CSS+DIV 页面布局、JavaScript 行为应用、创建 Spry 页面、Spry 表单验证以及制作 ASP 动态网页。

本书坚持以就业为导向、以能力为本位的原则，突出实用性、适用性和先进性，结构合理、论述准确、内容翔实、步骤清晰，注意知识的层次性和技能培养的渐进性，遵循难点分散的原则，合理安排各章的内容，尽量降低学习难度，通过大量的实战演练来引导学习者学习，旨在培养他们的操作技能和实践动手能力。每章后面均配有习题和上机实验。

本书可作为职业院校计算机类专业以及计算机培训班的教材，也可作为网页设计人员、网站开发和维护人员的参考书。

本书还配有电子教学参考资料包（包括教学指南、电子教案、习题答案和源代码），以方便读者学习，详见前言。

未经许可，不得以任何方式复制或抄袭本书之部分或全部内容。

版权所有，侵权必究。

图书在版编目（CIP）数据

Dreamweaver CS5 网页设计教程 / 赵增敏，陈祥，郑宝昆主编. —北京：电子工业出版社，2013.9
高等职业教育教学用书

ISBN 978-7-121-21307-6

Ⅰ. ①D… Ⅱ. ①赵… ②陈… ③郑… Ⅲ. ①网页制作工具—高等职业教育—教材 Ⅳ. ①TP393.092

中国版本图书馆 CIP 数据核字（2013）第 197799 号

策划编辑：施玉新
责任编辑：郝黎明
印　　刷：三河市鑫金马印装有限公司
装　　订：三河市鑫金马印装有限公司
出版发行：电子工业出版社
　　　　　北京市海淀区万寿路 173 信箱　邮编 100036
开　　本：787×1 092　1/16　　印张：19　字数：486.4 千字
印　　次：2013 年 9 月第 1 次印刷
定　　价：38.00 元

凡所购买电子工业出版社图书有缺损问题，请向购买书店调换。若书店售缺，请与本社发行部联系，联系及邮购电话：(010) 88254888。

质量投诉请发邮件至 zlts@phei.com.cn，盗版侵权举报请发邮件至 dbqq@phei.com.cn。

服务热线：(010) 88258888。

前　　言

Dreamweaver CS5 是美国 Adobe 公司开发的一款专业的网页设计与制作软件，可以用于设计、开发和维护基于标准的网站和 Web 应用程序。它提供了众多功能强大的可视化工具和预建模板，也提供了对领先技术和框架的智能编码协助和支持。通过使用 Dreamweaver CS5 软件，设计人员和开发人员既能以可视方式设计页面，也能高效地编写代码，可以充满自信地构建基于标准的网站。

本书共分为 10 章。第 1 章介绍使用 Dreamweaver CS5 所需要的一些基础知识，主要包括认识 Dreamweaver CS5 工作区、设置 Dreamweaver 站点以及创建和管理站点文件等；第 2 章介绍如何在页面中添加内容，首先讲述 HTML 语言基础，然后讨论如何在页面中添加文本并设置文本格式，最后介绍如何使用表格来显示内容；第 3 章介绍图像和各种媒体在网页设计中的应用，首先讲述如何添加图像并设置其格式，然后讨论如何在页面中添加各种媒体元素；第 4 章首先介绍如何为网页添加链接功能，然后讨论如何通过框架来实现页面布局；第 5 章首先介绍如何创建和应用 CSS 样式表，然后分门别类地讲解各种 CSS 样式属性的应用；第 6 章讨论如何使用 CSS+DIV 来进行网页排版，首先介绍 div 标签与 AP 元素在网页设计中的应用，然后讲解如何结合 CSS 样式表和 div 布局块来创建各种常用的页面布局；第 7 章首先介绍 JavaScript 基础知识，然后讲述如何在网页中添加 JavaScript 行为，最后讨论 Dreamweaver 提供的一些 JavaScript 行为的应用；第 8 章 Spry 框架在网页设计中的应用，首先讲述如何在页面上添加 Spry 效果，然后讨论如何在页面上创建 Spry Widget；第 9 章讲述如何创建表单并对表单数据进行验证，主要内容包括创建 HTML 表单、添加表单对象以及 Spry 表单验证；第 10 章讨论如何使用 Dreamweaver CS5 进行 ASP 动态网页设计，主要内容包括配置 ASP 运行环境、VBScript 基础、ASP 内置对象以及 ADO 数据访问等。

在编写过程中，作者力求使本书体现以下特色。

1. 结构合理、内容翔实。本书详细介绍了 Dreamweaver CS5 在网页设计中的应用，不仅介绍静态网页设计，也讲述 ASP 动态网页制作，还介绍用可视化方式快速生成 Spry 页面。

2. 实例丰富、步骤清晰。本书通过大量的实战演练来讲述网页制作的过程和相应的知识点。对于每个实例，都给出了详细的操作步骤，并且配有相应的效果图。

3. 将手工编码与可视化操作相结合。本书在介绍 Dreamweaver 网页设计时以可视化操作为主，同时结合手写编码，这样不仅可以提高工作效率，也可以对网页外观及程序逻辑进行精细的控制。

4. 内容新颖、技术先进。除了讲述传统网页设计方面的内容外，本书还介绍了当今流行的 CSS+DIV 页面布局技术以及 Spry 框架在网页设计中的的应用，具有很强的实用性。

本书由赵增敏、陈祥、郑宝昆担任主编，吴洁、姜红梅、卢捷、彭辉担任副主编。参加本书编写、代码测试和文字录入的还有赵玉霞、郭宏等，在此一并致谢。

由于作者水平所限，书中疏漏和错误之处在所难免，欢迎广大读者提出宝贵意见。

为了方便教师教学，本书还配有教学指南、电子教案、习题答案以及网页源文件（电子版）。请有此需要的教师登录华信教育网（www.huaxin.edu.cn 或 www.hxedu.com.cn）免费注册后进行下载，有问题时请在网站留言板留言或与电子工业出版社联系（E-mail：hxedu@phei.com.cn）。

编　者

2013 年 8 月

目　　录

第 1 章　Dreamweaver CS5 使用基础

Dreamweaver CS5 是美国 Adobe 公司推出的一款专业的网页设计与制作软件,可以用于设计、开发和维护基于标准的网站和 Web 应用程序。Dreamweaver CS5 提供了众多功能强大的可视化工具和预建模板,也提供了对领先技术和框架的智能编码协助和支持。通过使用 Dreamweaver CS5 软件,设计人员和开发人员既能以可视方式设计页面,也能高效地编写代码,可以充满自信地构建基于标准的网站。在本章中将介绍使用 Dreamweaver CS5 所需要的一些基础知识,主要包括认识 Dreamweaver CS5 工作区、设置 Dreamweaver 站点以及创建和管理站点文件等。

1.1　认识 Dreamweaver CS5 工作区

"工欲善其事,必先利其器"。要想使用 Dreamweaver CS5 来设计网页和管理网站,首先需要了解这个软件的工作区布局,并熟悉它所提供的各种工具。

1.1.1　启动 Dreamweaver CS5

在 Windows 操作系统中,要启动 Dreamweaver CS5,可执行"开始"→"所有程序"→"Adobe Dreamweaver CS5",如图 1.1 所示。

在 Windows 7 中,为了便于快速启动 Dreamweaver CS5,可以考虑在"开始"菜单或任务栏中为这个软件添加一个快捷方式,操作方法如下。

- 若要在"开始"菜单中为 Dreamweaver CS5 创建一个快捷方式,可执行"开始"→"所有程序",右键单击"Adobe Dreamweaver CS5",然后执行"附到'开始'菜单"命令。

- 若要在任务栏上添加 Dreamweaver CS5 的快捷方式,可执行"开始"→"所有程序",右键单击"Adobe Dreamweaver CS5",然后单击"锁定到任务栏"。

图 1.1　启动 Dreamweaver CS5

1.1.2　工作区布局概述

启动 Dreamweaver CS5 之后,便可看到其工作区布局效果,如图 1.2 所示。

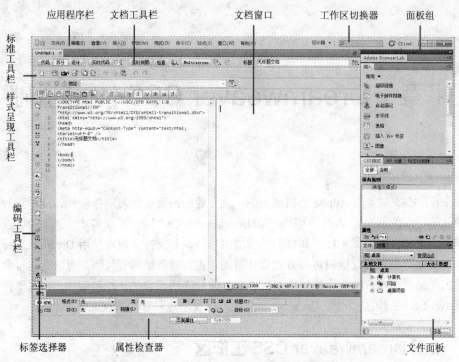

图 1.2　Dreamweaver CS5 工作区布局

Dreamweaver CS5 提供了一个集成布局，可将全部元素置于一个窗口内。在这个集成的工作区中，全部窗口和面板都被集成到一个更大的应用程序窗口中。在 Dreamweaver 中，可通过工作区查看文档和对象属性，也可以使用各种工具栏快速更改文档。

工作区中主要包括以下元素。

（1）欢迎屏幕：用于打开最近使用过的文档或创建新文档，还可以通过产品介绍或教程了解关于 Dreamweaver 的更多信息，如图 1.3 所示。

图 1.3　欢迎屏幕

（2）应用程序栏：位于应用程序窗口顶部，其中包含一个工作区切换器、几个菜单以及其他应用程序控件。

（3）文档工具栏：包含一些按钮，它们提供各种文档窗口视图（如"设计"视图、"代码"视图和"拆分"视图）的选项、各种查看选项和一些常用操作（如在浏览器中预览）。

（4）标准工具栏：包含一些按钮，可用于执行"文件"和"编辑"菜单中的常见操作，例如"新建"、"打开"、"在 Bridge 中浏览"、"保存"、"全部保存"、"打　代码"、"剪切"、"复制"、"粘贴"、"　销"和"重做"。在默认工作区布局中，是不显示标准工具栏的。若要显示标准工具栏，可执行"查看"→"工具栏"→"标准"命令。

（5）编码工具栏：仅在代码视图中显示，包含可用于执行多项标准编码操作的按钮。

（6）样式呈现工具栏：包含一些按钮，如果使用依赖于媒体的样式表，则可使用这些按钮查看页面设计在不同媒体类型中的呈现效果。它还包含一个允许启用或禁用层叠式样式表（CSS）样式的按钮。样式呈现工具栏默认为隐藏状态。若要显示样式呈现工具栏，可选择"查看"→"工具栏"→"样式呈现"。

（7）文档窗口：显示当前创建和编辑的文档。

（8）属性检查器：用于查看和更改所选对象或文本的各种属性。不同对象具有不同的属性。在"编码器"工作区布局中，属性检查器默认是不展开的。

（9）标签选择器：位于文档窗口底部的状态栏中。显示环绕当前选定内容的标签的层次结构。单击该层次结构中的任何标签可以选择该标签及其全部内容。

（10）面板组：帮助设计者　控和修改文档。例如，插入面板、CSS 样式面板和文件面板等。若要展开某个面板，可双击其选项卡。下面对两个常用的面板加以介绍。

- 插入面板：包含用于将图像、表格和媒体元素等各种类型的对象插入到文档中的按钮。每个对象实际上都是一段 HTML 代码，可在插入它时设置不同的属性。例如，可以在插入面板中单击"表格"按钮，以插入一个表格。也可以不使用插入面板，而使用"插入"菜单来插入对象。
- 文件面板：用于管理文件和文件夹，无论它们是 Dreamweaver 站点的一部分还是位于远程服务器上。文件面板还可用于访问本地磁盘上的全部文件，非常类似于 Windows 资源管理器。

注意：Dreamweaver 另外还提供了许多面板、检查器和窗口。若要打开某个面板、检查器和窗口，可使用"窗口"菜单中的相应命令。

1.1.3 文档窗口

文档窗口用于显示当前文档。在使用文档窗口时，根据设计需要可选择下列视图。

（1）设计视图：这是一个用于可视化页面布局、可视化编辑和快速应用程序开发的设计环境。在该视图中，Dreamweaver 显示文档的完全可编辑的可视化表示形式，类似于在浏览器中查看页面时看到的内容。若要切换到设计视图，可选择"查看"→"设计"，或者在文档工具栏中单击"显示设计视图"按钮 设计 。

（2）代码视图：这是一个用于编写和编辑 HTML、JavaScript、服务器语言代码（如 ASP、PHP 或 JSP）以及任何其他类型代码的手工编码环境。若要切换到代码视图，可选择"查看"→"代码"，或者在文档工具栏中单击"显示代码视图"按钮 代码 。

（3）拆分代码视图：这是代码视图的一种拆分版本，可以通过滚动以同时对文档的不同部分进行操作。拆分代码视图将文档拆分为两部分，以便同时对代码的这两部分进行操作。若要切换到代码拆分视图，可选择"查看"→"拆分代码"。

（4）代码和设计视图：可在一个窗口中同时看到同一文档的代码视图和设计视图。若要显示代码视图和设计视图，可执行"查看"→"代码和设计"命令，或者在文档工具栏中单击"显示代码视图和设计视图"按钮。

（5）实时视图：与设计视图类似，但实时视图更　真地显示文档在浏览器中的表示形式，并能够像在浏览器中那样与文档交互。实时视图不可编辑。不过，可以在代码视图中进行编辑，然后刷新实时视图来查看所做的更改。若要切换到实时视图，可执行"查看"→"实时视图"命令，或者在文档工具栏中单击"将设计视图切换到实时视图"按钮 实时视图 。

（6）实时代码视图：仅当在实时视图中查看文档时可用。实时代码视图显示浏览器用于执行该页面的实际代码，当在实时视图中与该页面进行交互时，它可以动态变化。实时代码视图不可编辑。若要切换到实时代码视图，可执行"查看"→"实时代码"命令，或者在文档工具栏中单击"在代码视图中显示实时视图源"按钮 实时代码 。

当文档窗口处于最大化状态（默认值）时，文档窗口顶部会显示选项卡，上面显示了所有打开文档的文件名。如果尚未保存已做的更改，则 Dreamweaver 会在文件名后显示一个星号（*）。若要切换到某个文档，单击它的选项卡即可。

Dreamweaver 还会在文档的选项卡下显示相关文件工具栏，如图 1.4 所示。如果在单独窗口中查看文档，则相关文件工具栏将显示在文档标题栏下。相关文档是指与当前文件关联的文档，例如 CSS 文件或 JavaScript 文件。若要在文档窗口中打开这些相关文件之一，可在相关文件工具栏中单击其文件名。

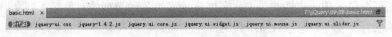

图 1.4　相关文件工具栏

在文档窗口中工作时，经常要在文档窗口中的不同视图之间切换。在文档窗口中，可以通过代码视图、拆分视图、设计视图、实时视图和实时代码视图来查看文档，还可以选择水平或垂直拆分代码视图或代码和设计视图（默认是水平显示）。

默认情况下，当选择代码和设计视图（拆分视图）时，代码视图将显示在文档窗口的顶部，设计视图则显示在底部。若要使设计视图显示在顶部，可执行"查看"→"顶部的设计视图"命令。

使用拆分代码视图和代码和设计视图（拆分视图）时，可以沿不同方向来放置两个视图，操作方法如下。

（1）确保处于拆分代码视图或代码和设计视图。

（2）执行"查看"→"垂直拆分"命令。若此命令处在选中状态，则左右放置两个视图；若此命令处在取消状态，则上下放置两个视图。

（3）如果处于代码和设计视图中，则可以执行"查看"→"左侧的设计视图"命令，以便在左侧显示设计视图。

如果一次打开了多个文档，则可以采用层叠方式或平铺方式放置这些文档。

● 若要以层叠方式放置文档窗口，可执行"窗口"→"层叠"命令。

● 若要以平铺方式放置文档窗口，可执行"窗口"→"水平平铺"命令，或者执行"窗口"→"垂直平铺"命令。

1.1.4　工具栏

为了快速访问常用操作命令，Dreamweaver CS5 提供了多个工具栏，包括文档工具栏、标签工具栏、样式呈现工具栏、浏览器导航工具栏以及编码工具栏。

1. 文档工具栏

文档工具栏如图 1.5 所示，使用此工具栏包含的按钮可在文档的不同视图之间快速切换。

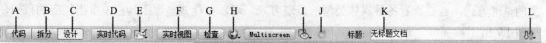

A.显示代码视图　B.显示代码视图和设计视图　C.显示设计视图　D.实时代码视图　E.检查浏览器兼容性
F.实时视图　G.CSS 检查模式　H.在浏览器中预览/调试　I.可视化助理　J.刷新设计视图　K.文档标题　L.文件管理

图 1.5　文档工具栏

工具栏中还包含一些与查看文档、在本地和远程站点间传输文档有关的常用命令和选项。文档工具栏中包含以下选项。

（1）显示代码视图：只在文档窗口中显示代码视图。

（2）显示代码视图和设计视图：将文档窗口拆分为代码视图和设计视图。

（3）显示设计视图：只在文档窗口中显示设计视图。如果处理的是 XML、JavaScript、Java、CSS 或其他基于代码的文件类型，则不能在设计视图中查看文件，而且"设计"和"拆分"按钮将会变　。

（4）实时代码视图：显示浏览器用于执行该页面的实际代码。

（5）检查浏览器兼容性：检查 CSS 是否对于各种浏览器均兼容。

（6）实时视图：显示不可编辑的、交互式的、基于浏览器的文档视图。

（7）CSS 检查模式，打开 CSS 检查模式，验证当前文档或选定的标签。

（8）在浏览器中预览/调试：用于在浏览器中预览或调试文档，可从弹出菜单中选择所需的浏览器。

（9）可视化助理：可以使用各种可视化助理来设计页面。

（10）刷新设计视图：在代码视图中对文档进行更改后刷新文档的设计视图，快捷键为 F5。在执行某些操作（如保存文件或单击该按钮）后，在代码视图中所做的更改才会自动显示在设计视图中。

（11）文档标题：用于为文档输入一个标题，它将显示在浏览器的标题栏中。如果文档已经有了一个标题，则该标题将显示在该区域中。

（12）文件管理：显示"文件管理"弹出菜单。

2. 标准工具栏

标准工具栏如图 1.6 所示。此工具栏包含一些按钮，可用来执行"文件"和"编辑"菜单中的常见操作："新建"、"打开"、"在 Bridge 中浏览"、"保存"、"全部保存"、"打　代码"、"剪切"、"复制"、"粘贴"、"　销"以及"重做"。可以像使用等效的菜单命令一样来使用这些按钮。

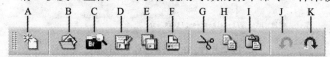

A.新建　B.打开　D.在 Bridge 中浏览　D.保存　E.全部保存
F.打　代码　G.剪切　H.复制　I.粘贴　J.　销　K.重做

图 1.6　标准工具栏

默认情况下，是不显示标准工具栏的。若要显示标准工具栏，可选择"查看"→"工具栏"→"标准"。

3．样式呈现工具栏

默认情况下，Dreamweaver CS5 会显示屏幕媒体类型的设计，该类型显示页面在计算机屏幕上的呈现方式。若要查看各种媒体类型的呈现方式，可以在样式呈现工具栏中单击相应的按钮，如图 1.7 所示。

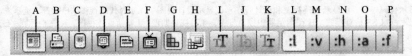

A.呈现屏幕媒体类型　B.呈现打　媒体类型　C.呈现手持型媒体类型　D.呈现　影媒体类型　E.呈现 TTY 媒体类型
F.呈现 TV 媒体类型　G.切换 CSS 样式的显示　H.设计时样式表　I.增加文本大小　J.重置文本大小　K.减小文本大小
L.显示:link 伪类的样式　M.显示:visited 伪类的样式　N.显示:hover 伪类的样式　O.显示:active 伪类的样式　P.显示:focus 伪类的样式

图 1.7　样式呈现工具栏

样式呈现工具栏包含一些按钮，如果使用依赖于媒体的样式表，则可使用这些按钮查看设计在不同媒体类型中的呈现方式。它还包含一个允许启用或禁用 CSS 样式的按钮。样式呈现工具栏默认情况下不显示。若要显示该工具栏，可选择"查看"→"工具栏"→"样式呈现"。只有在文档使用依赖于媒体的样式表时，此工具栏才有用。例如，样式表可能会为打　媒体指定某种正文规则，而为手持设备指定另一种正文规则。

（1）呈现屏幕媒体类型：显示页面在计算机屏幕上的显示方式。

（2）呈现打　媒体类型：显示页面在打　　张上的显示方式。

（3）呈现手持型媒体类型：显示页面在手持设备（如手机）上的显示方式。

（4）呈现　影媒体类型：显示页面在　影设备上的显示方式。

（5）呈现 TTY 媒体类型：显示页面在电传打字机上的显示方式。

（6）呈现 TV 媒体类型：显示页面在电视屏幕上的显示方式。

（7）切换 CSS 样式的显示：用于启用或禁用 CSS 样式。此按钮可独立于其他媒体按钮之外工作。

（8）设计时样式表：可用于指定设计时样式表。

（9）显示伪类的样式：可用于显示:link、:visited、:hover、:active 和:focus 伪类的样式。

4．浏览器导航工具栏

浏览器导航工具栏如图 1.8 所示。此工具栏可在实时视图中激活，用于显示正在文档窗口中查看的页面的地址。从 Dreamweaver CS5 起，实时视图的作用类似于一个常规的浏览器，即使浏览到本地站点以外的站点（例如 http://www.phei.com.cn），Dreamweaver 也将在文档窗口中加载该页面。

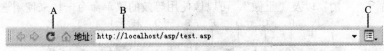

A.浏览器控件　B.地址框　C.实时视图选项

图 1.8　浏览器导航工具栏

默认情况下，不激活实时视图中的链接。在不激活链接的情况下，可选择或单击文档窗口中的链接文本而不进入另一个页面。

若要在实时视图中测试链接，可以通过从地址框右侧的"视图选项"菜单中选择"跟踪链接"或"持续跟踪链接"，以启用一次性单击或连续单击。

5. 编码工具栏

编码工具栏如图 1.9 所示。此工具栏包含可用于执行多种标准编码操作的按钮，例如折叠和展开所选代码、高亮显示无效代码、应用和删除注释、缩进代码、插入最近使用过的代码片断等等。编码工具栏垂直显示在文档窗口的左侧，仅当显示代码视图时才可见。

不能取消停 或移动编码工具栏，但可以将此工具栏隐藏起来，操作方法是执行"视图"→"工具栏"→"编码"命令。还可以通过编辑编码工具栏，来显示更多按钮（例如"自动换行"、"隐藏字符"和"自动缩进"），或者隐藏不想使用的按钮。

图 1.9　编码工具栏

6. 状态栏

除了上述工具栏之外，在文档窗口底部还有一个状态栏，它用来提供与正在处理的文档有关的其他信息，如图 1.10 所示。

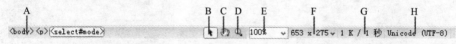

A.标签选择器　B.选取工具　C.手形工具　D.缩放工具
E.设置缩放比率　F.窗口大小弹出菜单　G. 文档大小和预计的下载时间　H. 编码指示器

图 1.10　状态栏

（1）标签选择器：显示环绕当前选定内容的标签的层次结构。单击该层次结构中的任何标签以选择该标签及其全部内容。单击\<body→可选择文档的整个正文。若要在标签选择器中设置某个标签的 class 或 ID 属性，可以用鼠标右键单击该标签，然后从上下文菜单中选择一个类或 ID。

（2）选取工具：启用和禁用手形工具。手形工具用于在文档窗口中单击并拖动文档。

（3）缩放工具和"设置缩放比率"弹出菜单：可以为文档设置缩放比率。

（4）窗口大小弹出菜单：用于将文档窗口的大小调整到预定义或自定义的尺寸。此菜单在代码视图中不可用。

（5）文档大小和下载时间：显示页面（包括所有相关文件，如图像和其他媒体文件）的预计文档大小和预计下载时间。

（6）编码指示器：显示当前文档的文本编码。

1.1.5　检查器与面板

在 Dreamweaver CS5 工作区中有一些检查器和面板，使用它们可以完成各种常见任务，例如创建和管理文件、插入对象并设置其属性。

1. 文件面板

文件面板如图 1.11 所示，此面板可用于查看和管理 Dreamweaver 站点中的文件。

当在文件面板中查看站点、文件或文件夹时，可以更改查看区域的大小，还可以展开或折叠文件面板。当折叠文件面板时，它以文件列表的形式显示本地站点、远程站点或测试服务器的内容。在展开时，它会显示本地站点、

图 1.11　文件面板

远程站点或测试服务器中的一个。

对于 Dreamweaver 站点，还可以通过更改折叠面板中默认显示的视图（本地站点视图或远程站点视图）来对文件面板进行自定义。

2．插入面板

插入面板如图 1.12 所示。此面板包含的按钮可用于创建和插入对象，例如表格、图像、链接以及表单等。这些按钮按几个类别进行组织，可以通过从"类别"弹出菜单中选择所需类别来进行切换，如图 1.13 所示。如果当前文档包含服务器代码，还会显示其他类别（例如 ASP 或 PHP 等）。

图 1.12　插入面板　　　　　　　　图 1.13　切换类别

某些类别具有带弹出菜单的按钮。当从弹出菜单中选择一个选项时，该选项将成为按钮的默认操作。例如，如果从"图像"按钮的弹出菜单中选择"图像占位符"，则下次单击"图像"按钮时，Dreamweaver 会插入一个图像占位符。每当从弹出菜单中选择一个新选项时，该按钮的默认操作都会发生变化。

插入面板按下列类别进行组织。

（1）常用类别：用于创建和插入最常用的对象，例如图像和表格。

（2）布局类别：用于插入表格、表格元素、div 标签、框架和 Spry Widget。还可以选择表格的两种视图：标准（默认）表格和扩展表格。

（3）表单类别：包含一些按钮，用于创建表单和插入表单元素（包括 Spry 验证 Widget）。

（4）数据类别：用于插入 Spry 数据对象和其他动态元素，例如记录集、重复区域以及插入记录表单和更新记录表单。

（5）Spry 类别：包含一些用于构建 Spry 页面的按钮，包括 Spry 数据对象和 Widget。

（6）InContext Editing 类别：包含供生成 InContext 编辑页面的按钮，包括用于可编辑区域、重复区域和管理 CSS 类的按钮。

（7）文本类别：用于插入各种文本格式和列表格式的标签，如 b、em、p、h1 和 ul。

（8）收藏夹类别：用于将插入面板中最常用的按钮分组和组织到某一公共位置。

（9）服务器代码类别：仅适用于使用特定服务器语言的页面，这些服务器语言包括 ASP、CFML Basic、CFML Flow、CFML Advanced 和 PHP。这些类别中的每一个都提供了服务器代码对象，可以将这些对象插入代码视图中。

　　与 Dreamweaver 中的其他面板不同，可以将插入面板从其默认停　位置拖出并放置在文档窗口顶部的水平位置。这样做后，它会从面板更改为工具栏（尽管无法像其他工具栏一样隐藏和显示）。

3．属性检查器

　　属性检查器可以用于检查和编辑当前选定页面元素（如文本和插入的对象）的最常用属性。属性检查器中的内容根据选定的元素会有所不同。例如，如果选择页面上的一个图像，则属性检查器将改为显示该图像的属性，例如图像的文件路径、图像的宽度和高度等，如图 1.14 所示。

图 1.14　属性检查器

　　若要访问特定属性检查器的帮助，可单击属性检查器右上角的帮助按钮，或者从属性检查器的"选项"菜单中选择"帮助"，如图 1.15 所示。

图 1.15　访问特定属性检查器的帮助

　　若要显示或隐藏属性检查器，可执行"窗口"→"属性"命令。
　　若要展开或折叠属性检查器，单击属性检查器右下角的展开箭头▽或折叠箭头△。
　　若要查看并更改页面元素的属性，可执行以下操作。
　　（1）在文档窗口中选择一个页面元素。如果需要，可展开属性检查器，以查看选定元素的所有属性。
　　（2）在属性检查器中，对该元素的任意属性进行更改。
　　（3）如果所做的更改没有立即体现在文档窗口中，可按【Enter】键。

4．标签检查器

　　标签检查器如图 1.16 所示。它与其他集成开发环境（IDE）中提供的属性表类似，可以用来查看和编辑与给定的页面元素关联的每个属性。
　　使用标签检查器可以编辑或添加属性及属性值，可以在属性表中编辑标签和对象。操作方法如下。
　　（1）在文档窗口中，执行下列操作之一。
　　● 在代码视图中，单击标签名称或其内容中的任何位置。
　　● 在设计视图中，选择一个对象。
　　● 在标签选择器中，选择一个标签。
　　（2）打开标签检查器，然后选择"属性"选项卡。所选对象的属性及其当前值将出现在标签检查器中。
　　（3）在标签检查器中执行以下操作。

图 1.16　标签检查器

　　● 若要查看按类别组织的属性，可单击"显示类别视图"按钮。
　　● 若要在按字母排序的列表中查看属性，可单击"显示列表视图"按钮。

- 若要更改属性的值，可选择该值然后进行编辑。
- 若要为没有值的属性添加一个属性值，可单击属性右侧的属性值列并添加一个值。
- 如果该属性采用预定义的值，可从属性值列右侧的弹出菜单（或颜色选择器）中选择一个值。
- 如果属性采用 URL 值，可单击"浏览"按钮 或使用"指向文件"图标 选择一个文件，或者在文本框中输入 URL。
- 如果该属性采用来自动态内容源（如数据库）的值，可单击属性值列右侧的"动态数据"按钮 ，然后选择一个源。
- 若要删除属性值，可选择该值然后按【Backspace】键。
- 若要更改属性的名称，请选择该属性名称然后进行编辑。
- 若要添加未列出的新属性，可单击列出的最后一个属性名称下方的空白位置，然后输入一个新的属性名称。

（4）按【Enter】键，或者单击标签检查器中的其他位置，以更新文档中的标签。

5．CSS 样式面板

CSS 样式面板包括"当前"模式和"全部"模式，前者用于跟踪影响当前所选页面元素的 CSS 规则和属性，后者则用于跟踪影响整个文档的规则和属性。使用 CSS 样式面板顶部的切换按钮可以在这两种模式之间切换。在这两种模式下，都可以对页面元素的 CSS 属性进行修改。

在"当前"模式下，CSS 样式面板将以下显示 3 个窗格（如图 1.17 所示）。

- "所选内容的摘要"窗格：显示文档中当前所选内容的 CSS 属性。
- "规则"窗格：显示所选属性的位置或所选标签的一组层叠的规则，具体取决于当前的选择。
- "属性"窗格，可对定义所选内容的规则的 CSS 属性进行编辑。

通过拖放窗格之间的边框可以调整任一窗格的大小。

在"全部"模式下，CSS 样式面板显示以下两个窗格（如图 1.18 所示）：

- "所有规则"窗格（顶部）：显示当前文档中定义的规则以及附加到当前文档的样式表中定义的所有规则的列表。
- "属性"窗格（底部）：可以编辑"所有规则"窗格中任何所选规则的 CSS 属性。

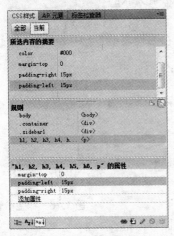

图 1.17 "当前"模式

图 1.18 "全部"模式

在"属性"窗格中所做的任何更改将立即应用，因而可以在操作的同时预览效果。

1.2　设置 Dreamweaver 站点

Dreamweaver 站点是 Web 站点中所有文件和资源的集合。通过使用 Dreamweaver 站点，可以在计算机上创建网页并将其上传到 Web 服务器，还可以在保存文件后随时传输更新的文件来对站点进行维护。

1.2.1　Dreamweaver 工作流程

使用 Dreamweaver 可以设置站点后，即可在站点中设计和创建网页，其工作流程如下。

1．规划和设置站点

确定将在哪里发布文件，检查站点要求、访问者情况以及站点目标。此外，还应考虑诸如用户访问以及浏览器、插件和下载限制等技术要求。在组织好信息并确定结构后，就可以开始创建站点。

2．组织和管理站点文件

在文件面板中，可以方便地添加、删除和重命名文件及文件夹，以便根据需要更改组织结构。在文件面板中还有许多工具，可使用它们来管理站点，向/从远程服务器传输文件，设置存回/取出过程来防止文件被覆盖，以及同步本地和远程站点上的文件。使用资源面板可方便地组织站点中的资源，可以将大多数资源直接从资源面板拖到 Dreamweaver 文档中。

3．设计网页布局

选择要使用的布局方法，或综合使用 Dreamweaver 布局选项创建站点的外观。既可以使用 Dreamweaver AP（绝对定位）元素或 CSS 定位样式来创建布局，也可以使用预先设计的 CSS 布局来创建布局，还可以利用表格工具通过绘制并重新安排页面结构来快速地设计页面。如果希望同时在浏览器中显示多个页面，可以使用框架来设计文档的布局。此外，也可以基于 Dreamweaver 模板创建新的页面，然后在模板更改时自动更新这些页面的布局。

4．向页面添加内容

添加资源和设计元素，例如文本、图像、鼠标经过图像、图像地图、颜色、影片、声音、HTML 链接、跳转菜单等。可以对标题和背景等元素使用内置的页面创建功能，在页面中直接输入，或者从其他文档中导入内容。使用 Dreamweaver 提供的行为，可以为响应特定事件而执行任务，例如在访问者单击"提交"按钮时验证表单，或者在主页加载完毕时打开另一个浏览器窗口。在 Dreamweaver 中，还可以使用各种工具来最大限度地提高 Web 站点的性能，并测试页面以确保能够兼容不同的 Web 浏览器。

5．通过手动编码创建页面

手动编写网页代码是创建页面的另一种方法。Dreamweaver 不仅提供了易于使用的可视化编辑工具，同时也提供了高级的编码环境。创建和编辑网页时，可以采用任何一种方法，也可以同时将这两种方法结合起来使用。

6．针对动态内容设置 Web 应用程序

许多 Web 站点都包含了动态页，动态页使访问者能够查看存储在后台数据库中的信息，并且

一般会允许某些访问者在数据库中添加新信息或编辑信息。若要创建动态页，必须先设置 Web 服务器和应用程序服务器，创建或修改 Dreamweaver 站点，然后连接到数据库。

7. 创建动态页

在 Dreamweaver 中，可以定义多种来源的动态内容，其中包括从数据库提取的记录集、从客户端请求的表单参数、会话变量、应用程序变量以及服务器端环境变量等。

若要在页面上添加动态内容，只需将该内容拖动到页面上即可。

通过设置页面可以同时显示一个记录、多个记录或多页记录，添加用于在记录页之间来回移动的导航链接，以及创建记录计数器来帮助用户跟踪记录。

如果需要更多的灵活性，则可以创建交互式表单和编写服务器端代码。

8. 测试和发布

测试页面是在整个开发周期中进行的一个持续的过程。在这一工作流程的最后，在服务器上发布该站点。许多开发人员还会安排定期的维护，以确保站点保持最新并且工作正常。

1.2.2 理解 Dreamweaver 站点

在 Dreamweaver 中，术语"站点"是指属于某个 Web 站点的文档的本地或远程存储位置。使用 Dreamweaver 站点可以组织和管理所有 Web 文档，并将站点上传到 Web 服务器，跟踪和维护链接以及管理和共享文件。为了充分利用 Dreamweaver 的功能，就应当定义一个站点。

若要定义 Dreamweaver 站点，只需设置一个本地文件夹。若要向 Web 服务器传输文件或开发 Web 应用程序，还必须添加远程站点和测试服务器信息。

Dreamweaver 站点由 3 个文件夹组成，具体取决于开发环境和所开发的 Web 站点类型。

（1）本地根文件夹：是 Dreamweaver 站点的顶级文件夹，用于存储正在处理的站点文件。在 Dreamweaver 中，此文件夹称为"本地站点"。此文件夹通常位于本地计算机上，也可能位于网络服务器上。

（2）远程文件夹：存储用于测试、生产和协作等用途的文件。在 Dreamweaver 中，此文件夹称为"远程站点"。远程文件夹通常位于运行 Web 服务器的计算机上，其中包含用户从 Internet 访问的文件。通过本地文件夹和远程文件夹的结合使用，可以在本地硬盘与 Web 服务器之间传输文件，从而轻松地管理 Dreamweaver 站点中的文件。通常可以在本地文件夹中处理文件，当希望其他人浏览时，可将它们发布到远程文件夹中。

（3）测试服务器文件夹：Dreamweaver 在其中处理动态网页（如 ASP、PHP 或 JSP）的文件夹。测试服务器文件夹通常位于运行应用程序服务器的计算机上。

如果希望使用 Dreamweaver 连接到某个远程文件夹，可以在定义站点时指定该远程文件夹。此文件夹也称为"主机目录"，它应该对应于 Dreamweaver 站点的本地根文件夹。与本地文件夹一样，远程文件夹可以具有任何名称，但 Internet 服务提供商（ISP）通常会将各个用户　户的顶级远程文件夹命名为 public_html、pub_html 或者与此类似的其他名称。如果要　自管理自己的远程服务器，并且可将远程文件夹命名为所需的任意名称，则最好使本地根文件夹与远程文件夹同名。

首次建立远程连接时，Web 服务器上的远程文件夹通常是空的。此后，使用 Dreamweaver 上传本地根文件夹中的所有文件时，便会用所有的 Web 文件来填充远程文件夹。远程文件夹应始终与本地根文件夹具有相同的目录结构。换言之，本地根文件夹中的文件和文件夹应始终与远程文件夹中的文件和文件夹一一对应。如果远程文件夹的结构与本地根文件夹的结构不匹配，则

Dreamweaver 会将文件上传到错误的位置，站点访问者可能无法看到这些文件。如果文件夹和文件结构不同步，则图像和链接路径很容易断开。

Dreamweaver 要连接到的远程文件夹必须存在。如果未在 Web 服务器上指定一个文件夹作为远程文件夹，则应创建一个远程文件夹或要求服务器管理员创建一个远程文件夹。

1.2.3　设置 Dreamweaver 站点

要组织和管理与 Web 站点关联的所有文档，可以设置 Dreamweaver 站点。在 Dreamweaver CS5 中，可以使用"站点设置对象"对话框来设置新的站点。操作步骤如下。

（1）执行"站点"→"新建站点"命令。

（2）在"站点设置对象"对话框中，选择"站点"类别，然后在"站点名称"框中输入一个名称，如图 1.19 所示。

站点名称仅显示在 Dreamweaver 的文件面板和"管理站点"对话框中，该名称不会在浏览器中显示。

（3）在"本地站点文件夹"框中输入本地根文件夹的名称，或者单击"浏览文件夹"按钮并查找和选择此文件夹。此文件夹可以位于本地计算机上，也可以位于网络服务器上。

只需要填写"站点设置对象"对话框的"站点"类别，便可以开始处理 Dreamweaver 站点。在"站点"类别中，可指定将在其中存储所有站点文件的本地文件夹。如果本地根文件夹位于运行 Web 服务器的系统中，则不需要指定远程文件夹。这意味着该 Web 服务器正在本地计算机上运行。

（4）执行下列操作之一：

- 若要设置站点的其他选项，可在"站点设置对象"对话框中填写其他类别（如"服务器"类别），以指定远程服务器上的远程文件夹以及所用的服务器模型等。
- 如果只需要使用本地文件夹来处理站点，可单击"保存"按钮。

此时，新建站点的名称将出现在文件面板的"站点"下拉式列表框中。

【实战演练】创建 Dreamweaver 站点。

（1）在驱动器 F 的根文件夹中创建一个新文件夹，并将其命名为 dw。

（2）在 Dreamweaver CS5 中，选择"站点"→"新建站点"命令。

（3）在"站点设置对象"对话框中，将站点名称指定为 DW，并将站点的本地根文件夹指定为"F\:dw\"。

（4）单击"保存"按钮。

此时，将在文件面板中打开新建的这个站点，如图 1.20 所示。

图 1.19　"站点设置对象"对话框

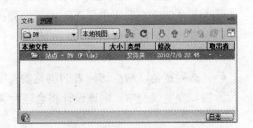

图 1.20　新建的 Dreamweaver 站点

1.3 创建和管理站点文件

设置 Dreamweaver 站点后，便可以在该站点的本地根文件夹中创建文件夹和新文档，也可以打开现有文档进行编辑，或对站点中的文件和文件夹进行管理。

1.3.1 创建新文档

Dreamweaver 为处理各种 Web 文档提供了灵活的环境。除了 HTML 文档以外，还可以创建和打开各种基于文本的文档，如 ASP、JavaScript 和层叠样式表（CSS），并支持各种源代码文件，如 Visual Basic .NET、C#以及 Java 等。

在 Dreamweaver 中可以使用多种文件类型。使用的主要文件类型是 HTML 文件，此类文件也称为超文本标记语言文件，它包含基于 HTML 标签的语言代码，负责在 Web 浏览器中显示网页，可以使用.html 或.htm 扩展名来保存文件。默认情况下，Dreamweaver 使用.html 扩展名保存文件。

在 Dreamweaver 中，可以创建包含预设计 CSS 布局的页面，也可以先创建一个完全空白的页面，然后创建自己的页面布局。具体操作步骤如下。

（1）执行"文件"→"新建"命令。

（2）在如图 1.21 所示的"新建文档"对话框中，选择"空白页"类别，然后从"页面类型"列选择要创建的页面类型。例如，选择 HTML 来创建一个纯 HTML 页，选择 ASP 来创建一个 ASP 页，等等。

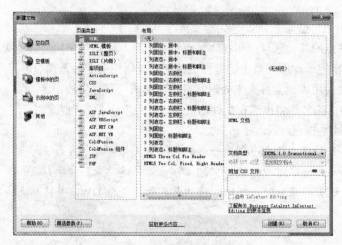

图 1.21 "新建文档"对话框

（3）如果希望新页面包含 CSS 布局，可从"布局"列中选择一个预设计的 CSS 布局；否则，可选择"无"。基于所做的选择，在对话框的右侧将显示选定布局的预览和说明。

预设计的 CSS 布局提供了下列类型的列：

● 固定列宽是以像素指定的。列的大小不会根据浏览器的大小或站点访问者的文本设置来调整。

● 态列宽是以站点访问者的浏览器宽度的百分比形式来指定的。如果站点访问者将浏览器窗口变宽或变窄，则该设计将会进行调整，但不会基于站点访问者的文本设置来更改列宽度。

（4）从"文档类型"下拉列表中选择文档类型。大多数情况下，可以使用默认选择，即 XHTML

1.0 Transitional。

提示：从"文档类型"下拉列表框中选择一种 XHTML 文档类型定义，可以使页面符合 XHTML。例如，从菜单中选择 "XHTML 1.0 Transitional" 或 "XHTML 1.0 Strict"，可使 HTML 文档符合 XHTML 规范。XHTML 即可扩展超文本标记语言，是以 XML 应用的形式重新组织的 HTML。利用 XHTML 可以获得 XML 的优点，同时还能确保 Web 文档的向后和向前兼容性。有关 XHTML 的详细信息，可访问 WWW 联合会（W3C）的 Web 站点。

（5）如果已在"布局"列中选择了一种 CSS 布局，则从"布局 CSS 位置"下拉列表中为布局的 CSS 选择一个位置。

- 添加到文档头：将布局的 CSS 添加到要创建的页面头部。
- 新建文件：将布局的 CSS 添加到新的外部 CSS 文件，并将新的样式表附加到要创建的页面中。
- 链接到现有文件：通过此选项可以指定已包含布局所需的 CSS 规则的现有 CSS 文件。为此，可单击"附加 CSS 文件"窗格上方的"附加样式表"图标，然后选择一个现有的 CSS 样式表。

（6）创建页面时，还可以将 CSS 样式表附加到新页面（与 CSS 布局无关）。为此，可单击"附加 CSS 文件"窗格上方的"附加样式表"图标，然后选择一个 CSS 样式表。

（7）如果希望保存页面时对它启用 InContext Editing，则选择"启用 InContext Editing"复选框。

提示：通过启用 InContext Editing 功能，可让最终用户使用 Adobe InContext Editing 在线服务来编辑在 Dreamweaver 中设计的页面，而无需使用其他软件。

（8）如果要设置文档的默认首选参数（如文档类型、编码和文件扩展名），可单击"首选参数"。

（9）如果要打开可在其中下载更多页面设计内容的 Dreamweaver Exchange，可单击"获取更多内容"。

（10）单击"创建"按钮。

除了使用上述标准方法创建新页面之外，也可以使用文件面板在站点中快速创建新的空白页面，其优点是直接将新文件保存在站点的指定文件夹中。具体操作方法如下。

（1）在文件面板中，选择一个站点。

（2）右键单击用于存储新文件的文件夹，然后从弹出的快捷菜单中选择"新建文件"命令。

（3）对新文件进行重命名。

【实战演练】在 DW 站点中创建 HTML 页面。

（1）在文件面板中，选择 DW 站点。

（2）右键单击该站点的本地根文件夹，然后从弹出菜单中选择"新建文件"。

（3）将新建的文件命名为 first.html。

（4）在文件面板中双击文件 first.html，在文档窗口中打开该文件。

（5）在标准工具栏的"标题"框中输入"我的第一个网页"，如图 1.22 所示。

（6）在标准工具栏上单击 设计 按钮，以切换到设计视图。

（7）在文档窗口输入以下两行文字：

这是我用 Dreamweaver CS5 创建的第一个网页。

我以后会继续 力，　取用这个软件制作出更多更好的网页。

（8）按【Ctrl+S】组合，保存对文档所做的更改。

（9）按【F12】键，在浏览器中预览该页，如图 1.23 所示。

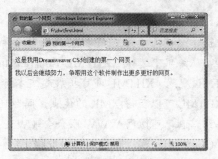

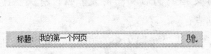

图 1.22　指定网页标题　　　　　　　　　　图 1.23　在浏览器中查看网页

1.3.2　保存文档

对于新建的文档或保存过且已被更改的现有文档，都应当及时加以保存，以免由于应用程序停止响应或其他原因造成不必要的丢失。

若要保存新文档，可执行以下操作。

（1）执行下列操作之一：

● 执行"文件"→"保存"命令。

● 单击文档工具栏上的"保存"按钮。

● 按【Ctrl+S】组合键。

（2）在如图 1.24 所示的"另存为"对话框中，浏览到要用来保存文件的文件夹。最好将文件保存在 Dreamweaver 站点中。

（3）在"文件名"框中，输入文件名。

注意：不要在文件名和文件夹名中使用空格和特殊字符，文件名也不要以数字开头。具体说来，就是不要在打算放到远程服务器上的文件名中使用特殊字符（如 é、ç 或¥）或标点符号（如冒号、斜杠或句号）。原因是很多服务器在上传时会更改这些字符，这将导致与这些文件的链接中断。

（4）单击"保存"按钮。

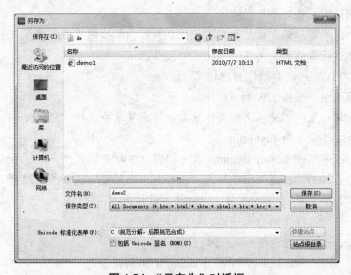

图 1.24　"另存为"对话框

对于先前保存过且已被更改的现有文档，保存时可选择下列操作之一：

- 若要使用原文件名将文件保存在原位置上，可选择"文件"→"保存"或按【Ctrl+S】组合键。
- 若要更改文件名或换一个不同的文件夹来保存，可选择"文件" > "另存为"或按【Ctrl+Shift+S】组合键，并在随后出现的对话框中指定新的文件名或选择其他文件夹。

若要保存当前打开的所有文档，可执行以下操作。

（1）执行下列操作之一：

- 执行"文件"→"保存全部"命令。
- 单击标准工具栏上的"全部保存"按钮。

（2）如果有已打开但未保存的文档，将会为每个未保存的文档显示"另存为"对话框。此时，可在出现的对话框中浏览到要用来保存文件的文件夹。

（3）在"文件名"框中输入文件名，然后单击"保存"按钮。

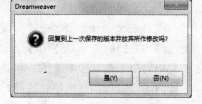

若要回复到文档上次保存的版本，可执行以下操作。

（1）执行"文件"→"回复至上次的保存"命令。

（2）此时将出现如图 1.25 所示的对话框，此时可执行下列操作之一：

图 1.25　确认回复操作

- 若要回复到上次的版本，可单击"是"按钮。
- 若要保留所做的更改，可单击"否"按钮。

注意：如果保存了一个文档，然后退出 Dreamweaver，则当重新启动 Dreamweaver 时，不能回复到该文档的以前版本。

1.3.3　打开现有文档

在 Dreamweaver 中，可以打开现有网页或基于文本的文档（不论是否是用 Dreamweaver 创建的），然后在设计视图或代码视图中对其进行编辑。

一般情况下，最好使用 Dreamweaver 站点来组织要打开和编辑的文件，并使用文件面板来打开这些文件。为此，可在文件面板中选择站点，然后双击要打开的文件。

也可以使用"文件"菜单来打开现有文档，具体操作方法如下。

（1）执行"文件"→"打开"命令。

（2）在如图 1.26 所示的"打开"对话框中，找到要打开的文件并选中该文件。

图 1.26　"打开"对话框

（3）单击"打开"按钮。此时，将在文档窗口中打开选定的文档。

如果打开的文档是一个另存为 HTML 文档的 Word 文件，则可以使用"清理 Word 生成的 HTML"命令来清除 Word 插入到 HTML 文件中的无关标签。

如果要清理不是由 Word 生成的 HTML 或 XHTML，可使用"清理 HTML"命令。

除 HTML 文档之外，也可以在 Dreamweaver CS5 中打开非 HTML 文本文件，如 JavaScript 文件、XML 文件、CSS 样式表或用字处理程序或文本编辑器保存的文本文件。默认情况下，将在代码视图中打开 JavaScript、文本文件以及 CSS 样式表。

若要打开最近打开过的文件，可执行下列操作之一。

● 当出现"欢迎屏幕"时，在"打开最近的项目"下单击要打开的文件名。

● 在"文件"菜单中单击"最近打开的文件"，然后在子菜单中单击要打开的文件名。

在 Dreamweaver CS5 中，可以查看与主文档相关的文件而不会失去主文档的焦点。例如，如果已向主文档附加了 CSS 和 JavaScript 文件，则使用 Dreamweaver 可以在保持主文档可见的同时在文档窗口中查看和编辑这些相关文件。默认情况下，Dreamweaver 在主文档标题下的相关文件工具栏中显示与主文档相关的所有文件的名称。工具栏中按钮的顺序遵循主文档内存在的相关文件链接的顺序。

如果缺少某个相关文件，Dreamweaver 仍会在相关文件工具栏中显示对应的按钮。但是，如果单击该按钮，Dreamweaver 将不显示任何内容。

1.3.4 管理文件和文件夹

在 Dreamweaver CS5 中，可以在文件面板来管理文件和文件夹。使用文件面板可以打开文件、更改文件名，也可以添加、移动或删除文件和文件夹，或者在进行更改后刷新文件面板。对于 Dreamweaver 站点，还可以确定哪些文件（本地站点或远程站点上）在上次传输后进行了更新。

若要打开文件，可执行以下操作。

（1）在文件面板中，从弹出菜单（其中显示当前站点、服务器或驱动器）中选择站点、服务器或驱动器。

（2）定位到要打开的文件。

（3）双击该文件的图标，或者右键单击该文件的图标，然后选择"打开"。

此时，Dreamweaver 会在文档窗口中打开该文件。

若要创建文件或文件夹，可执行以下操作。

（1）在文件面板中，选择一个文件或文件夹，以便在当前选定的文件夹或者与当前选定文件所在的同一个文件夹中新建文件或文件夹。

（2）右键单击选定的文件或文件夹，然后选择"新建文件"或"新建文件夹"。

（3）输入新文件或新文件夹的名称。

（4）按 Enter 键。

若要删除文件或文件夹，可执行以下操作。

（1）在文件面板中，选择要删除的文件或文件夹。

（2）按 Delete 键，或者右键单击选定的文件或文件夹，然后执行"编辑"→"删除"命令。

若要重命名文件或文件夹，可执行以下操作。

（1）在"文件"面板中，选择要重命名的文件或文件夹。

（2）通过执行下列操作之一，激活文件或文件夹的名称：

- 单击文件名，　停片刻，然后再次单击。
- 右键单击该文件的图标，然后执行"编辑"→"重命名"命令。

（3）输入新名称，覆盖现有名称。

（4）按【Enter】键。

（5）如果弹出如图 1.27 所示的"更新文件"对话框，单击
"更新"按钮可以更新文件中的链接，而单击"不更新"按钮
将保留原文件不变。

若要移动或复制文件或文件夹，可执行以下操作。

图 1.27　"更新文件"对话框

（1）在文件面板中，选择要移动或复制的文件或文件夹。

（2）执行下列操作之一。

- 剪切（Ctrl+X）或复制（Ctrl+C）该文件或文件夹，然后粘贴（Ctrl+V）在新位置上。
- 将该文件或文件夹拖到（复制时要按住【Ctrl】键）新位置。

（3）如果弹出"更新文件"对话框，可单击"更新"按钮，以更新文件中所包含的链接。

（4）刷新文件面板，可以看到该文件或文件夹在新位置上。

若要刷新文件面板，可执行下列操作之一。

- 右键单击该文件和文件夹，然后选择"刷新"。
- 对于 Dreamweaver 站点，单击文件面板工具栏上的"刷新"按钮 C 。

【实战演练】在 Dreamweaver 站点中，使用文件面板管理文件和文件夹。

（1）在文件面板中，选择名称为 DW 的站点。

（2）右键单击该站点的本地根文件夹，然后单击"新建文件夹"。

（3）将该文件夹命名为 images，此文件夹可用于存储站点中的图片资源。

（4）在该站点中创建另一个文件夹并命名为 chapter01。

（5）通过鼠标拖动将文件 first.html 移动到文件夹 chapter01 中。

此时的文件面板如图 1.28 所示。

图 1.28　用文件面板管理文件和文件夹

 习题 1

一、填空题

1. 如果尚未保存对文件所做的更改，则 Dreamweaver 会在文件名后显示一个_____。

2. 标签选择器位于文档窗口底部的_____上。

3. 标签检查器可用于查看和编辑与给定的页面元素关联的_____。

4. CSS 样式面板包括_____模式和_____模式。

5. 在 Dreamweaver 中，站点是指属于某个 Web 站点的文档的_____存储位置。

6. 若要定义 Dreamweaver 站点，只需设置一个_____。

二、选择题

1. 在以下各项中，（   ）不是 Dreamweaver 站点的组成部分。

    A．本地根文件夹   B．远程文件夹

    C．活动目录   D．测试服务器文件夹

2. 对于"文件"菜单中的"另存为"命令，也可以使用快捷键（   ）。

    A．Ctrl+Shift+S   B．Ctrl+S

    C．Alt+S   D．Alt+Shift+S

3. 在以下各项中，（   ）不是文档窗口的视图。

    A．设计视图   B．代码视图

    C．实时视图   D．大　视图

三、简答题

1. Dreamweaver CS5 工作区包含哪些主要界面元素？

2. Dreamweaver CS5 文档窗口有哪些视图？

3. Dreamweaver 工作流程有哪些主要步骤？

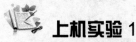 **上机实验 1**

1. 在 Dreamweaver CS5 中新建一个站点。

（1）在本地硬盘上创建一个文件夹并将其命名为 Study。

（2）在 Dreamweaver CS5，选择"站点"→"新建站点"命令。

（3）在"站点设置对象"对话框中，将站点名称指定为"学习"，并将本地根文件夹指定为步骤（2）中创建的 Study 文件夹。

（4）在站点本地根文件夹中创建一个文件夹并将其命名为 images。

（5）在站点本地根文件夹中创建一个文件夹并将其命名为 chapter01。

2. 启动 Dreamweaver CS5，在文件面板中打开"学习"站点，然后执行以下任务。

（1）在文件面板中右键单击文件夹 chapter01，然后选择"新建文件"。

（2）将该文件命名为 first.html。

（3）在文件面板中双击文件 first.html，在文档窗口中打开该文件。

（4）在设计视图中，向页面输入几行文字。

（5）切换到代码视图，以查看该页的 HTML 源代码。

（6）在浏览器查看该页。

第 2 章　文本与表格

通过第 1 章的学习已经对 Dreamweaver CS5 工作区有所了解，并能够在 Dreamweaver 中设置本地站点。设置 Dreamweaver 站点之后，便可以着手在该站点中创建网页，从而使站点的内容逐渐丰富起来。本章将介绍如何在页面中添加内容，首先讲述 HTML 语言基础，然后讨论如何在页面中添加文本并设置文本格式，最后介绍如何使用表格来显示内容。

2.1　HTML 语言基础

HTML（HyperText Markup Language）意即超文本标记语言，是编写 Web 文档的主要语言，也是目前网络上应用最为广泛的语言。HTML 是最初由英国科学家 Tim Berners-Lee 发明的。设计 HTML 的最初动因，是为了便于交流研究成果。HTML 给信息的交流和传播带来了革命性的变化，它现在已经成为万维网的重要基础之一。

2.1.1　定义 HTML 元素

HTML 通过各种标签来告诉浏览器如何呈现网页的内容。使用 HTML 语言可以编写包含文本、表格、图像、链接、声音以及各种其他媒体元素的网页，这些网页通常存储在 Web 服务器上供人们浏览。

一个 HTML 文档包含各种 HTML 标签，这些标签是一些嵌入式 HTML 命令，用以描述网页的结构、外观和内容等信息。Web 浏览器利用这些信息来决定如何显示网页。Web 浏览器按照顺序读取 HTML 文件，并根据内容附近的 HTML 标签来解释和显示呈现内容，这个过程称为语法分析。例如，如果在某段文本前后分别添加了<h2>和</h2>标签，浏览器将会以比一般文字大的粗体字来显示这段文本。

在 HTML 语言中，所有标签都必须用一对尖括号（即小于号 "<" 和大于号 ">"）括起来，这对尖括号就是 HTML 语言的定界符。通过 HTML 标签声明的文档内容称为 HTML 元素。大部分标签都是成对出现的，包括开始标签和结束标签，它们定义了标签所影响的范围。开始标签与结束标签名称相同，但结束标签总是以一个斜线符号开头的，例如，<html>和</html>、<head>和</head>等。也有一些标签只要求单一标签，例如水平线标签<hr />、换行标签
等。

大多数 HTML 元素都拥有一个属性集，通过这些属性可以对元素的呈现方式进行控制。在 HTML 中，所有属性都放置在开始标签的尖括号内。根据有无结束标签，HTML 元素可以使用以下两种格式的标签来定义。

第一种格式，带有结束标签：

```
<标签 属性="值" 属性="值" …>要呈现的内容</标签>
```

第二种格式，没有结束标签：

```
<标签 属性="值" 属性="值" … />
```

例如，当使用<font>标签设置文本格式时，分别通过 face、size 和 color 属性来指定文本的字体、字号和颜色。下面的 HTML 代码用于呈现一段文本，所用字体为华文行楷，字号为 2，文本颜色为红色：

```
<font face="华文行楷" size="2" color="red">网页设计</font>
```

又如，使用 input 标签可以定义各种类型的表单域（如按钮、文本框、单选按钮等），可以通过 type、name 和 value 属性来设置表单域的类型、名称和值。下面的 HTML 代码用于创建一个提交按钮：

```
<input type="submit" name="Submit" value="提交" />
```

在 HTML 语言中，允许标签和属性名使用大写、小写或大小写混合。但目前 HTML 正在朝着 XHTML 方向发展，XHTML 要求标签和属性名为小写。因此，建议使用小写字母来表示标签和属性名。

大多数 HTML 元素都具有以下标准属性。

（1）id：为 HTML 元素指定一个唯一的标识符，可用来对该元素应用 CSS 样式规则。该属性值以英文字母开头，后面可以跟任意的字母、数字、连字符（-）、下画线（_）、冒号（:）及句点（.）。在客户端脚本中可通过 id 属性来引用网页中的特定 HTML 元素。

（2）class：对 HTML 元素应用 CSS 类样式。class 属性在与 CSS 样式表结合时特别有用。在当前页面或外部 CSS 样式表文件中定义一个类样式，并把 HTML 元素的 class 属性值设置为该类样式的名称（外部 CSS 样式表文件需要链接到页面），以设置该元素的外观。与 id 属性不同，一个 class 类可以被任意数量的元素共享。在客户端脚本中，可通过 object.className 形式来访问元素的 class 属性。

（3）style：为一个单独出现的元素指定 CSS 样式。在 HTML 标签中可通过 style 属性设置元素的 CSS 样式，在客户端脚本中可通过 object.style.property 形式访问元素的 CSS 属性。

2.1.2　XHTML 代码规范简介

XHTML（eXtensible HyperText Markup Language）即可扩展的超文本标签语言。国际 W3C 组织（World Wide Web Consortium）于 2000 年发布了 XHTML 1.0 版本，这是一种在 HTML 4.0 基础上优化和改进的新语言，是一种基于 XML 应用的 HTML，它的可扩展性和灵活性能适应未来 Web 应用更多的需求。

虽然 XML 数据转换能力强大，完全可以替代 HTML，但面对成千上万现有的基于 HTML 语言设计的网站，目前直接采用 XML 尚为时过早。因此，使用 XML 的规则对 HTML 4.0 进行扩展便形成了 XHTML，建立 XHTML 的目的就是实现 HTML 向 XML 的过渡。目前国际上在网站设计中推崇的 Web 标准就是基于 XHTML 的应用。由于 HTML 正在向 XHTML 发展，创建 HTML 网页时应该对 XHTML 代码规范有所了解，以便设计出符合标准的网页。

XHTML 代码规范主要包括以下规则。

（1）所有标签必须使用相应的结束标签来进行关闭。在 HTML 中，成对的标签可以不用结束标签来关闭，例如<hr>、
。但是，在 XHTML 中要求所有成对的标签都必须使用结束标签来关闭，例如<head>…</head>、<title>…</title>以及<body>…</body>等。对于那些不成对的单个标签，则必须在其最后使用一个正斜线符号（/）来关闭，例如
、<hr />以及<input … />等。

（2）标签及其属性名称必须使用小写字母。在 HTML 中是不区分字母的大小写的，例如<HTML>、<Html>或<html>作用都是一样的。在 XHTML 中，规定所有标签及其属性名称都必须使用小写字母。例如，不能把<body></body>写成<Body></Body>或<BODY></BODY>。

（3）标签的属性值必须使用引号括起来。在 HTML 中，设置标签的属性值可以不使用引号，例如<font face=华文行楷 size=2 color=red></font>。在 XHTML 中，必须使用双引号把属性值括起来，例如<font face="华文行楷" size="2" color="red"></font>。

（4）标签的所有属性都必须具有值。在 HTML 中，设置标签的属性值可以使用简写形式，例如<input type="radio" checked>。在 XHTML 中，要求所有属性都必须具有值，而不允许使用简写形式，对于 HTML 中那些可以简写的属性，只要把属性名称设置为属性值就可以了，例如<input type="radio" checked="checked">。

（5）强制 XHTML 元素。在 XHTML 规范中，要求所有文档都必须有一个文档类型声明<!DOCTYPE>。要创建符合 XHTML 标准的网页，就必须在文档首行添加文档类型声明。

2.1.3　HTML 网页基本结构

HTML 网页的基本结构可以描述如下：

```
<!DOCTYPE html PUBLIC "-//W3C//DTD XHTML 1.0 Transitional//EN"
 "http://www.w3.org/TR/xhtml1/DTD/xhtml1-transitional.dtd">
<html xmlns="http://www.w3.org/1999/xhtml">
<head>
<meta http-equiv="Content-Type" content="text/html;charset=gb2312" />
<title>网页标题</title>
<script>…</script>
<style>…</style>
<link …/>
<head>

<body 属性="值" 属性="值" …>
<!-- 在这里添加网页的内容，包括文本、表格、表单、图像、声音、视频以及动画等。-->
</body>
</html>
```

在这个基本结构中，主要包含以下组成部分。

（1）<!DOCTYPE>文档类型声明：用于声明文档的根元素 html，其中 PUBLIC 表示这是一个公共 DTD（文档类型定义）引用，该类型定义的作者为 W3C 组织，描述的文档类型为 XHTML 1.0 Transitional，EN 表示英文，声明中的网址表示所引用的 DTD 文件的位置。

（2）html 元素：用文档标签<html>…</html>来定义，可以视为全部 HTML 文档内容的容器，html 元素包含 HTML 文档；xmlns 关键字声明一个默认的名称空间，表明 html 元素及其子元素均属于这个名称空间。

提示：<html>标签通常是文档的第一个标签，表示文档由此开始；</html>是文档的最后一个标签，表示文档到此结束，其他所有 HTML 源代码都位于这两个标签之间。浏览器将按照 HTML 语言规则对文档内的各种标签进行语法分析，从<html>标签开始，直至遇到</html>标签。不过，当创建各种类型的动态网页（如 ASP、PHP 或 JSP）时，也会在<html>标签之前和</html>标签之后放置服务器端脚本代码，这些代码由相应的应用程序服务器进行处理。

（3）head 元素：用首部标签<head>…</head>来定义，可为浏览器提供文档的各种信息。在文档首部中，可以包含各种各样的标签。例如，使用<meta… />标签来设置文档的格式和所用的字符集；使用<title>…</title>标签来指定网页标题；使用<script>…</script>标签来添加客户端脚本代码或者导入外部脚本文件；使用<style>…</style>标签来定义内嵌 CSS 样式表；使用<link… />

标签链接到外部 CSS 样式表文件；等等。

（4）body 元素：用正文标签<body>…</body>来定义，指定文档正文的开始和结束，可用于定义文档的主体部分，在此可给出要在网页上显示的内容及其显示格式。在 Web 浏览器窗口中显示的内容，例如文本、列表、表格、图像、声音、视频、动画、超链接、表单、脚本及其他页面元素，均位于<body>与</body>标签之间。

除了上述组成部分外，在文档正文部分还使用了 HTML 注释，其语法格式如下：

```
<!-- 注释文字 -->
```

2.1.4　设置页面标题和编码

一个 HTML 页面主要由首部和正文两部分组成。在文档首部，可以为浏览器提供与文档相关的各种信息，例如页面标题、内容类型以及文档编码等。

页面标题可通过文档首部的 title 标签来设置，即：

```
<title>页面标题文本</title>
```

在浏览器中打开页面时，该标题将出现在浏览器的标题栏中。

文档编码指定文档中字符所用的编码。文档编码在文档首部的 meta 标签内指定，它告诉浏览器和 Dreamweaver 应如何对文档进行解码以及使用哪些字体来显示解码的文本。

如果要指定简体中文，可使用以下 meta 标签：

```
<meta http-equiv="Content-Type" content="text/html;charset=gb2312" />
```

如果要创建面向全球的网站，则应当指定 UTF-8 为文档编码（这也是 Dreamweaver CS5 的默认设置），相应的 meta 标签为：

```
<meta http-equiv="Content-Type" content="text/html;charset=utf-8" />
```

在 Dreamweaver CS5 中，可以使用"页面属性"对话框对当前页面的标题和编码进行设置。具体操作步骤如下。

（1）选择"修改"→"页面属性"命令，或者在属性检查器中单击"页面属性"。

（2）在"页面属性"对话框中，单击"标题/编码"类别，如图 2.1 所示。

（3）在"标题"框中，指定页面标题。也可以使用文档工具栏来指定页面标题。

（4）从"文档类型"下拉列表框中选择一种文档类型定义，例如可选择"XHTML 1.0 Transitional"或"XHTML 1.0 Strict"，使 HTML 文档与 XHTML 兼容。

（5）从"编码"下拉列表框中选择文档中字符所用的编码。若要使用简体中文编码，可选择"简体中文（GB18030）"或"简体中文（GB2312）"。若选择 Unicode（UTF-8）作为文档编码，则不需要实体编码。若选择其他文档编码，则可能需要用实体编码才能表示某些字符。

（6）若要转换现有文档或者使用新编码重新打开它，可单击"重新载入"按钮。

（7）单击"确定"按钮。

在 Dreamweaver CS5 中，也可以通过编辑首选参数来设置创建指定类型新文档时的默认文档类型和编码。具体操作步骤如下。

（1）选择"编辑"→"首选参数"命令。

（2）当出现"首选参数"对话框时，从左侧的"分类"列表中单击"新建文档"，如图 2.2 所示。

（3）从"默认文档"下拉列表框中，选择将要用于所创建页面的文档类型。

（4）在"默认扩展名"框中，为新建的 HTML 页面指定所希望使用的文件扩展名（.htm 或 .html）。

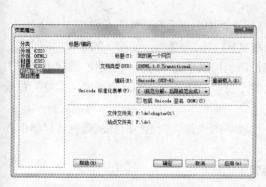 

图 2.1　设置页面标题和编码　　　　　图 2.2　"首选参数"对话框

（5）从"默认文档类型"下拉列表框中，选择一种 XHTML 文档类型定义（DTD），以使新页面遵从 XHTML 规范。

（6）从"默认编码"下拉列表框中，选择在创建新页面时要使用的编码，以及指定在未指定任何编码的情况下打开一个文档时要使用的编码。

（7）单击"确定"按钮。

【实战演练】将新建 Dreamweaver 文档的默认编码设置为简体中文 GB2312。

（1）选择"编辑"→"首选参数"命令。

（2）在"首选参数"对话框中，选择"新建文档"类别。

（3）从"默认文档类型"下拉列表框中，选择"简体中文（GB2312）"。

（4）单击"确定"命令。

2.1.5　设置页面基本属性

HTML 页面的正文部分可通过 body 元素来定义。若要设置页面的基本属性，可在 HTML 代码中对 body 元素的属性进行设置（见表 2.1）。

表 2.1　body 元素的常用属性

属　　性	说　　明
background	指定网页的背景图像的位置
bgcolor	指定网页的背景颜色
text	指定网页中的默认文本颜色
link	指定超链接文本的颜色
alink	指定活动链接文本的颜色
vlink	指定已访问过的链接文本的颜色
leftmargin	指定页面的左边距，取值为整数
topmargin	指定页面的上边距，取值为整数

颜色可以用 16 进制颜色值表示，其格式为#RRGGBB 或#RGB，其中 RR、GG 和 BB 分别表示红、绿、蓝 3 种颜色的值。16 进制数码包括 0~1 及 A~F。例如，红色用#FF0000 表示，或简写为#F00 表示；蓝色用#0000FF 表示，或简写为#00F；#FF3366 可简写为#F36。部分颜色还可以用英文名称表示，例如红色和蓝色分别用 red 和 blue 表示。

在 Dreamweaver CS5 中，可以使用"页面属性"对话框来设置 HTML 页面属性。具体操作步骤如下。

（1）选择"修改"→"页面属性"，或单击属性检查器中的"页面属性"按钮。

（2）当出现"页面属性"对话框时，选择"外观（HTML）"类别，如图 2.3 所示。

（3）在"背景图像"框中，输入背景图像的路径。也可以单击"浏览"按钮，然后浏览到图像并将其选中。与浏览器一样，如果图像不能填满整个窗口，Dreamweaver 会平铺（重复）背景图像。

（4）在"背景"框中，设置页面的背景颜色。可以单击"背景颜色"框并从颜色选择器中选择一种颜色。

（5）在"文本"框中，指定显示字体时使用的默认颜色。

（6）在"链接"框中，指定应用于链接文本的颜色。

（7）在"已访问链接"框中，指定应用于已访问链接的颜色。

（8）在"活动链接"框中，指定当鼠标指针在链接上单击时应用的颜色

（9）在"左边距"框中，指定页面左边距的大小。

（10）在"上边距"框中，指定页面上边距的大小。

（11）单击"确定"按钮。

【实战演练】先设置页面属性，然后在页面上输入文本信息，页面效果如图 2.4 所示。

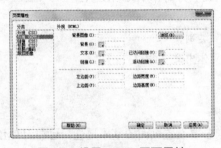

图 2.3　设置 HTML 页面属性　　　　　　图 2.4　设置 HTML 页面属性

（1）在文件面板中选择 DW 站点。

（2）右键单击该站点的本地要文件夹，选择"新建文件夹"，并将新建的文件夹命名为 chapter02。

（3）右键单击文件夹 chapter02，选择"新建文件"，并将新文件命名为 page2-01.html。

（4）双击文件 page2-01.html，在文档窗口中打开该文件。

（5）选择"修改"→"页面属性"命令，在"页面属性"对话框时中选择"外观（HTML）"类别，然后将页面的背景图像设置为"../images/bg05.jpg"，文本颜色设置为"#FF0000"，左边距设置为 50。

（6）选择设计视图，在页面中输入两行文字。

（7）按【Ctrl+S】组合键，保存对文件所做的更改。

（8）按【F12】键，在浏览器中查看该页的效果。

2.2　在页面中应用文本

文本通常是网页中不可或缺的内容。通常将文本包含在段落或其他容器中，也可以对文

本的字体、字号和颜色以及字符样式进行设置。根据需要，还可以对文本设置标题格式和列表格式，或者在页面中插入水平线来分隔不同部分的内容。

2.2.1 添加文本

若要在 HTML 页面中添加文本，可以直接在文档窗口中输入文本，也可以从其他应用程序中复制文本，然后切换到 Dreamweaver，将插入点定位在文档窗口的设计视图中，再执行粘贴操作。

使用中文输入法提供的软键盘，还可以在页面中输入一些特殊符号，例如五角星☆★、方块□■、三角形△▲、菱形◇◆、圆形○●等等。

还有一些特殊字符在 HTML 中以名称或数字形式表示，它们称为实体（entity）。每个实体都有一个名称和一个等效的数字值（见表 2.2）。

表 2.2 常用特殊符号

字　符	说　明	字符实体名	数字表示	字　符	说　明	字符实体名	数字表示
（空格）	不断行空格			¥	元符号	&yen;	&#165;
¢	美分符号	&cent;	&#162;	§	节符号	&sect;	&#167;
£	英镑符号	&pound;	&#163;	©	版权符号	&copy;	&#169;
®	注册符号	&reg;	&#174;	&	与符号	&amp;	&#38;
°	度	&deg;	&#176;	<	小于符号	&lt;	&#60;
²	平方符号	&sup2;	&#178;	>	大于符号	&gt;	&#62;
³	立方符号	&sup3;	&#179;	€	欧元符号	&euro;	&#8364;

在 Dreamweaver CS5 中，可以使用"插入"菜单或面板来插入特殊字符。操作方法如下。

（1）在文档窗口中，将插入点放在要插入特殊字符的位置。

（2）执行下列操作之一。

● 从"插入"→"HTML"→"特殊字符"子菜单中选择字符名称，如图 2.5 所示。

● 在插入面板中选择"文本"类别，单击"字符"按钮并从子菜单中选择所需字符，如图 2.6 所示。

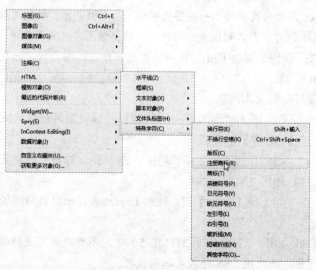

图 2.5 用菜单插入特殊字符

图 2.6 用插入面板插入特殊字符

还有更多其他特殊字符可供使用。若要选择其中的某个字符，可选择"插入"→"HTML"→"特殊字符"→"其他"命令，或者单击"插入"面板的"文本"类别中的"字符"按钮，然后选择"其他字符"选项，然后在如图 2.7 所示的"插入其他字符"对话框中选择一个字符，再单击"确定"按钮。

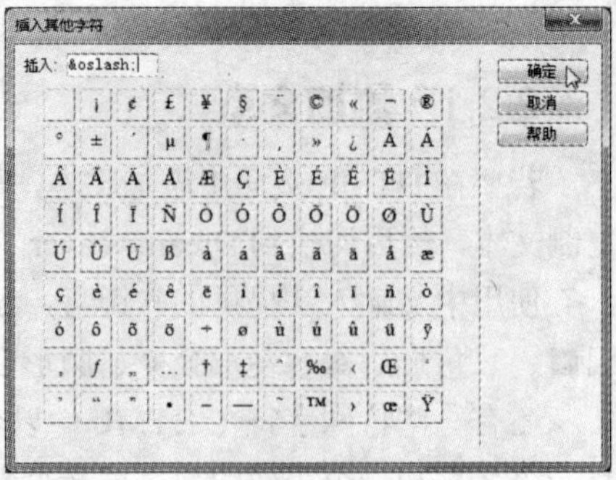

HTML 只允许字符之间有一个空格。若要在文档中添加其他空格，必须插入不换行空格（ ）。为此，可执行下列操作之一。

图 2.7 "插入其他字符"对话框

- 选择"插入"→"HTML"→"特殊字符"→"不换行空格"命令。
- 按【Ctrl+Shift+空格键】组合键。
- 在插入面板的"文本"类别中，单击"字符"按钮并选择"不换行空格"图标。

2.2.2 设置字体、字号和颜色

在 HTML 中，可以使用 font 标签来设置文本的字体、字号和颜色，语法格式如下：

```
<font face="fontFamily[,...fontFamilyNameN]"
      size="intergetOrRelativeSize"
      color="colorTripletOrName">...</font>
```

其中，face 属性指定文本所用的字体名称，可以是一种字体或一个字体列表，字体名称之间用逗号分隔。当浏览器解析 font 标签时，它将优先使用列表中的第一种字体来显示文本。如果运行浏览器的计算机上安装了该字体，则使用该字体，否则将尝试列表中的下一种字体。这种情况会继续下去，直到找到匹配的字体或到达列表结束。如果未找到任何匹配的字体，则使用默认字体。

size 属性指定文本的字体大小（字号），其值为整数，取值范围为 1~7，默认值为 3。也可以用正负号来指定相对于基准字体的大小。

color 属性指定文本的颜色，可以使用 RGB 格式或颜色名称来表示。

注意： 许多设计者喜欢使用各种好看的字体来修饰网页，但这些字体在多数浏览者的计算机上并没有安装。因此，设置 font 标签的 face 属性时要多给出一些备用字体，以免浏览器直接使用默认字体。比较可靠的方法是把使用生僻字体的文本内容制作成小图片，然后将该图片插入页面中。

在 Dreamweaver CS5 中，可以在代码视图中编写 font 标签并设置其属性。如果当前工作在设计视图中，可通过以下操作来添加 font 标签。

（1）在页面上，选择要用 font 标签环绕的文本内容。

（2）选择"修改"→"快速标签编辑器"命令，或者按【Ctrl+T】组合键。

（3）在快速标签编辑器中，输入 font 标签并设置其属性，如图 2.8 所示。

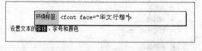

图 2.8 对选定文本添加 font 环绕标签

（4）按【Enter】键，此时 Dreamweaver 会自动添加结束标签</font>。

注意： 在最新的 HTML 版本（HTML 4.01、XHTML 和 HTML 5）中，不赞成或不支持使用 font 标签。因此，应当尽量避免 font 标签，而使用 CSS 样式表取而代之。

若要对现有的 font 标签进行编辑，可执行以下操作。

（1）在标签选择器中选择<font>标签，或者在页面上选择相应的文本内容。

（2）选择"窗口"→"标签检查器"或按 F9 键，以打开标签检查器。

（3）在标签检查器中，对 font 标签的属性进行修改，如图 2.9 所示。

【实战演练】使用 font 标签设置文本的字体、字号和颜色，页面效果如图 2.10 所示。

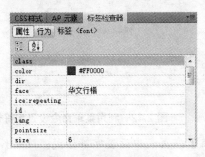 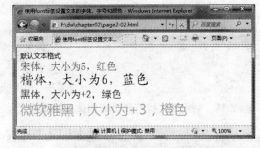

图 2.9　编辑 font 标签　　　　　　　　图 2.10　font 标签应用示例

（1）在 DW 站点的 chapter02 文件夹中，创建一个空白网页并命名为 page2-02.html。

（2）将页面标题设置为"使用 font 标签设置文本的字体、字号和颜色"。

（3）在设计视图中，在页面上输入 5 行文字，在每行末尾按 Shift+Enter 键，以插入换行符；然后选择后面 4 行文字，并使用快速标签编辑器插入<font>标签，并对其 face、size 和 color 属性进行设置。页面正文部分的源代码如下：

```
默认文本格式<br />
<font face="宋体" size="5" color="red">宋体，大小为 5，红色</font><br />
<font face="楷体_GB2312" size="6" color="blue">楷体，大小为 6，蓝色</font><br />
<font face="黑体" size="+2" color="green">黑体，大小为+2，绿色</font><br />
<font face="微软雅黑" size="+3" color="orange">微软雅黑，大小为+3，橙色</font>
```

（5）在浏览器中查看该页。

2.2.3　设置字符样式

在 HTML 中，通过设置字符样式可以为某些字符设置特殊格式，例如粗体、斜体、下画线、删除线、上标以及下标等。表 2.3 列出了用于一些常用标签，可用于设置字符样式。

表 2.3　用于设置字符样式的 HTML 标签

标　　签	说　　明	示　　例
…或…	呈现粗体文本效果	**粗体文本**
<big>…</big>	呈现大号字体效果	大号字体
<i>…</i>或…	显示斜体文本效果	*斜体文本*
<small>…</small>	呈现小号字体效果	小号字体
<s>…</s>或<strike>…</strike>	定义删除线文本	~~删除线文本~~
_…	定义下标文本	这段文本包含$_{下标}$
[…]	定义下标文本	这段文本包含^{上标}
<u>…</u>	定义下画线文本	下画线文本

在 Dreamweaver CS5 中，使用属性检查器可以设置粗体和斜体格式，如图 2.11 所示；使用"文本"→"格式"子菜单中的相关命令可以设置更多的字符格式，如图 2.12 所示。

图 2.11 利用属性检查器设置粗体和斜体格式

图 2.12 利用菜单命令设置字符格式

图 2.13 设置字符格式示例

【实战演练】在页面中设置字符格式，效果如图 2.13 所示。

（1）在 DW 站点的 chapter02 文件夹中创建一个空白网页并命名为 page2-03.html。

（2）将页面标题设置为"设置字符格式"。

（3）在设计视图中，在页面上输入一段文字。

（4）在这段文字中分别选择部分字符，使用属性检查器或"文本"→"格式"子菜单对其格式进行设置，或者使用快速标签编辑器插入环绕标签。页面正文部分的源代码如下：

```
<strong>粗体</strong>  <em>斜体</em>  
<u>下划线</u>  <s>删除线</s>  
上标示例：<big><em>a</em></big><small><sup>2</sup></small>+<big><em>b</em></big>
<small><sup>2</sup></small>=<big><em>c</em></big><small><sup>2</sup></small>
  下标示例：H<small><sub>2</sub></small>SO<small><sub>2</sub></small>
```

（5）在浏览器中查看该页。

2.2.4 设置段落与换行

段落是文本的基本单位。通过使用段落标签 p 可将文档划分为段落，段落间通过一个空行来分隔。p 标签在文档中定义一个段落，该段落与后续内容间有一个空行。语法如下：

```
<p align="where">...</p>
```

其中，align 属性指定段落文本的对齐方式，有以下取值：left（左对齐，默认值）、center（居中对齐）、right（右对齐）、justify（两端对齐）。

在 Dreamweaver 中，若要将一段文字设置为段落，可将插入点放入这段文字中，然后在属性检查器的"格式"下拉列表中选择"段落"，如图 2.14 所示。

图 2.14 设置段落格式

技巧：在设计视图中，向页面中输入一段文字后按【Enter】键，可将这段文字设置为段落格式，同时还会在其下方生成一个新的段落。新段落将继承前面段落的对齐方式。

若要设置段落的对齐方式，可将插入点放入段落中或在标签选择器中单击<p>标签，然后从

"格式" → "对齐方式" 子菜单中选择所需的选项，如图 2.15 所示。

如果只需要换行而不想产生新的段落，则可以使用换行标签 br 标签强制当前行中断，使后续内容显示在下一行。语法如下：

```
<br />
```

技巧：如果正在设计视图中设计页面，则按【Shift+Enter】组合键可在文档当前位置插入一个
标签，从而添加一个换行符。

【实战演练】 在页面中设置段落并换行，页面效果如图 2.16 所示。

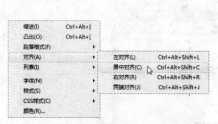

图 2.15 利用菜单命令设置对齐方式

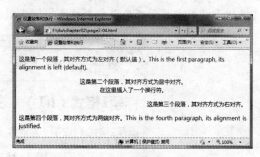

图 2.16 设置段落与换行

（1）在 DW 站点的 chapter02 文件夹中，创建一个空白网页并命名为 page2-04.html。

（2）将页面标题设置为 "设置段落与换行"。

（3）在设计视图中，向页面中添加 4 个段落，并且在第二个段落中插入一个换行符。

（4）在页面中分别选择不同的段落，并从 "格式" → "对齐" 子菜单中所需的对齐方式。页面正文源代码如下：

```
<p>这是第一个段落，其对齐方式为左对齐（默认值）。This is the first paragraph, its alignment is left (default).</p>
<p align="center">这是第二个段落，其对齐方式为居中对齐。<br />
    在这里插入了一个换行符。</p>
<p align="right">这是第三个段落，其对齐方式为右对齐。</p>
<p align="justify">这是第四个段落，其对齐方式为两端对齐。This is the fourth paragraph, its alignment is justified.</p>
```

（5）在浏览器中查看该页。

2.2.5 设置标题格式

在 HTML 中，可使用 h1、h2、h3、h4、h5 和 h6 标签在文档中设置标题格式，其中 h1 设置的标题字号最大，h2 次之，h3 更次之，以此类推，h6 设置的标题字号最小。语法如下：

```
<h1 align="where">…</h1>
…
<h6 align="where">…</h6>
```

其中，align 属性指定标题文本的对齐方式，各个属性值的含义与 p 标签中相同。

提示：标题与段落类似，后续内容与标题之间也有一个空行。所不同的是，默认情况下各级标题中的文本均以粗体字显示。

在 Dreamweaver CS5 中，可使用属性检查器为设置标题格式。操作步骤如下。

（1）在设计视图中，选择要设置标题格式的文本。

（2）在属性检查器中，从 "格式" 下拉列表框中选择所需的标题格式，如图 2.17 所示。这将使用相应的标签（如 h2）来环绕选定的文本。

（3）若要设置标题的对齐方式，可选择该标题，并从 "格式" → "对齐" 子菜单中选择所需的选项。

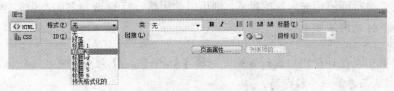

图 2.17 利用属性检查器设置标题格式

【实战演练】在页面中设置标题格式，页面效果如图 2.18 所示。

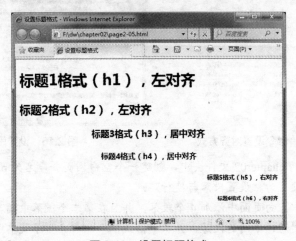

图 2.18 设置标题格式

（1）在 DW 站点的 chapter02 文件夹中创建一个空白网页并命名为 page2-05.html。

（2）将页面标题设置为"设置标题格式"。

（3）在设计视图中，向页面上添加 6 个段落。

（4）利用属性检查器将这些段落分别设置为"标题 1"至"标题 6"格式。

（5）对各级标题的对齐方式进行设置。页面正文部分源代码如下：

```
<h1>标题 1，左对齐</h1>
<h2>标题 2，左对齐</h2>
<h3 align="center">标题 3，居中对齐</h3>
<h4 align="center">标题 4，居中对齐</h4>
<h5 align="right">标题 5，右对齐</h5>
<h6 align="right">标题 6，右对齐</h6>
```

（6）在浏览器中查看该页。

2.2.6 插入水平线

水平线对于组织信息很有用。在 HTML 中，可以使用 hr 标签在文档中插入一条水平线，以可视方式分隔文本和对象。语法如下：

```
<hr align="where" color="colorTripletOrName" noshade="noshade" width="length" />
```

其中，align 属性设置水平线的对齐方式，其取值可为 center（默认值）、left 和 right；color 属性设置水平线的线条颜色，可用 RGB 格式或颜色名称表示；noshade 属性指定在浏览器中呈现为一条无阴影的实线，其值为该属性名称本身；size 属性指定水平线的高度；width 属性指定水平线的长度，可为整数（像素）或百分比（相对于页面宽度）。

若要创建水平线，可执行以下操作。

（1）在 Dreamweaver 文档窗口中，将插入点放在要插入水平线的位置。

（2）选择"插入"→"HTML"→"水平线"命令。

若要修改水平线，可执行以下操作。

（1）在文档窗口中，选择水平线。

（2）选择"窗口"→"属性"打开属性检查器，然后根据需要对水平线的以下属性进行修改（如图 2.19 所示）。

图 2.19　利用属性检查器设置水平线的属性

- 在"水平线"下方的文本框中，为水平线指定 ID。
- 在"宽"和"高"框中，以像素为单位或以页面大小百分比的形式指定水平线的宽度和高度。
- 从"对齐"下拉列表框中，选择水平线的对齐方式，可选择"默认"、"左对齐"、"居中对齐"或"右对齐"。仅当水平线的宽度小于浏览器窗口的宽度时，该设置才适用。
- 若要指定绘制水平线时带阴影，可选中"阴影"复选框；若要使用纯色绘制水平线，可取消选择此复选框。
- 从"类"下拉列表框中选择要应用的 CSS 类样式。

（3）若要设置绘制水平线时使用的颜色，可在标签检查器中对 color 属性进行设置。

【实战演练】在页面上插入水平线，页面效果如图 2.20 所示。

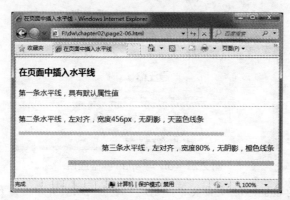

图 2.20　在页面中插入水平线

（1）在 DW 站点的 chapter02 文件夹中创建一个空白网页并命名为 page2-06.html。

（2）将页面标题设置为"在页面中插入水平线"。

（3）在页面中插入一个三级标题、3 个段落和 3 条水平线。

（4）利用属性检查器或标签检查器对水平线的各项属性进行设置。页面正文部分的源代码如下：

```
<h3>在页面中插入水平线</h3>
<p>第一条水平线，具有默认属性值 </p>
<hr id="hr1" />
<p>第二条水平线，左对齐，宽度 456px，无阴影，天蓝色线条 </p>
<hr id="hr2" align="left" width="456" size="5" noshade="noshade" color="skyblue" />
<p align="right">第三条水平线，左对齐，宽度 80%，无阴影，橙色线条 </p>
<hr id="hr3" align="right" width="80%" size="8" noshade="noshade" color="orange" />
```

（5）在浏览器中查看该页。

2.2.7 div 与 span 标签

在页面的 CSS 布局中，经常用到两个 HTML 容器标签：即 div 和 span。

div 标签在页面中定义一个可显示 HTML 内容的区域，使用 div 标签可把页面分割为独立的不同部分。语法如下：

```
<div align="where">...</div>
```

其中，align 属性指定文本在区域内的对齐方式。在 HTML 4.01 中，不赞成使用 div 元素的 align 属性；在 XHTML 1.0 中，不支持使用 div 元素的 align 属性。

div 元素是一个块级（block-level）元素，这意味着它的内容自动地开始一个新行。实际上，换行是 div 元素固有的唯一格式表现。不过，也可以通过设置 div 元素的 id、class 或 style 属性来对其额外的样式。div 元素通常作为其他元素的容器，可用于容纳其他块级元素或行内（inline）元素。

span 标签可用于组合文档中的行内元素。语法如下：

```
<span>...</span>
```

span 元素是一个行内元素，它只能容纳文本或者其他行内元素，在它的前后不会换行。span 元素本身并没有任何格式表现，只能通过设置它的 id、class 或 style 属性来对其设定额外的样式。当使用其他行内元素都不合适时，可以考虑使用 span 元素。

div 元素与 span 元素的区别在于，div 是块级元素，而 span 是行内元素。一般来说，对于页面中大的区域可以使用 div 元素，对于需要单独设置样式的较小区域（如一个单词、一幅图片或一个链接等）则使用 span 元素。

【实战演练】在页面中使用 div 和 span 元素，页面效果如图 2.21 所示。

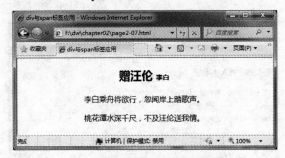

图 2.21   div 与 span 标签应用

（1）在 DW 站点的 chapter02 文件夹中，创建一个空白网页并命名为 page2-07.html。

（2）将页面标题设置为 "div 与 span 标签应用"。

（3）在页面正文部分输入以下 HTML 代码：

```
<div style="text-align:center">
  <h2>赠汪伦 <span style="font-size:60%">李白</span></h2>
  <p>李白乘舟将欲行，忽闻岸上踏歌声。</p>
  <p>桃花潭水深千尺，不及汪伦送我情。</p>
</div>
```

【代码说明】在上述代码中，通过 HTML 元素的 style 属性对其 CSS 属性进行了设置，style 属性值为一组 CSS 属性-值对，属性名和属性值用冒号分隔，不同属性用分号分隔。text-align 和 font-size 均为 CSS 属性，前者指定元素中文本的水平对齐方式，后者指定元素的字体大小。使用 % 时将 font-size 设置为相对大小，即基于父元素（本例中为 h2）的一个百分比。

（4）在浏览器中查看该页。

2.2.8　设置列表格式

在页面中，可以通过设置列表格式来显示一组相关的信息条目。列表分为项目列表和编号列表：前者带有项目符号（如●或■），也称为无序列表；后者带有序号标签（如数字或字母），也称为有序列表。

在 HTML 中，项目列表用 ul 和 li 标签定义，语法如下。

```
<ul type="labelType">
<li>条目 1</li>
<li>条目 2</li>
…
</ul>
```

其中，type 属性指定项目符号的类型，该属性的取值如下。

● disc：以实心圆（●）作为项目符号，这是默认值。

● circle：以空心圆（○）作为项目符号。

● square：以矩形（■）作为项目符号。

编号列表用 ol 和 li 标签定义，语法如下。

```
<ol type="labelType" start="number">
<li>条目 1</li>
<li>条目 2</li>
…
</ol>
```

其中，type 属性指定序号的类型，该属性的取值如下。

● 1：以数字（1、2、3…）作为序号，这是默认值。

● A：以大写字母（A、B、C…）作为序号。

● a：以小写字母（a、b、c…）作为序号。

● I：以大写罗马数字（Ⅰ、Ⅱ、Ⅲ…）作为序号。

● i：以小写罗马数字（i、ii、iii…）作为序号。

start 属性指定列表条目的起始序号。

ul 和 ol 元素均为块级元素，它们的前后都有一个空行。无论是无序列表还是有序列表，都可以嵌套使用。嵌套列表是包含其他列表的列表。

下面介绍如何在 Dreamweaver CS5 中创建列表。

若要创建新列表，可执行以下操作。

（1）在 Dreamweaver 文档中，将插入点放在要添加列表的位置。

（2）执行下列操作之一：

● 在 HTML 属性检查器中，单击"项目列表"或"编号列表"按钮，如图 2.22 所示。

A-项目列表　B-编号列表　C-凸出　D-缩进

图 2.22　HTML 属性检查器

- 选择"格式"→"列表"命令，然后选择所需的列表类型。

指定列表项目的前导字符将显示在文档窗口中。

（3）输入列表项目文本，然后按【Enter】键来创建其他列表项目。

（4）若要完成列表，可按两次【Enter】键。

若要使用现有文本创建列表，可执行以下操作。

（1）选择一系列段落组成一个列表。

（2）执行下列操作之一。

- 在 HTML 属性检查器中，单击"项目列表"或"编号列表"按钮。
- 选择"格式"→"列表"并选择所需的列表类型。

若要创建嵌套列表，可执行以下操作。

（1）选择要嵌套的列表项目。

（2）在 HTML 属性检查器中单击"缩进"按钮，或者选择"格式"→"缩进"命令。

Dreamweaver 将缩进文本并创建一个单独的列表，该列表具有原始列表的 HTML 属性。

（3）按照上面使用的同一过程，对缩进的文本应用新的列表类型或样式。

图 2.23 "列表属性"对话框

若要对整个列表或某个列表项的属性进行设置，可执行以下操作。

（1）将插入点放到列表项目的文本中。

（2）在 HTML 属性检查器中单击"列表项目"，或者选择"格式"→"列表"→"属性"

（3）在如图 2.23 所示的"列表属性"对话框中，设置要用来定义列表的以下选项：

- 从"列表类型"下拉列表框中，选择"编号列表"或"项目列表"。
- 从"样式"下拉列表框中选择用于编号列表或项目列表的编号或项目符号的样式。
- 如果需要，可在"开始计数"框中输入编号列表中第一个项目的值。

（4）若要设置列表项目的列表属性，可在"列表项目"下设置以下选项。

- 在"新建样式"下拉列表框中指定所选列表项目的样式。这与所选列表类型有关。
- 如果需要，可在"重设计数"框中输入从其开始为列表项目编号的特定数字。

（5）单击"确定"按钮。

【实战演练】在页面中创建项目列表和编号列表，页面效果如图 2.24 和图 2.25 所示。

图 2.24 在页面中创建项目列表

图 2.25 在页面中创建编号列表

（1）在 DW 站点的 chapter02 文件夹中，创建一个空白网页并命名为 page2-08.html。

（2）将页面标题设置为"设置列表格式"。

（3）在页面中分别创建两个项目列表和两个编号列表。页面正文部分源代码如下：

```
<h4>项目列表</h4>
<ul>
  <li>香蕉</li><li>苹果</li>
  <li>桔子</li><li>柠檬</li>
</ul>
<h4>项目列表</h4>
<ul type="square">
  <li>香蕉</li><li>苹果</li>
  <li>桔子</li><li>柠檬</li>
</ul>
<h4>编号列表</h4>
<ol>
  <li>香蕉</li><li>苹果</li>
  <li>桔子</li><li>柠檬</li>
</ol>
<h4>编号列表</h4>
<ol type="A">
  <li>香蕉</li><li>苹果</li>
  <li>桔子</li><li>柠檬</li>
</ol>
```

（4）在浏览器中查看该页。

2.3 使用表格显示内容

表格由一行或多行组成；每行又由一个或多个单元格组成。使用表格不仅可以在 HTML 页上显示数据，还可以对文本和图形进行布局。在 Dreamweaver CS5 中，可以轻松地创建表格，还可以对列、行和单元格进行操作。

2.3.1 创建基本表格

在 HTML 中，表格通过 table 标签定义；表格中的每一行用 tr 标签定义；行中的每个单元格用 td 或 th 标签定义，td 用于定义普通数据单元格，th 标签用于定义标题单元格，其中的文字用粗体显示且水平居中；表格标题用 caption 标签定义。单元格的内容可以是文本、图像等，也可以是表格。定义表格的基本语法如下：

```
<table>
  <caption>表格标题</caption>
  <tr>
    <td>数据项</td>
    <td>数据项</td>
    ...
    <td>数据项</td>
  </tr>
  <tr>
    <td>数据项</td>
    <td>数据项</td>
    ...
```

```
        <td>数据项</td>
    </tr>
    …
</table>
```

图 2.26 "表格"对话框

在 Dreamweaver CS5 中，可通过以下操作快速插入一个表格并对其基本属性进行设置。

（1）在页面上，把插入点放在要插入表格的位置。

（2）执行下列操作之一。

● 选择"插入"→"表格"。

● 在插入面板的"常用"类别中，单击"表格"。

（3）在如图 2.26 所示的"表格"对话框中，对表格的以下基本属性进行设置。

● 行数：确定表格行（tr）的数目。

● 列数：确定表格列（td）的数目。

● 表格宽度：，以像素为单位或按占浏览器窗口宽度的百分比指定表格的宽度（width）。

● 边框粗细：指定表格边框的宽度（以像素为单位）（border）。

● 单元格间距：指定相邻的表格单元格之间的像素数（cellspacing）。

● 单元格边距：指定单元格边框与单元格内容之间的像素数（cellpadding）。

提示：如果没有明确指定边框粗细或单元格间距和单元格边距的值，则大多数浏览器都按边框粗细和单元格边距设置为 1、单元格间距设置为 2 来显示表格。若要确保浏览器显示表格时不显示边距或间距，可将"单元格边距"和"单元格间距"设置为 0。

● 设置标题单元格（th）出现的位置：若选择"无"，则对表格不启用列或行标题；若选择"左"，则将表格的第一列作为标题列，以便为表格中的每一行输入一个标题；若选择"顶"，则将表格的第一行作为标题行，以便在表格中的每一列输入一个标题；若选择"两者"，则在表格中输入列标题和行标题。

● 标题：提供一个显示在表格外的表格标题（caption）。

● 摘要：给出表格的说明。但是该文本不会显示在用户的浏览器中。

（3）完成设置后，单击"确定"按钮。

一个空白表格插入文档中，默认情况下每个单元格均包含一个不换行空格（ ）。根据需要，可向该表格的单元格中输入任何类型的数据，例如文本和图像等，甚至可以在单元格中插入另一个表格，由此形成嵌套表格。

（4）若要向表格中添加文本，可单击要添加文本的单元格，然后在其中直接输入文本，或者从剪贴板粘贴文本。

（5）按 Tab 键，把插入点移到下一个单元格并继续输入。若在最后一个单元格中按【Tab】键，则会添加一个新行。

【实战演练】 在页面上插入一个表格并输入文本，页面效果如图 2.27 所示。

（1）在 DW 站点的 chapter02 文件夹中，创建一个空白网页并命名为 page2-09.html。

（2）将页面标题设置为"插入表格并输入内容"。

图 2.27 插入表格并输入内容

（3）选择"插入"→"表格"，然后在"表格"对话框中设置新表格的属性，表格宽度为 450，边框粗细为 1，单元格边距为 6，单元格间距为 0，标题单元格位置为"两者"，表格标题为"HTML 元素的通用属性"。

（4）在表格的各个单元格中输入内容。页面正文部分源代码如下：

```
<table width="450" border="1" align="center" cellpadding="6" cellspacing="0">
  <caption>HTML 元素的通用属性</caption>

  <tr>
    <th scope="col">属性</th>
    <th scope="col">说明</th>
    <th scope="col">取值</th>
  </tr>
  <tr>
    <th scope="col">id</th>
    <td>为 HTML 元素指定唯一的标识符</td>
    <td>以字母开头的名称</td>
  </tr>
  <tr>
    <th scope="row">class</th>
    <td>对 HTML 元素应用 CSS 类样式</td>
    <td>CSS 类样式名称</td>
  </tr>
  <tr>
    <th scope="row">style</th>
    <td>为单独出现的元素指定 CSS 样式</td>
    <td>一组 CSS 属性-值对</td>
  </tr>
</table>
```

【代码说明】在上述代码中，对 table 标签的以下 4 个属性进行了设置：用 border 属性指定表格边框的粗细，align 属性指定表格的对齐方式，cellpadding 属性指定单元格边框与单元格内容之间的像素数，cellspacing 属性指定相邻的表格单元格之间的像素数。此外，还在第一行的 th 标签中将 scope 属性设置为 col，用于定义列标题，表示此单元格是下面数据单元格的标题；在第一列的 th 标签中将 scope 属性设置为 row，用于定义行标题，表明此单元格是右边数据单元格的标题。

（5）在浏览器中查看该页。

2.3.2　设置表格的属性

在 HTML 页面中，可以通过 table 标签的属性对表格的格式进行设置。table 标签的常用属性在表 2.4 中列出。

表 2.4　table 标签的常用属性

属　　性	说　　明
align	指定表格的对齐方式，有以下取值：left（左对齐，默认值），center（居中对齐），right（右对齐）
background	指定用做表格背景图片的 URL 地址
bgcolor	指定表格的背景颜色
border	指定表格边框的宽度，以像素为单位。默认值为 0，即不显示表格边框
bordercolor	指定表格边框颜色，应与 border 属性一起使用

续表

属 性	说 明
bordercolordark	指定 3D 边框的阴影颜色，应与 border 属性一起使用
bordercolorlight	指定 3D 边框的高亮显示颜色，应与 border 属性一起使用
cellpadding	指定单元格内容与单元格边框之间的间距，以像素为单位
cellspacing	指定单元格之间的间距，以像素为单位
frame	指定表格外框线的显示方式，该属性有以下取值：above 只显示上边框；below 只显示下边框；border 和 box 显示所有 4 个边框，默认值；hsides 只显示上边框和下边框；lhs 只显示左边框；rhs 只显示右边框；void 不显示所有边框；vsides 只显示左边框和右边框
height	指定表格的高度，以像素为单位或为相对于浏览器窗口高度的百分比。通常不需要设置表格的高度
rules	指定表格内部分隔线的显示方式，该属性有以下取值：all 同时显示水平方向和垂直方向的分隔线，默认值；cols 只显示列与列之间的垂直分隔线；groups 显示组与组之间的分隔线；rows 只显示行与行之间的水平分隔线；none 不显示所有分隔线
width	指定表格的宽度，以像素或相对于浏览器窗口宽度的百分比为单位

在 Dreamweaver 中，可以利用属性检查器对表格的常用属性进行设置。操作方法如下。

（1）把插入点放在表格的任意单元格中，在文档窗口左下角的标签选择器中单击<table>标签，以选择整个表格。

（2）在属性检查器中，单击右下角的展开箭头 ▽，以查看和设置表格的更多属性，如图 2.28 所示。

图 2.28　利用属性检查器设置表格的属性

（3）根据需要，更改表格的以下属性。

- ID：在"表格"下方的框中指定表格的 ID，以便在脚本中引用该表格。
- 行：指定表格中的行数。
- 列：指定表格中的列数。
- 宽：指定表格的宽度，可选择像素为单位或表示为占浏览器窗口宽度的百分比。
- 填充：指定单元格内容与单元格边框之间的像素数。
- 间距：指定相邻的表格单元格之间的像素数。
- 对齐：选择表格相对于同一段落中的其他元素（例如文本或图像）的显示位置。"左对齐"表示沿其他元素的左侧对齐表格（同一段落中的文本在表格的右侧换行）；"右对齐"表示沿其他元素的右侧对齐表格（文本在表格的左侧换行）；"居中对齐"表示将表格居中（文本显示在表格的上方和下方）；"默认"指示浏览器应该使用其默认对齐方式。

提示：当将对齐方式设置为"默认"时，其他内容不显示在表格的旁边。若要在其他内容旁边显示表格，可使用"左对齐"或"右对齐"。

- 边框：指定表格边框的宽度，以像素为单位。
- 类：对该表格应用 CSS 类。
- 清除列宽▣：从表格中删除所有明确指定的列宽。

- 清除行高 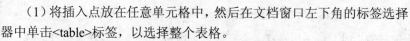：从表格中删除所有明确指定的行高。
- 将表格宽度转换成像素 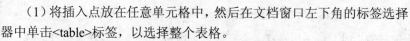：将表格中每列的宽度为以像素为单位的当前宽度并将整个表格的宽度设置为以像素为单位的当前宽度。
- 将表格宽度转换为百分比 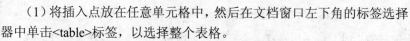：要将表格中每个列的宽度设置为按百分比表示的当前宽度并将整个表格的宽度设置为按百分比表示的当前宽度。

（4）如果在文本框中输入了值，则可以按【Tab】或【Enter】键来应用该值。

也可以利用标签检查器可以对表格的更多属性进行设置。具体操作方法如下。

（1）将插入点放在任意单元格中，然后在文档窗口左下角的标签选择器中单击<table>标签，以选择整个表格。

图 2.29　利用标签检查器设置表格属性

（2）按【F9】键，以打开标签检查器。

（3）在标签检查器中，根据需要对表格的属性进行设置，如图 2.29 所示。

【实战演练】对表格属性进行设置，页面效果如图 2.30 所示。

图 2.30　设置表格属性

（1）在 DW 站点的 chapter02 文件夹中，创建一个空白网页并命名为 page2-10.html。

（2）将页面标题设置为"设置表格属性"。

（3）选择"插入"→"表格"，在页面中插入一个 3 行 3 列的表格，然后在各个单元格中输入数字。

（4）利用属性检查器或标签检查器对表格的属性进行设置。页面正文部分源代码如下：

```
<table width="398" border="6" align="center"cellpadding="6" cellspacing="4"
  bordercolorlight="#3399FF" bordercolordark="#666666" bgcolor="#FFFF66">
  <tr><td>1</td><td>2</td><td>3</td></tr>
  <tr><td>4</td><td>5</td><td>6</td></tr>
  <tr><td>7</td><td>8</td><td>9</td></tr>
</table>
```

（5）在浏览器中查看该页。

2.3.3　表格基本操作

当在页面上插入一个表格之后，就可以选择整个表格或其中部分行、列及单元格，然后进行各种各样的操作，例如调整表格大小、行高或列宽以及添加或删除行/列等。

1. 选择表格元素

在 Dreamweaver CS3 中，可以一次选择整个表、行或列，也可以选择一个或多个单独的单元格。若将鼠标指针定位到表格边框上并按住【Ctrl】键，将高亮显示该表格的整个表格结构，即表格中的所有单元格。当表格有嵌套并且希望查看其中一个表格的结构时，这一点很有用。

若要选择整个表格，可执行下列操作之一。

- 单击表格的左上角、表格的顶缘或底缘的任何位置或者行或列的边框。
- 单击某个表格单元格，然后在文档窗口左下角的标签选择器中选择<table>标签。
- 单击某个表格单元格，然后选择"修改"→"表格"→"选择表格"命令。

若要选择单个或多个行或列，可执行以下操作。

（1）用鼠标指针指向行的左边缘或列的上边缘，如图 2.31 所示。

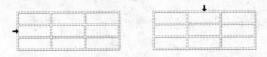

图 2.31　用鼠标指针指向行的左边缘或列的上边缘

（2）当鼠标指针变为选择箭头时，单击以选择单个行或列，或进行拖动以选择多个行或列。

若要选择单个单元格，可执行下列操作之一。

- 单击单元格，然后在文档窗口左下角的标签选择器中选择<td>标签。
- 按住【Ctrl】键单击该单元格。
- 单击单元格，然后选择"编辑"→"全选"。

若要选择一行或矩形的单元格块，可执行下列操作之一。

- 从一个单元格拖到另一个单元格。
- 单击一个单元格，然后按住【Ctrl】键单击以选中该单元格，接着按住【Shift】键单击另一个单元格。此时，这两个单元格定义的直线或矩形区域中的所有单元格都将被选中，如图 2.32 所示。

若要选择不相邻的单元格，可按住【Ctrl】键单击要选择的单元格、行或列，如图 2.33 所示。

图 2.32　选择矩形单元格块

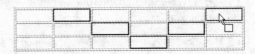

图 2.33　选择不相邻的单元格

如果按住【Ctrl】键单击的单元格、行或列尚未选中，则会添加到选择区域中。如果已将其选中，则再次单击会将其从选择中删除。

2．调整表格、列和行的大小

若要调整表格大小，可选择表格，然后执行下列操作之一。

- 拖动右边的选择柄，在水平方向调整表格的大小。
- 拖动底部的选择柄，在垂直方向调整表格的大小。
- 拖动右下角的选择柄，在两个方向调整表格的大小。

若要更改列宽度并保持整个表的宽度不变，可拖动要更改的列的右边框。此时，相邻列的宽度也更改了，因此实际上调整了两列的大小，但表格的总宽度不改变，如图 2.34 所示。

若要更改某个列的宽度并保持其他列的大小不变，可按住【Shift】键拖动列的边框。此时，这个列的宽度就会改变，表的总宽度将更改以容纳正在调整的列，如图 2.35 所示。

若要以可视方式更改行高，可拖动行的下边框。

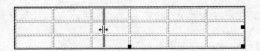
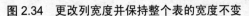

图 2.34　更改列宽度并保持整个表的宽度不变

图 2.35　更改列宽并保持其他列的宽度不变

3．添加/删除行和列

若要添加单个行或列，可执行以下操作。

（1）在表格中，单击某个单元格。

（2）从"修改"→"表格"子菜单中选择"插入行"或"插入列"命令。

此时将在插入点的上面出现一行或在插入点的左侧出现一列。

若要添加多行或多列，可执行以下操作。

（1）在表格中，单击一个单元格。

（2）从"修改"→"表格"子菜单中选择"插入行或列"命令。

（3）在如图 2.36 所示的对话框中完成以下设置。

- 插入：指示是插入行还是插入列。
- 行数或列数：指定要插入的行数或列数。
- 位置：指定新行或新列应该显示在所选单元格所在
  行或列的前面还是后面。

图 2.36　"插入行或列"对话框

（4）单击"确定"按钮。

若要删除行或列，可执行下列操作之一。

- 单击要删除的行或列中的一个单元格，然后从"修改"→"表格"子菜单中选择"删除行"或"删除列"命令。
- 选择完整的一行或列，然后选择"编辑"→"清除"命令或按【Delete】键。

也可以使用属性检查器添加或删除行或列，操作步骤如下。

（1）在页面上，选择表格。

（2）在属性检查器中，执行下列操作之一。

- 若要添加或删除行，可增加或减小"行"值。
- 若要添加或删除列，可增加或减小"列"值。

4．复制、粘贴和删除单元格

在 Dreamweaver CS5 中，可以一次复制、粘贴或删除单个表格单元格或多个单元格并保留单元格的格式设置，也可以在插入点粘贴单元格或通过粘贴替换现有表格中的所选部分。若要粘贴多个表格单元格，剪贴板的内容必须和表格的结构或表格中将粘贴这些单元格的所选部分兼容。

若要剪切或复制表格单元格，可执行以下操作。

（1）选择连续行中形状为矩形的一个或多个单元格。

（2）选择"编辑"→"剪切"或"编辑"→"拷贝"命令。

注意：如果选择了整个行或列后选择"编辑"→"剪切"命令，则将从表格中删除整个行或列，而不仅仅是单元格的内容。

若要粘贴表格单元格，可执行以下操作。

（1）选择要粘贴单元格的位置：

- 若要用正在粘贴的单元格替换现有的单元格，可选择一组与剪贴板上的单元格具有相同布局的现有单元格。例如，如果复制或剪切了一块 3×2 的单元格，则可以选择另一块 3×2 的单元格通过粘贴进行替换。

- 若要在特定单元格上方粘贴一整行单元格，可单击该单元格。
- 若要在特定单元格左侧粘贴一整列单元格，可单击该单元格。

注意：如果剪贴板中的单元格不到一整行或一整列，并且单击某个单元格后粘贴剪贴板中的单元格，则所单击的单元格和与它相邻的单元格可能（根据它们在表格中的位置）被所粘贴的单元格替换。

- 若要用粘贴的单元格创建一个新表格，可将插入点放置在表格之外。

（2）选择"编辑"→"粘贴"命令。

如果将整个行或列粘贴到现有的表格中，则这些行或列将被添加到该表格中。如果您粘贴单个单元格，则将替换所选单元格的内容。如果在表格外进行粘贴，则这些行、列或单元格用于定义一个新表格。

若要删除单元格内容并使单元格保持原样，可执行以下操作。

（1）选择一个或多个单元格，并确保所选部分不是完全由完整的行或列组成的。

（2）选择"编辑"→"清除"命令或按【Delete】键。

注意：如果在选择了完整的行或列后选择"编辑"→"清除"命令或按【Delete】键，则将从表格中删除整个行或列，而不仅仅是它们的内容。

若要删除包含合并单元格的行或列，可执行以下操作。

（1）在表格中，选择行或列。

（2）选择"修改"→"表格"→"删除行"或"修改"→"表格"→"删除列"命令。

2.3.4 设置单元格、行或列的属性

除了从整体上对表格的属性进行设置之外，也可以根据需要对表格中的某些行、列或单元格的属性进行设置。

表格行是通过 tr 标签定义的。通过设置 tr 标签的属性值可以对行内包含的所有单元格的格式进行设置。tr 标签的常用属性在表 2.5 中列出。

表 2.5　tr 标签的常用属性

属　　性	说　　明
align	指定一个行中所有单元格的水平对齐方式，有以下取值：left（左对齐，默认值），center（居中对齐），right（右对齐）
background	指定图像文件的路径，该图像用做指定行的背景
bgcolor	指定行的背景颜色
bordercolor	指定行的边框颜色
bordercolordark	指定行的 3D 边框的阴影颜色
bordercolorlight	指定行的 3D 边框的高亮颜色
height	指定行的高度
valign	指定行中所有单元格内容的垂直对齐方式，有以下取值：top（顶端对齐），middle（居中对齐），bottom（底端对齐），baseline（基线对齐）
width	指定行的宽度

表格行中的单元格是通过 td 或 th 标签定义的。通过设置这些标签的属性值可以对选定单元

格的格式进行设置。td 和 th 标签的常用属性在表 2.6 中列出。

表 2.6 td 和 th 标签的常用属性

属 性	说 明
align	指定单元格内文本的水平对齐方式。有以下取值：left（左对齐，对于 td 标签为默认值），center（居中对齐，对于 th 为默认值），right（右对齐）
background	指定图像文件的路径，该图像用做单元格的背景
bgcolor	指定单元格的背景颜色
bordercolor	指定单元格的边框颜色
bordercolordark	指定单元格的 3D 边框的阴影颜色
bordercolorlight	指定单元格的 3D 边框的高亮颜色
colspan	指定合并单元格时一个单元格跨越的表格列数
height	指定单元格的高度
nowrap	若指定该属性，则可阻止 Web 浏览器将单元格里的文本换行
rowspan	指定合并单元格时一个单元格跨越的表格行数
valign	指定单元格中文本的垂直对齐方式。有以下取值：top（顶端对齐），middle（居中对齐，默认值），bottom（底端对齐），baseline（基线对齐）
width	指定单元格的宽度

注意：bordercolor、bordercolordark 和 bordercolorlight 属性仅当 table 标签的 border 属性取非零值时才起作用。

在 Dreamweaver CS5 中，可以使用属性检查器设置单元格、行或列属性。操作步骤如下。

（1）在表格中，选择单元格、列或行。

（2）在属性检查器中，设置以下选项（如图 2.37 所示）。

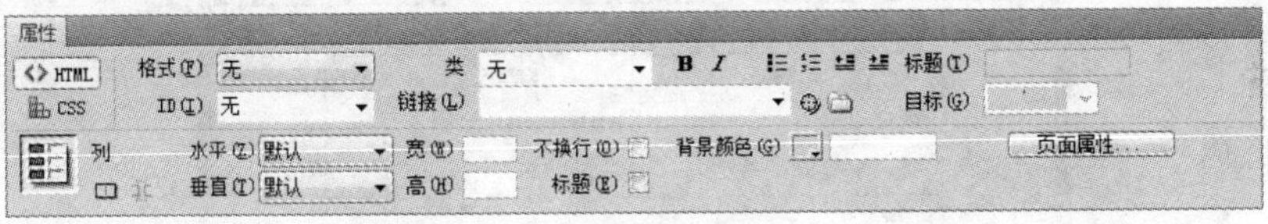

图 2.37 利用 HTML 属性检查器设置单元格、行或列的属性

● 水平：指定单元格、行或列内容的水平对齐方式。可将内容对齐到单元格的左侧、右侧或使之居中对齐，也可以指示浏览器使用其默认的对齐方式：通常常规单元格为左对齐，标题单元格为居中对齐。

● 垂直：指定单元格、行或列内容的垂直对齐方式。可将内容对齐到单元格的顶端、中间、底部或基线，或者指示浏览器使用其默认的对齐方式（通常是中间）。

● 宽和高：指定所选单元格的宽度和高度，以像素为单位或按整个表格宽度或高度的百分比指定。若要指定百分比，可在值后面使用百分比符号（%）。若要让浏览器根据单元格的内容以及其他列和行的宽度和高度确定适当的宽度或高度，可将此域留空。默认情况下，浏览器选择行高和列宽的依据是能够在列中容纳最宽的图像或最长的行。

注意：可以按占表格总高度的百分比指定一个高度，但是浏览器中行可能不以指定的百分比高度显示。

● 背景：单元格、列或行的背景颜色，可使用颜色选择器进行选择。

- 合并单元格□：将所选的单元格、行或列合并为一个单元格。只有当单元格形成矩形或直线的块时才可以合并这些单元格。
- 拆分单元格Ⅱ：将一个单元格分成两个或更多个单元格。一次只能拆分一个单元格。如果在表格中选择的单元格多于一个，则此按钮将被禁用。
- 不换行：防止换行，从而使给定单元格中的所有文本都在一行上。如果启用了"不换行"，则当输入数据或将数据粘贴到单元格时单元格会加宽来容纳所有数据。通常，单元格在水平方向扩展以容纳单元格中最长的单词或最宽的图像，然后根据需要在垂直方向进行扩展以容纳其他内容。
- 标题：将所选的单元格格式设置为表格标题单元格。默认情况下，表格标题单元格的内容为粗体并且居中。

注意：当设置列的属性时，Dreamweaver 更改对应于该列中每个单元格的 td 标签的属性。但是，当设置行的某些属性时，Dreamweaver 将更改 tr 标签的属性，而不是更改行中每个 td 标签的属性。在将同一种格式应用于行中的所有单元格时，将格式应用于 tr 标签会生成更加简明清晰的 HTML 代码。

（3）按【Tab】或【Enter】键，以应用该属性值。

提示：当对表格进行格式设置时，属性设置的优先顺序为：单元格属性设置优先级别最高，行属性设置次之，表格属性设置最低。换言之，若将把表格或某行的一个属性（如背景颜色）设置为一个值，又将该行中某个单元格的同一属性设置为另一个值，则单元格格式设置优先于行格式设置，而行格式设置又优先于表格格式设置。

【实战演练】通过设置表格和单元格属性制作细线表格，页面效果如图 2.38 所示。

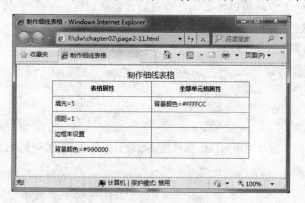

图 2.38　制作细线表格

（1）在 DW 站点的 chapter02 文件夹中，创建一个空白网页并命名为 page2-11.html。
（2）将页面标题设置为"制作细线表格"。
（3）在该页中插入一个 5 行 2 列表格，设置表格标题，并在部分单元格中填写文字。
（4）按如图 2.33 所示的要求，对整个表格的属性进行设置，然后对全部单元格的属性进行设置。页面正文部分源代码如下：

```
<table width="398" align="center" cellpadding="5" cellspacing="1" bgcolor="#0066FF">
  <caption>制作细线表格</caption>
  <tr>
    <th bgcolor="#FFFFCC">表格属性</th>
    <th bgcolor="#FFFFCC">全部单元格属性</th>
```

```
      </tr>
      <tr>
        <td bgcolor="#FFFFCC">填充=5</td>
        <td bgcolor="#FFFFCC">背景颜色=#FFFFCC</td>
      </tr>
      <tr>
        <td bgcolor="#FFFFCC">间距=1</td>
        <td bgcolor="#FFFFCC"> </td>
      </tr>
      <tr>
        <td bgcolor="#FFFFCC">边框未设置</td>
        <td bgcolor="#FFFFCC"> </td>
      </tr>
      <tr>
        <td bgcolor="#FFFFCC">背景颜色=#990000</td>
        <td bgcolor="#FFFFCC"> </td>
      </tr>
    </table>
```

（5）在浏览器中查看该页。

2.3.5 合并或拆分单元格

在 HTML 中，表格中的某个单元格是用 td 或 th 标签定义，通过设置这两个标签的 colspan 或 rowspan 属性，可以指定该单元格跨过的列数或行数，从而实现单元格的合并或拆分。

在 Dreamweaver CS5 中，可以使用属性检查器或"修改"→"表格"子菜单中的命令来合并或拆分单元格。

若要合并表格中的两个或多个单元格，可执行以下操作。

（1）在表格中，选择连续形状为矩形的单元格区域。

（2）执行下列操作之一。

● 选择"修改"→"表格"→"合并单元格"命令。

● 在展开的 HTML 属性检查器中，单击"合并单元格"按钮 ▭。

此时，单个单元格的内容放置在最终的合并单元格中。所选的第一个单元格的属性将应用于合并的单元格。

若要拆分单元格，可执行以下操作。

（1）单击某个单元格并执行下列操作之一。

● 选择"修改"→"表格"→"拆分单元格"。

● 在展开的 HTML 属性检查器中，单击"拆分单元格"按钮 ⊞。

（2）在如图 2.39 所示的"拆分单元格"对话框中，指定如何拆分单元格。

图 2.39 "拆分单元格"对话框

● 拆分单元格：指定将单元格拆分成行还是列。

● 行数/列数：指定将单元格拆分成多少行或多少列。

（3）单击"确定"按钮。

若要增加或减少单元格所跨的行数或列数，可执行下列操作之一。

● 选择"修改"→"表格"→"增加行宽"或"修改"→"表格"→"增加列宽"命令。

● 选择"修改"→"表格"→"减小行宽"或"修改"→"表格"→"减小列宽"命令。

【实战演练】在表格中合并单元格，页面效果如图 2.40 所示。

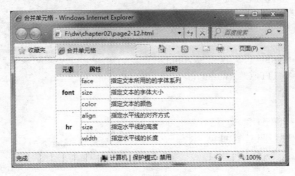

图 2.40　合并单元格

（1）在 DW 站点的 chapter02 文件夹中，创建一个空白网页并命名为 page2-12.html。

（2）将页面标题设置为"合并单元格"。

（3）在该页上插入一个 7 行 3 列的表格，然后在各单元格中填写文字。

（4）在第一列中，选择第二行至第四行单元格区域，然后在属性检查器中单击"合并单元格"□，将该单元格区域合并起来。

（5）使用相同的方法，将第一列中第五行至第七行的单元格区域合并起来。页面正文部分源代码如下：

```
<table align="center" border="1" cellspacing="0" width="368">
  <tr bgcolor="#CCCCCC">
    <th scope="col">元素</th>
    <th scope="col">属性</th>
    <th scope="col">说明</th>
  </tr>
  <tr>
    <th rowspan="3" scope="row">font</th>
    <td>face</td>
    <td>指定文本所用的字体系列</td>
  </tr>
  <tr>
    <td>size</td>
    <td>指定文本的字体大小</td>
  </tr>
  <tr>
    <td>color</td>
    <td>指定文本的颜色</td>
  </tr>
  <tr>
    <th rowspan="3" scope="row">hr</th>
    <td>align</td>
    <td>指定水平线的对齐方式</td>
  </tr>
```

```
    <tr>
        <td>size</td>
        <td>指定水平线的高度</td>
    </tr>
    <tr>
        <td>width</td>
        <td>指定水平线的长度</td>
    </tr>
</table>
```

（5）在浏览器中查看该页。

 **习题** 2

一、填空题

1. HTML 标签用于描述网页的_____、_____和_____等信息。

2. HTML 元素通过_____对元素的呈现方式进行控制。

3. 页面标题可通过文档_____的_____标签来设置。

4. 网页编码可用_____标签来设置，简体中文表示为_____或_____。

5. 在 font 标签中，_____属性指定文本所用的字体名称，_____属性指定文本的字体大小，_____属性指定文本的颜色。

6. h1、h2、h3、h4、h5 和 h6 标签在文档中设置标题格式，其中____设置的标题字号最大，____设置的标题字号最小。

7. 使用___标签可在文档中插入一条水平线。

8. 在 div 和 span 元素中，____是块级元素，____是行内元素。

9. 项目列表用_____标签定义；编号列表用_____标签定义。

10. 表格用_____标签定义；表格中的每一行用____标签定义；行中的每个单元格用_____标签定义，_____标签用于定义普通数据单元格，_____标签用于定义标题单元格；表格标题用_____标签定义。

二、选择题

1. HTML 语言的定界符是（　　）。
   A. <>   B. ()   C. [ ]   D. { }

2. 要为 HTML 元素指定一个唯一的标识符，可使用（　　）属性。
   A. name   B. id   C. class   D. style

3. HTML 页面正文部分用（　　）元素来定义。
   A. html   B. head   C. body   D. title

4. body 元素的（　　）属性指定网页的背景颜色。
   A. background   B. bgcolor   C. text   D. link

5. 版权符号©的字符实体名为（　　）。
   A. £   B.   C. ©   D. €

6. 使用（　　）标签可定义下画线文本。
   A. b   B. em   C. s   D. u

7. 在设计视图中，按（　　）组合键可在文档当前位置插入一个
标签。

A．Enter　　　　　　B．Shift+Enter　　　　　C．Alt+Enter　　　　　D．Ctrl+Enter

三、简答题

1．XHTML 代码规范主要包括哪些规则？

2．当对表格进行格式设置时，属性设置的优先顺序是什么？

3．制作细线表格时，应如何设置相关元素的属性值？

4．单元格的合并或拆分是如何实现的？

 上机实验 2

1．创建一个网页，对背景图像、文本、颜色和左边距等页面属性进行设置，并在页面中输入两行文字。

2．创建一个网页，使用 font 标签对文本的字体、字号和颜色进行设置。

3．创建一个网页，输入一些文字并设置粗体、斜体、下划线、上标和下标等格式。

4．创建一个网页，在该页中输入 4 个段落，将它们分别设置为左对齐、居中对齐、右对齐和两端对齐。

5．创建一个网页，在该页中输入 6 行文字，将它们分别设置为标题 1（h1）~标题 6（h6）格式。

6．创建一个网页，在该页中插入 3 条水平线，并对它们的对齐方式、宽度、高度和线条颜色进行设置。

7．创建一个网页，在该页中创建不同类型的项目列表和编号列表。

8．创建一个网页，在该页中插入一个表格并在其单元格中分别输入文本。

9．创建一个网页，在该页中插入一个表格，然后对其 width、border、align、cellpadding、cellspacing、bordercolorlight、bordercolordark 以及 bgcolor 等属性进行设置。

10．创建一个网页，在该页中插入一个表格，然后通过设置表格和单元格属性制作细线表格效果。

11．创建一个网页，在该页中使用表格制作一份个人简历，根据需要可将某些单元格合并起来。

第 3 章　图像与媒体

第 2 章介绍了如何在页面中添加文本以及通过表格来显示内容，掌握了这些知识已经可以制作出基本的网页。但是，这样的网页在内容上还比较单调。为了使网页更具有感染力，通常还需要在页面中添加图像和各种类型的媒体。本章将介绍图像和各种媒体在网页设计中的应用，首先讲述如何添加图像并设置其格式，然后讨论如何在页面中添加各种媒体元素。

3.1　图像应用

图像具有形象、直观的特点。在网页设计中恰当地应用图像，能够引起访问者的关注，并有助于表现站点的主题。

3.1.1　常用图像格式

目前存在着各种各样的图像文件格式，但在网页设计中通常使用的只有 3 种格式，即 GIF、JPEG 和 PNG。

1. GIF 图像格式

GIF 是 Graphics Interchange Format 的缩写，意为 "图像互换格式"，其文件扩展名为.gif，这是 CompuServe 公司在 1987 年开发的图像文件格式。GIF 图像文件的数据是经过压缩的，它采用了可变长度等压缩算法。GIF 格式的一个特点是在一个文件中可以存多幅彩色图像，如果把存于一个文件中的多幅图像数据逐幅读出并显示到屏幕上，便可以构成一种最简单的动画。但 GIF 文件最多使用 256 种颜色，最适合显示色调不连续或具有大面积单一颜色的图像，例如导航条、按钮、图标、徽标或其他具有统一色彩和色调的图像。

2. JPEG 图像格式

JPEG 是 Joint Photographic Experts Group 的缩写，意为"联合图像专家组"，其文件扩展名为.jpg 或.jpeg，它可以包含数百万种颜色，用于摄影或连续色调图像的较好格式。随着 JPEG 文件品质的提高，文件的大小和下载时间也会随之增加。通常可以通过压缩 JPEG 文件在图像品质和文件大小之间达到良好的平衡。

3. PNG 图像格式

PNG 是 Portable Network Graphic Format 的缩写，意为 "可移植网络图形"，其文件扩展名为.png，这是一种替代 GIF 格式的无专利权限制的格式，它包括对索引色、灰度、真彩色图像以及 alpha 通道透明度的支持。PNG 是 Adobe Fireworks 软件固有的文件格式。PNG 文件可以保留所有原始层、矢量、颜色以及效果信息（例如阴影等），并且在任何时候所有元素都是可以完全编辑的。

在上述图像格式中，GIF 和 JPEG 文件格式的支持情况最好，大多数浏览器都可以查看它们。由于 PNG 文件具有较大的灵活性且文件大小较小，因此这种图像格式对于几乎任何类型的 Web 图形都是最适合的。但是，有些浏览器只能部分地支持 PNG 图像的显示。因此，除非网页设计所针对的目标用户是使用支持 PNG 格式的浏览器，否则请使用 GIF 或 JPEG 格式，以满足更多用户的需求。

3.1.2　插入图像

在 HTML 中，可使用 img 标签在网页中插入一个图像，语法如下：

```
<img src="URL" alt="textMessage" height="length" width="length" border="pixels"
    hspace="pixelsCount" vspace="pixelsCount" align="where" />
```

img 元素为行内元素，其常用属性在表 3.1 中列出。

表 3.1　img 标签的常用属性

属　性	说　明
src	指定图像文件的位置
alt	指定替代图像的文本信息，在浏览器不能显示图像时显示出来或图像加载时间过长时先显示出来。当鼠标指针悬停在图像上方时显示文本信息
longdesc	与 alt 属性类似，但它允许更长的描述性文字。longdesc 的值是一个指向包含图像说明的文档的 URL。如果图像说明多于 1024 个字符，则可使用 longdesc 属性来设置指向它的链接
height 和 width	分别指定图像的宽度和高度，以像素或百分比（相对于父元素的宽度或高度）为单位。若只给出高度或宽度，则图像将按比例进行缩放
border	指定图像的边框宽度，以像素为单位。若该属性为 0，则不显示边框
hspace 和 vspace	指定图像与文本之间在水平方向和垂直方向上的间距，以像素为单位
align	指定图像与文本的对齐方式或绕排方式，有以下取值：left（图像居左、文本居右），center（图像居中），right（图像居右、文本居左），top（图像顶部与文本对齐），middle（图像中央与文本对齐），bottom（图像底部与文本对齐）

当把图像插入 Dreamweaver 文档时，将在 HTML 源代码中会生成对该图像文件的引用。为了确保此引用的正确性，该图像文件必须位于当前站点中。如果图像文件不在当前站点中，Dreamweaver 会询问是否要将此文件复制到当前站点中。

若要在页面中插入图像，可执行以下操作。

（1）在文档窗口中，将插入点放置在要显示图像的地方。

（2）执行下列操作之一：

● 在插入面板的"常用"类别中，单击"图像"图标。

● 选择"插入"→"图像"。

● 将图像从资源面板拖动到文档窗口中的所需位置，然后跳到步骤（4）。

● 将图像从文件面板拖动到文档窗口中的所需位置，然后跳到步骤（4）。

● 将图像从桌面拖动到文档窗口中的所需位置，然后跳到步骤（4）。

（2）在如图 3.1 所示的"选择图像源文件"对话框中，执行下列操作之一：

● 选择"文件系统"，以选择一个图像文件。

● 选择"数据源"，以选择一个动态图像源。

● 单击"站点和服务器"按钮，然后在其中的一个 Dreamweaver 站点的远程文件夹中选择一个图像文件。

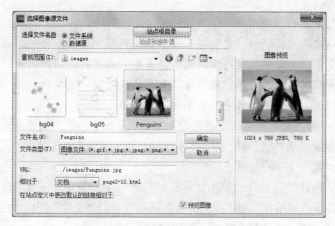

图 3.1　"选择图像源文件"对话框

（4）浏览选择要插入的图像或内容源。

如果正在处理一个未保存的文档，Dreamweaver 将生成一个对图像文件的 file://引用。将文档保存在站点中的任意位置后，Dreamweaver 将该引用转换为文档相对路径。

（5）单击"确定"按钮。

（6）如果出现如图 3.2 所示的"图像标签辅助功能属性"对话框（若激活了此对话框），可对以下属性进行设置。

- 在"替换文本"框中，为图像输入一个名称或一段简短描述（alt）。

图 3.2　"图像标签辅助功能属性"对话框

- 在"详细说明"框中，输入当用户单击图像时所显示的文件的位置，或者单击文件夹图标以浏览到该文件。该文本框提供指向与图像相关的文件的链接或提供有关图像的详细信息（longdesc）。

将图像插入页面之后，还可以使用属性检查器来设置图像的属性。

3.1.3　设置图像的属性

在 HTML 中，可以通过设置 img 标签的属性来设置图像的格式。在 Dreamweaver CS5 中，可以使用图像属性检查器来设置图像的属性。如果并未看到所有的图像属性，可单击位于右下角的展开箭头。具体操作步骤如下。

（1）在页面中单击图像，然后选择"窗口"→"属性"命令，在属性检查器中查看所选图像的属性，如图 3.3 所示。

图 3.3　利用属性检查器设置图像的属性

（2）在缩略图下面的文本框中，输入其 ID，以便在使用 Dreamweaver 行为（例如"交换图像"）或脚本语言（例如 JavaScript 或 VBScript）时可以引用该图像。

（3）对图像的以下选项进行设置。

- 宽和高：图像的宽度和高度，以像素表示。在页面中插入图像时，Dreamweaver 会自动用图像的原始尺寸更新这些文本框。

注意：虽然可以更改"高"和"宽"值来缩放该图像实例的显示大小，但这不会缩短下载时间，因为浏览器先下载所有图像数据再缩放图像。若要缩短下载时间并确保所有图像实例以相同大小显示，可使用图像编辑应用程序缩放图像。如果所设置的"宽"和"高"值与图像的实际宽度和高度不相符，则该图像在浏览器中可能不会正确显示。

- 重设大小 ⟳：将"宽"和"高"值重设为图像的原始大小。当调整所选图像的高度和宽度值时，此按钮显示在"宽"和"高"文本框的右侧。若要恢复图像大小的原始值，也可以单击"宽"和"高"文本框标签。
- 源文件：指定图像的源文件。单击文件夹图标以浏览到源文件，或者输入路径。
- 链接：指定图像的超链接。将"指向文件"图标拖动到"文件"面板中的某个文件，单击文件夹图标浏览到站点上的某个文档，或手动输入 URL。
- 对齐：对齐同一行上的图像和文本。
- 替换：指定在只显示文本的浏览器或已设置为手动下载图像的浏览器中代替图像显示的替换文本。在某些浏览器中，当鼠标指针滑过图像时也会显示该文本。
- 地图名称和热点工具：用于标注和创建客户端图像地图。
- 垂直边距和水平边距：沿图像的边添加边距，以像素表示。"垂直边距"沿图像的顶部和底部添加边距。"水平边距"沿图像的左侧和右侧添加边距。
- 目标：指定链接的页应加载到的框架或窗口。当图像没有链接到其他文件时，此选项不可用。当前框架集中所有框架的名称都显示在"目标"列表中。也可选用下列保留目标名：_blank 表示将链接的文件加载到一个未命名的新浏览器窗口中；_parent 表示将链接的文件加载到含有该链接的框架的父框架集或父窗口中，如果包含链接的框架不是嵌套的，则链接文件加载到整个浏览器窗口中；_self 表示将链接的文件加载到该链接所在的同一框架或窗口中，此目标是默认的，通常不需要指定它；_top 表示将链接的文件加载到整个浏览器窗口中，因而会删除所有框架。
- 边框：图像边框的宽度，以像素表示。默认为无边框。
- 编辑 ✎：启动在"外部编辑器"首选参数中指定的图像编辑器并打开选定的图像。
- 编辑图像设置 ✐：打开"图像"预览对话框并可优化图像。
- 裁剪 ⊡：裁切图像的大小，从所选图像中删除不需要的区域。

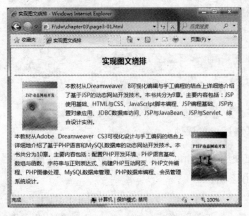

图 3.4　实现图文绕排

- 重新取样：对已调整大小的图像进行重新取样，提高图片在新的大小和形状下的品质。
- 亮度和对比度 ◑：调整图像的亮度和对比度设置。
- 锐化 ▲：调整图像的锐度。

【实战演练】通过设置图像属性实现图文绕排，页面效果如图 3.4 所示。

（1）在 DW 站点中创建文件夹并命名 chapter03，然后在该文件夹中创建一个空白网页并命名为 page3-01.html。

（2）将该页的标题设置为"实现图文绕排"。

（3）在该页中添加标题、水平线、图像和段落，然后对图像属性进行设置。页面正文部分源代码如下：

```
<h3 align="center">实现图文绕排</h3>
<hr color="#33CCFF" size="1" />
<p align="justify"><img src="../images/jsp.gif" alt="JSP 动态网站开发" width="90" height="120" hspace="20"
align="left" /> 本教材从 Dreamweaver 8 可视化编辑与手工编程的结合上详细地介绍了基于 JSP 的动态网站开发技术。本
书共分为 9 章。主要内容包括：JSP 使用基础、HTML 与 CSS、JavaScript 脚本编程、JSP 编程基础、JSP 内置对象应用、
JDBC 数据库访问、JSP 与 JavaBean、JSP 与 Servlet、综合设计实例。</p>
<p align="justify"><img src="../images/php.gif" alt="PHP 动态网站开发" width="90" height="120" hspace="20"
align="right" /> 本教材从 Adobe Dreamweaver CS3 可视化设计与手工编码的结合上详细地介绍了基于 PHP 语言和 MySQL
数据库的动态网站开发技术。本书共分为 10 章。主要内容包括：配置 PHP 开发环境、PHP 语言基础、数组与函数、字符
串与正则表达式、构建 PHP 互动网页、PHP 文件编程、PHP 图像处理、MySQL 数据库管理、PHP 数据库编程、会员管
理系统设计。</p>
```

（4）在浏览器中查看该页。

3.1.4 插入图像占位符

所谓图像占位符，是在准备好将最终图形添加到网页之前使用的图形。既可以设置占位符的
大小和颜色，也可以为占位符提供文本标签。若要插入图像占位符，可执行以下操作。

（1）在文档窗口中，将插入点放置在要插入占位符图形的位置。

（2）选择"插入"→"图像对象"→"图像占位符"。

（3）当出现如图 3.5 所示的"图像占位符"对话框时，
在"名称"框中输入要作为图像占位符的标签显示的文本。
该名称是可选的。如果不想显示标签，则保留该文本框为
空。名称必须以字母开头，并且只能包含字母和数字，不
允许使用空格和高位 ASCII 字符。

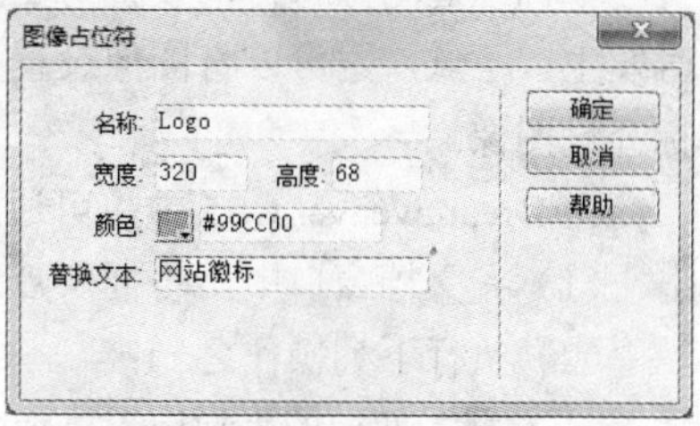

（4）在"宽度"和"高度"框中，输入设置图像大小
的数值（以像素表示）。

图 3.5 "图像占位符"对话框

（5）对于"颜色"，执行下列操作之一以应用颜色：

- 使用颜色选择器选择一种颜色。
- 输入颜色的十六进制值（例如#FF0000）。
- 输入网页安全色名称（例如 red）。

（6）对于"替换文本"，为使用只显示文本的浏览器的访问者输入描述该图像的文本。

（7）单击"确定"按钮。

此时，将在 HTML 代码中将插入一个包含空 src 属性的图像标签。图像占位符的颜色、大小
属性和标签如图 3.6 所示。不过，当在浏览器中查看页面时，并不会显示标签文字和大小文本，
如图 3.7 所示。

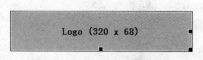

图 3.6 文档中的图像占位符　　　图 3.7 在浏览器中显示的图像占位符

图像占位符不在浏览器中显示图像。在发布站点之前，应该用适用当的图像文件来替换所有
添加的图像占位符。如果安装了 Fireworks 软件，则可以根据 Dreamweaver 图像占位符来创建新
的图形。新图像设置为与占位符图像相同的大小。单击该占位符，然后在属性检查器中单击 创建
按钮，可以启动 Fireworks 来编辑该图像，最终在 Dreamweaver 中替换它。

若要替换图像占位符，可执行以下操作。

（1）在文档窗口中双击图像占位符，或者单击图像占位符将其选中，然后在属性检查器中单击"源文件"文本框旁的文件夹图标 ，如图 3.8 所示。

图 3.8　替换图像占位符

（2）在"选择图像源文件"对话框中，导航到要用其替换图像占位符的图像文件，然后单击"确定"按钮。

3.1.5　插入鼠标经过图像

鼠标经过图像是一种在浏览器中查看并使用鼠标指针移过它时发生变化的图像。要创建鼠标经过图像，需要准备以下两个图像：即主图像和次图像，前者是首次加载页面时显示的图像，后者是鼠标指针移过主图像时显示的图像。这两个图像应大小相等。如果这两个图像大小不同，Dreamweaver 将调整第二个图像的大小，使其与第一个图像的大小匹配。

鼠标经过图像将自动设置为响应 onMouseOver 事件，此事件在鼠标指针移动到指定的对象上时发生。不过，也可以将图像设置为不响应其他事件（例如鼠标单击事件 onClick），或者更改鼠标经过图像。

在 Dreamweaver CS5 中，可通过以下操作在页面中创建鼠标经过图像。

（1）在文档窗口中，将插入点放置在要显示鼠标经过图像的位置。

（2）执行下列操作之一：

- 在插入面板的"常用"类别中，单击"图像"按钮，然后选择"鼠标经过图像"图标。当插入面板中显示"鼠标经过图像"图标后，可将该图标拖到文档窗口中。
- 执行"插入"→"图像对象"→"鼠标经过图像"命令。

（3）在如图 3.9 所示的"插入鼠标经过图像"对话框中，对以下选项进行设置。

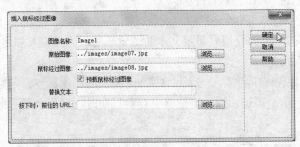

图 3.9　"插入鼠标经过图像"对话框

- 图像名称：鼠标经过图像的名称。
- 原始图像：页面加载时要显示的图像。在文本框中输入路径，或单击"浏览"按钮，然后选择该图像。
- 鼠标经过图像：鼠标指针滑过原始图像时要显示的图像。在文本框中输入路径，或单击"浏览"按钮，然后选择该图像。
- 预载鼠标经过图像：将图像预先加载浏览器的缓存中，以便用户将鼠标指针滑过图像时不会发生延迟。

- 替换文本：这是一种（可选）文本，为使用只显示文本的浏览器的访问者描述图像。
- 按下时，前往的 URL：用户单击鼠标经过图像时要打开的文件。输入路径或单击"浏览"按钮并选择该文件。

提示：如果不为该图像设置链接，则将在 HTML 源代码中插入一个空链接（#），并在该链接上附加鼠标经过图像行为。如果删除空链接，鼠标经过图像将不再起作用。

（4）选择"文件"→"在浏览器中预览"，或按 F12 键。

（5）在浏览器中，将鼠标指针移过原始图像以查看鼠标经过图像的效果。

注意：在设计视图中无法看到鼠标经过图像的效果。

【实战演练】在网页中创建鼠标经过图像，页面效果如图 3.10 和图 3.11 所示。

（1）在 DW 站点的 chapter03 文件夹中，创建一个空白网页并命名为 page3-02.html。

（2）将页面标题设置为"创建鼠标经过图像"。

（3）在该页中插入一个段落，然后在此段落中创建一个鼠标经过图像，指定主图像和次图像分别为 image07.jpg 和 image08.jpg。此时将在页面首部插入一个 JavaScript 脚本块（用于定义发生各种事件时调用的函数），页面正文部分源代码如下：

图 3.10　加载页面时显示的主图像

图 3.11　指向主图像时更改为次图像

```
<body onload="MM_preloadImages('../images/image08.jpg')">
    <p align="center"><a href="#" onmouseout="MM_swapImgRestore()" onmouseover="MM_swapImage ('Image1', ',
/images/image08.jpg', 1)"><img src="../images/image07.jpg" name="Image1" width="300" height="225" border="0"
="Image1" /></a></p>
    </body>
```

【代码说明】在上述代码中，将 JavaScript 函数 MM_preloadImages 绑定在 body 元素的 onload 事件，当加载页面时将发生该事件，从而执行这个函数。在段落中，使用 HTML <a>标签基于图像创建了一个链接，链接的目标地址为"#"（空链接），分别将 MM_swapImgRestore 和 MM_swapImage 附加在 a 元素的 onmouseout 和 onmouseover 事件，当鼠标指针离开图像时将发生 onmouseout 事件并执行 MM_swapImgRestore 函数，当鼠标指针指向图像时将发生 onmouseover 事件并执行 MM_swapImage 函数。

（4）在浏览器中查看鼠标经过图像的效果。

3.2　媒体应用

通过在 HTML 网页中添加字幕、音频、视频、ActiveX 控件、Flash 文件以及 Java applet 等，可以制作出具有动感效果的网页，使网页更加引人入胜。

3.2.1 创建字幕

在 HTML 中，可使用 marquee 标签在页面中插入一个字幕，以水平或垂直滚动方式显示内容。语法如下：

```
<marquee behavior="motionType" bgcolor="colorTripletOrName"
direction="scrollDirection" height="length" width="length"
hspace="pixelCount" vspace="pixelCount" loop="count"
scrollamount="pixelCount" scrolldealy="milliseconds">
...
</marquee>
```

marquee 元素的常用属性在表 3.2 中列出。

表 3.2　marquee 标签的常用属性

属　性	说　明
behavior	指定字幕动画的类型，其取值可以是：scroll（沿指定方向滚动，文本滚动停止后将重新启动，这是默认值），slide（沿指定方向滚动，滚动停止后即结束），alternate（以交替方式滚动，字幕达到容器边缘时将反转方向）
bgcolor	指定字幕的背景颜色
direction	指定字幕内容的移动方向，其取值可以是：down（向下），left（向左，默认值），right（向右），up（向上）
height 和 width	指定字幕的高度和宽度，以像素或百分比为单位
hspace 和 vspace	指定字幕的水平边距和垂直边距，以像素为单位
loop	指定字幕的滚动次数，其取值可以是一个整数。0 或-1 表示不限制滚动次数
scrollamount	指定字幕内容每次移动的像素数
scrolldealy	指定字幕内容两次移动之间的时间间隔（以毫秒为单位），用于确定字幕滚动的速度。该属性值越小，字幕滚动速度越快。默认值为 85

注意： 在速度比较慢的计算机上，scrolldealy 属性可能会达到一个值，无论该属性值多么小速度也不会明显增加。

【实战演练】创建不同类型的字幕，页面效果如图 3.12 所示。

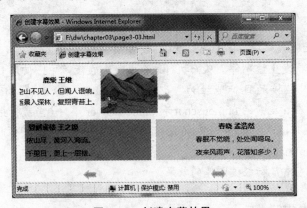

图 3.12　创建字幕效果

（1）在 DW 站点的 chapter03 文件夹中，创建一个空白网页并命名为 page3-03.html。

（2）将页面标题设置为"创建字幕效果"。

（3）在页面正文部分输入以下 HTML 源代码：

```html
<marquee behavior="slide" direction="right">
<table>
  <tr>
    <td><div align="center"><b>鹿柴 王维</b><br />
        空山不见人，但闻人语响。<br />
        返景入深林，复照青苔上。</div></td>
    <td><img src="../images/luchai.jpg" height="88" /></td>
  </tr>

</table>
</marquee>
<table width="100%" align="center" cellspacing="10">
  <tr align="center">
    <td width="50%" bgcolor="#0099FF"><marquee>
    <table align="center">
      <tr><th>登鹳雀楼 王之涣</th></tr>
      <tr><td>白日依山尽，黄河入海流。</td></tr>
      <tr><td>欲穷千里目，更上一层楼。</td></tr>
    </table>
    </marquee></td>
    <td bgcolor="#FFCC33"><marquee behavior="alternate" direction="right">
    <table align="center">
      <tr><th>春晓 孟浩然</th></tr>
      <tr><td>春眠不觉晓，处处闻啼鸟。</td></tr>
      <tr><td>夜来风雨声，花落知多少？</td></tr>
    </table>
    </marquee>
    </td>
  </tr>
</table>
```

（4）在浏览器中查看字幕效果。

3.2.2 插入声音

在 HTML 中，可使用 bgsound 标签在网页中插入背景音乐。bgsound 标签仅适用于 IE 浏览器，其语法如下：

```html
<bgsound src="URL" balance="signedInteger" loop="integer" volume="signedInteger">
```

bgsound 标签的常用属性在表 3.3 中列出。

表 3.3 bgsound 标签的常用属性

属 性	说 明
src	指定要播放的声音文件的 URL。常用声音文件类型有波形文件（.wav）、MIDI 文件（.mid）及 MP3 文件（*.mp3）等
loop	指定声音播放的次数。若设置为 0，则播放一次；若设置为大于 0 的整数，则播放指定的次数；若设置为-1，则声音反复播放，直到页面卸载
volume	指定音量的高低，取值为-10 000~0，默认值为 0
balance	设置把将声音分成左声道和右声道两部分，取值为-10 000~+10 000，默认值为 0（左右声道保持平衡）。若设置为负值，则偏向左声道；若设置为正值，则偏向右声道

除了使用 bgsound 标签为网页添加背景音乐之外，还可以使用 embed 标签在网页中嵌入声音

文件。语法格式如下:

```
<embed src="URL" align="where" autostart="true"|"flase"
    loop="true"|"false"|"integer" starttime="mm:ss" endtime="mm:ss"
    height="length" width="length" hidden="true"|"flase">
</embed>
```

embed 标签的常用属性在表 3.4 中列出。

表 3.4 embed 标签的常用属性

属　　性	说　　明
src	指定要播放的媒体（如声音、视频）文件的位置
align	指定嵌入对象与相邻文本的对齐方式，有以下取值：absbottom（绝对底部）、absmiddle（绝对居中）、baseline（基线）、bottom（底部）、left（左对齐）、middle（居中）、right（左对齐）、texttop（文本上方）、top（顶端）
autostart	指定声音文件是否自动开始播放，默认值为 true
loop	指定是否循环播放或播放的次数。若设置为 true，则反复播放；若设置为 false（默认值），则仅播放一次，不循环播放；若设置为某个正整数，则播放指定的次数
starttime 和 endtime	分别指定声音开始播放和结束播放的时间。例如 starttime="00:20"表示从第 20 秒开始播放
pluginspage	指定用户可以从中下载插件的网站的完整 URL。若用户未安装该插件，则浏览器尝试从此网站下载它
heigh 和 width	分别指定嵌入对象的高度和宽度。若将高度与宽度设置为 0，则不显示嵌入对象。播放声音时通常可这样设置
volume	指定音量的高低，取值为 0~100，默认值为当前系统音量
hidden	指定是否隐藏嵌入对象，默认值为 false

在 Dreamweaver 中，可以通过插入插件的方法在网页中添加声音和视频等媒体内容，此时将自动生成 embed 标签并对其属性进行设置。

【实战演练】通过插件播放 MP3 音乐，页面效果如图 3.13 所示。

图 3.13　在网页中播放音乐

（1）在 DW 站点的 chapter03 文件夹中，创建一个空白网页并命名为 page3-04.html。

（2）将页面标题设置为"在网页中播放音乐"。

（3）在设计视图中，向页面上添加一个段落并将其对齐方式设置为居中对齐。

（4）将插入点置于该段落中，选择"插入"→"媒体"→"插件"，在如图 3.14 所示的"选择文件"对话框中选择"文件系统"，选择要播放的音乐文件（MP3），然后单击"确定"按钮。

（5）将插件插入页面之后，通过鼠标拖动插件的控制点调整其大小，或者利用属性检查器对插件的相关属性进行设置，如图 3.15 所示。

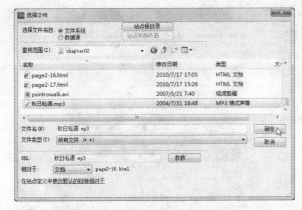

图3.14 "选择文件"对话框

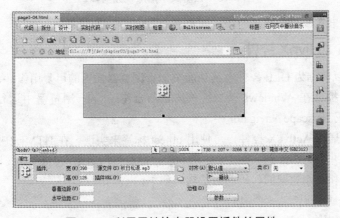

图3.15 利用属性检查器设置插件的属性

（6）切换到代码视图，可以看到页面正文部分的源代码如下所示：

```
<p align="center">
  <embed src="秋日私语.mp3" width="398" height="126"></embed>
</p>
```

（7）在浏览器中测试音乐播放效果。

3.2.3　插入视频

使用 embed 标签不仅可以在网页中嵌入声音文件，也可以插入视频文件。为此，应将 embed 标签的 src 属性设置为视频文件的位置，并通过 height 和 width 属性设置媒体播放器插件的高度和宽度，根据需要也可以对插件的其他属性进行设置。

【实战演练】通过插件播放视频剪辑，页面效果如图 3.16 所示。

（1）在 DW 站点的 chapter03 文件夹中，创建一个空白网页并命名为 page3-05.html。

（2）将页面标题设置为"在网页中播放视频"。

（3）在设计视图中，向页面上添加一个段落并将其对齐方式设置为居中对齐。

（4）将插入点置于该段落中，选择"插入"→"媒体"→"插件"命令，在"选择文件"对话框中选择"文件系统"，选择要播放的视频剪辑（WMV 格式），然后单击"确定"按钮。

（5）将插件插入页面之后，通过鼠标拖动插件的控制点调整其大小，或者利用属性检查器对插件的相关属性进行设置。页面正文部分的源代码如下：

```
<p align="center"> <embed src="Wildlife.wmv" width="300" height="215"></embed></p>
```

图 3.16 在网页中播放视频剪辑

（6）在浏览器中查看视频剪辑的播放效果。

3.2.4 插入 ActiveX 控件

ActiveX 控件以前称为 OLE 控件，其功能类似于浏览器插件的可复用组件，有些像微型的应用程序。ActiveX 控件在 Windows 系统上的 Internet Explorer 浏览器中运行，但它们不能在 Macintosh 系统上或 Netscape Navigator 中运行。

若要在页面中插入 ActiveX 控件，可使用 object 标签来实现。在 HTML 中，object 标签用于定义一个嵌入对象并将其添加到页面中。使用 object 标签可指定插入 HTML 文档中的对象的数据和参数，以及显示和操作数据的代码。语法格式如下：

```
<object classid="URL">...</object>
```

object 标签的常用属性在表 3.5 中列出。

表 3.5 object 标签的常用属性

属　　性	说　　明
align	指定 object 元素与周围内容的对齐方式
archive	由空格分隔的一组文件位置列表，这些文件支持对象的加载和运行
border	指定对象周围的边框粗细，以像素为单位
classid	指定嵌入 Windows 注册表中或某个 URL 中的类的 ID 值，用来指定浏览器中包含的对象的位置，通常是一个 Java 类
codebase	指定在何处可找到对象所需的代码，提供一个基准 URL
codetype	通过 classid 属性所引用的代码的 MIME 类型
data	指定引用对象数据的 URL。若需要对象处理的数据文件，可用此属性指定这些数据文件
declare	指定此对象仅可被声明，但不能被创建或实例化
height 和 width	指定对象的高度和宽度，以像素为单位
hspace 和 vspace	指定义对象周围水平方向和垂直方向的空白，以像素为单位
name	为对象指定唯一的名称
standby	指定义加载对象时所显示的文本
type	指定由 data 属性指定的文件中数据的 MIME 类型
usemap	指定与对象一同使用的客户端图像映射的 URL

浏览器支持的对象依赖于对象的类型。不过，主流浏览器可能使用不同的代码来加载相同的对象类型。如果未显示 object 元素，则会执行位于<object>与</object>之间的代码。通过这种方式可以嵌套多个 object 元素，其中每个对应一个浏览器。

为了向正在加载的对象（如 IE 浏览器中的 ActiveX 控件）传递参数，可在 object 元素中嵌套使用 param 标签，为插入页面中的对象进行运行时设置。语法格式如下：

```
<param name="elementIdentifier" value="runTimeParameterValue" />
```

其中，name 和 value 属性分别指定参数的名称和值。

在同一个 object 元素内部，可以附加多个 param 标签，以便向正在加载的对象传递多个不同的参数值。目前还没有用于 ActiveX 控件的参数的标准格式。若要了解要使用哪些参数，可查阅正在使用的 ActiveX 控件的有关文档。

在 Dreamweaver 中，可通过以下操作在页面中插入 ActiveX 控件。

（1）在页面中，将插入点放在要插入 ActiveX 控件的位置。

（2）选择"插入"→"媒体"→"ActiveX 控件"。

（3）当 ActiveX 控件占位符出现在页面上之后，利用属性检查器对 ActiveX 控件的属性进行设置，如图 3.17 所示。

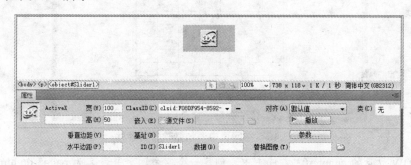

图 3.17 利用属性检查器设置 ActiveX 控件的属性

- 名称：指定用来标识 ActiveX 对象的名称，在脚本中可通过该名称引用对象。在属性检查器最左侧的未标记文本框中输入名称。
- 宽和高：指定对象的宽度和高度，以像素为单位。
- ClassID：为浏览器标识 ActiveX 控件。输入一个值或从下拉列表框中选择一个值。在加载页面时，浏览器使用该类 ID 来确定所需的 ActiveX 控件的位置。如果浏览器未找到指定的 ActiveX 控件，将尝试从"基址"中指定的位置下载它。
- 嵌入：为该 ActiveX 控件在 object 标签内添加 embed 标签。如果 ActiveX 控件具有 Netscape Navigator 插件等效项，则 embed 标签激活该插件。Dreamweaver 将作为 ActiveX 属性输入的值分配给它们的 Netscape Navigator 插件等效项。
- 对齐：指定对象在页面上的对齐方式。
- 参数：打开一个用于输入要传递给 ActiveX 对象的其他参数的对话框，如图 3.18 所示。设置参数后将在 object 标签内嵌套相应的 param 标签。许多 ActiveX 控件都受特殊参数的控制。

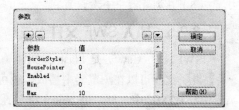

图 3.18 "参数"对话框

- 源文件：指定在启用了"嵌入"选项时用于 Netscape Navigator 插件的数据文件。如果未输入值，则

Dreamweaver 将尝试根据已输入的 ActiveX 属性确定该值。

- 垂直边距和水平边距：指定对象上、下、左、右的空白量，以像素为单位。
- 基址：指定包含该 ActiveX 控件的 URL。如果在访问者的系统中尚未安装该 ActiveX 控件，则 Internet Explorer 将从该位置下载它。如果未指定"基址"参数且访问者尚未安装相应的 ActiveX 控件，则浏览器无法显示 ActiveX 对象。
- 替换图像：指定在浏览器不支持 object 标签的情况下要显示的图像。只有在取消选中"嵌入"选项后此选项才可用。
- 数据：为要加载的 ActiveX 控件指定数据文件。许多 ActiveX 控件（例如 Shockwave 和 RealPlayer）不使用此参数。

【实战演练】在网页中添加微软日历控件，效果如图 3.19 所示。

图 3.19　在网页中添加微软日历控件

（1）在 DW 站点的 chapter03 文件夹中，创建一个空白网页并命名为 page3-06.html。

（2）将页面标题设置为"ActiveX 控件应用示例"。

（3）在页面上添加一个段落并将其设置为居中对齐。

（4）将插入点放在该段落中，插入一个 ActiveX 控件，然后利用属性检查器对其属性进行设置，并利用"参数"对话框设置传递给该控件的参数值。页面正文部分源代码如下：

```
<p align="center">
  <object id="Calendar1" classid="clsid:8E27C92B-1264-101C-8A2F-040224009C02">
    <param name="BackColor" value="16766113" />
    <param name="FirstDay" value="1" />
    <param name="GridCellEffect" value="1" />
    您的浏览器不支持微软日历控件。
  </object>
</p>
```

（5）在浏览器中查看该页。

3.2.5　插入 SWF 文件

SWF 文件（.swf）是 Flash 源文件（.fla）的编译版本，它已进行了优化，适合于在 Web 上查看，此类文件可以在浏览器中播放，也可以在 Dreamweaver 中进行预览。

在 HTML 中，可使用 object 标签在页面中插入 SWF 文件，为此应将其 classid 属性设置为 "clsid:D27CDB6E-AE6D-11cf-96B8-444553540000"。在 Dreamweaver 中，可使用菜单命令在页面

中插入 SWF 文件。具体操作步骤如下。

（1）在文档窗口的设计视图中，将插入点放置在要插入内容的位置。

（2）选择"插入"→"媒体"→"SWF"命令。

（3）在出现的对话框中，选择一个 SWF 文件（.swf）。

此时，将在文档窗口中显示一个 SWF 文件占位符，它有一个选项卡式蓝色外框，如图 3.20 所示。此选项卡指示资源的类型（SWF 文件）和 SWF 文件的 ID，还显示一个眼睛图标，可用于在 SWF 文件与用户在没有正确的 Flash Player 版本时看到的下载信息之间切换。

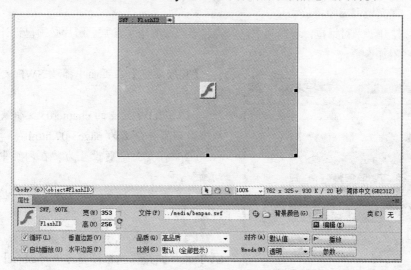

图 3.20　SWF 文件占位符

（4）选择"文件"→"保存"，保存当前文件。

此时，Dreamweaver 将提示正在将两个相关文件（expressInstall.swf 和 swfobject_modified.js）保存到站点中的 Scripts 文件夹，如图 3.21 所示。

注意：在将 SWF 文件上传到 Web 服务器时，不要忘记上传这些文件。除非还上传了这些相关文件，否则浏览器无法正确显示 SWF 文件。

（5）在页面中插入 SWF 文件之后，可以使用属性检查器设置该 SWF 文件的属性。为此，可选择一个 SWF 占位符，然后在属性检查器中设置以下选项。

图 3.21　"复制相关文件"对话框

- ID：为 SWF 文件指定唯一的 ID。在属性检查器最左侧的未标记文本框中输入 ID。
- 宽和高：指定影片的宽度和高度，以像素为单位。
- 文件：指定 SWF 文件的路径。单击文件夹图标以浏览到某一文件，或者输入路径。
- 背景：指定影片区域的背景颜色。在不播放影片时（在加载时和在播放后）也显示此颜色。
- 编辑：启动 Flash 以更新 FLA 文件（使用 Flash 创作工具创建的文件）。如果计算机上没有安装 Flash，则会禁用此选项。
- 类：可用于对影片应用 CSS 类。
- 循环：使影片连续播放。如果没有选择循环，则影片将播放一次，然后停止。
- 自动播放：在加载页面时自动播放影片。

- 垂直边距和水平边距：指定影片上、下、左、右空白的像素数。
- 品质：在影片播放期间控制抗失真。可选择 "低品质"、"自动低品质"、"自动高品质" 或 "高品质"。
- 比例：确定影片如何适合在宽度和高度文本框中设置的尺寸。"默认" 设置为显示整个影片。
- 对齐：确定影片在页面上的对齐方式。
- Wmode：为 SWF 文件设置 Wmode 参数，以避免与 DHTML 元素（例如 Spry Widget）相冲突。可选择 "窗口"、"透明" 或 "不透明"。
- 播放：在文档窗口中播放影片。
- 参数：打开一个对话框，可在其中输入传递给影片的附加参数。影片必须已设计好，可以接收这些附加参数。

图 3.22　在网页上播放 Flash 动画

【实战演练】 在页面中播放 SWF 文件，效果如图 3.22 所示。

（1）在 DW 站点的 chapter03 文件夹中，创建一个空白网页并命名为 page3-07.html。

（2）将页面标题设置为 "在网页中播放 Flash 动画"。

（3）在页面上添加一个段落并将其设置为居中对齐。

（4）将插入点放在该段落中，然后插入一个 SWF 文件，并在属性检查器中对 object 元素的属性进行设置。

（5）切换到代码视图，可看到在页面首部添加了以下 script 标签（用于导入脚本文件）：

```
<script src="../Scripts/swfobject_modified.js" type="text/javascript"></script>
```

页面正文部分源代码如下：

```
<p align="center">
    <!-- 下面的对象标签用于 IE 浏览器。 -->
    <object id="FlashID" classid="clsid:D27CDB6E-AE6D-11cf-96B8-444553540000" width="353" height="256">
      <param name="movie" value="../media/benpao.swf" />
      <param name="quality" value="high" />
      <param name="wmode" value="transparent" />
      <param name="swfversion" value="6.0.65.0" />
      <!-- 此 param 标签提示使用 Flash Player 6.0 r65 和更高版本的用户下载最新版本的 Flash Player。如果您不想让用户看到该提示，请将其删除。 -->
      <param name="expressinstall" value="../Scripts/expressInstall.swf" />
      <!-- 下一个对象标签用于非 IE 浏览器。 -->
      <!--[if !IE]>-->
      <object type="application/x-shockwave-flash" data="../media/benpao.swf" width="353" height="256">
        <!--<![endif]-->
        <param name="quality" value="high" />
        <param name="wmode" value="transparent" />
        <param name="swfversion" value="6.0.65.0" />
        <param name="expressinstall" value="../Scripts/expressInstall.swf" />
        <!-- 浏览器将以下替代内容显示给使用 Flash Player 6.0 和更低版本的用户。 -->
        <div>
          <h4>此页面上的内容需要较新版本的 Adobe Flash Player。</h4>
```

```
       <p><a href="http://www.adobe.com/go/getflashplayer"> <img src="http://www.adobe.com/ images/shared/
download_buttons/get_flash_player.gif" alt="获取 Adobe Flash Player" width="112" height="33" /></a></p>
       </div>
       <!--[if !IE]>-->
     </object>
     <!--<![endif]-->
   </object>
</p>
<script type="text/javascript">
swfobject.registerObject("FlashID");
</script>
```

【代码说明】为了使该页同时适用于不同的浏览器，在上述代码中嵌套使用了 object 标签。外层的 object 元素适用于 IE 浏览器，内层的 object 元素适用于非 IE 浏览器。在 IE 浏览器中，将显示外层的 object 元素，而忽略内层的 object 元素；在非 IE 浏览器中，则忽略外层的 object 元素，而显示内层的 object 元素。

（6）在浏览器中查看 Flash 动画的播放效果。

3.2.6　插入 FLV 文件

FLV 文件（.flv）是一种视频文件，它包含经过编码的音频和视频数据，可通过 Flash Player 进行传送。如果有 QuickTime 或 Windows Media 视频文件，则可以使用编码器（如 Adobe Media Encoder CS5）将视频文件转换为 FLV 文件。在 HTML 中，可使用 object 标签将 FLV 文件插入页面，为此应将其 classid 属性设置为 "clsid:D27CDB6E-AE6D-11cf-96B8-444553540000"。

在 Dreamweaver CS5 中，可以向网页中轻松添加 FLV 视频。在开始之前，必须有一个经过编码的 FLV 文件。Dreamweaver 还将插入一个显示 FLV 文件的 SWF 组件，当在浏览器中查看时，此组件显示所选的 FLV 文件以及一组播放控件。

Dreamweaver CS5 提供了以下两个选项，用于将 FLV 视频传送给站点访问者。

- 累进式下载视频：将 FLV 文件下载到站点访问者的硬盘上，然后进行播放。但是，与传统的"下载并播放"视频传送方法不同，累进式下载允许在下载完成之前就开始播放视频文件。
- 流视频：对视频内容进行流式处理，并在一段可确保流畅播放的很短的缓冲时间后在网页上播放该内容。若要在网页上启用流视频，必须具有访问 Adobe Flash Media Server 的权限。

若要插入 FLV 视频文件并采用累进式下载视频，可执行以下操作。

（1）在文档窗口的设计视图中，将插入点放置在要插入内容的位置。

（2）选择"插入"→"媒体"→"FLV"。

（3）当出现如图 3.23 所示的"插入 FLV"对话框时，从"视频类型"下拉列表框中选择"累进式下载视频"，然后为插入的 FLV 文件设置以下选项。

- URL：指定 FLV 文件的相对路径或绝对路径。若要指定相对路径（如 mypath/myvideo.flv），可单击"浏览"按钮，导航到 FLV 文件并将其选定。若要指定绝对路径，可输入 FLV 文件的 URL（如 http://www.example.com/myvideo.flv）。
- 外观：指定视频组件的外观。所选外观的预览会显示在"外观"下拉列表框的下方。
- 宽度和高度：指定 FLV 文件的宽度和高度，以像素为单位。若要让 Dreamweaver 确定 FLV 文件的准确大小，可单击"检测大小"按钮。如果 Dreamweaver 无法确定大小，则必须输入宽度值和高度值。

注意："包括外观"是 FLV 文件的宽度和高度与所选外观的宽度和高度相加得出的和。

● 限制高宽比：保持视频组件的宽度和高度之间的比例不变。默认情况下会选择此选项。

● 自动播放：指定在网页打开时是否播放视频。

● 自动重新播放：指定播放控件在视频播放完之后是否返回起始位置。

（4）单击"确定"按钮，关闭对话框并将 FLV 文件添加到网页上。

此时，将生成一个视频播放器 SWF 文件和一个外观 SWF 文件，它们用于在网页上显示视频内容。若要查看新的文件，可在文件面板中单击"刷新"按钮。这些文件与视频内容所添加到的 HTML 文件存储在同一目录中。当上传包含 FLV 文件的 HTML 页面时，Dreamweaver 将以相关文件的形式上传这些文件。

若要插入 FLV 视频文件并采用流视频，可执行以下操作。

（1）选择"插入"→"媒体"→"FLV"。

（2）当出现如图 3.24 所示的"插入 FLV"对话框时，从"视频类型"下拉列表框中选择"流视频"，然后对以下选项进行设置。

图 3.23　插入 FLV 累进式下载视频

图 3.24　插入 FLV 流视频

● 服务器 URI：以 rtmp://www.example.com/app_name/instance_name 的形式指定服务器名称、应用程序名称和实例名称。

● 流名称：指定要播放的 FLV 文件的名称（例如，myvideo.flv）。扩展名.flv 是可选的。

● 外观：指定视频组件的外观。所选外观的预览会显示在"外观"下拉列表框的下方。

● 宽度和高度：指定 FLV 文件的宽度和高度，以像素为单位。若要让 Dreamweaver 确定 FLV 文件的准确大小，可单击"检测大小"按钮。如果 Dreamweaver 无法确定大小，则必须输入宽度值和高度值。

● 限制高宽比：保持视频组件的宽度和高度之间的比例不变。默认情况下会选择此选项。

● 实时视频输入：指定视频内容是否是实时的。如果选择了"实时视频输入"，则 Flash Player 将播放从 Flash Media Server 流入的实时视频流。实时视频输入的名称是在"流名称"文本框中指定的名称。

注意：如果选择了"实时视频输入"，则组件的外观上只会显示音量控件，因为无法操纵实时视频。此外，"自动播放"和"自动重新播放"选项也不起作用。

- 自动播放：指定在网页打开时是否播放视频。如果选择"自动播放"，则在建立与服务器的连接后视频立即开始播放。
- 自动重新播放：指定播放控件在视频播放完之后是否返回起始位置。
- 缓冲时间：指定在视频开始播放之前进行缓冲处理所需的时间，以秒为单位。默认的缓冲时间设置为 0，这样在单击了"播放"按钮后视频会立即开始播放。

提示： 如果要发送的视频的比特率高于站点访问者的连接速度，或者 Internet 通信可能会导致带宽或连接问题，则可能需要设置缓冲时间。例如，如果要在网页播放视频之前将 15 秒的视频发送到网页，可将缓冲时间设置为 15。

（3）单击"确定"按钮，关闭对话框并将 FLV 文件添加到网页上。

此时，将生成一个视频播放器 SWF 文件和一个外观 SWF 文件，它们用于在网页上显示视频。同时还会生成一个 main.asc 文件，必须将该文件上传到 Flash Media Server。若要查看新的文件，可在文件面板中单击"刷新"按钮。这些文件与视频内容所添加到的 HTML 文件存储在同一目录中。上传包含 FLV 文件的 HTML 页面时，不要忘记将 SWF 文件上传到 Web 服务器，并将 main.asc 文件上传到 Flash Media Server。

注意： 若服务器上已有 main.asc 文件，应确保在上传由"插入 FLV"命令生成的 main.asc 文件之前与服务器管理员进行核实。

在 Dreamweaver CS5 中，可以轻松地上传所有所需的媒体文件，方法是在文档窗口中选择视频组件占位符，然后在属性检查器中单击"上传媒体"按钮，如图 3.25 所示。若要查看所需文件的列表，可单击"显示所需的文件"按钮。

注意： 单击"上传媒体"按钮不会上传包含视频内容的 HTML 文件。

图 3.25　单击"上传媒体"按钮

【实战演练】 在页面上播放 FLV 文件，要求采用累进式下载视频，效果如图 3.26 所示。

图 3.26　在网页中播放 FLV 文件

（1）在 DW 站点的 chapter03 文件夹中，创建一个空白网页并命名为 page3-07.html。

（2）将页面标题设置为"在网页中播放 FLV 文件"。

（3）在页面上添加一个段落并将其设置为居中对齐。

（4）将插入点放在该段落中，选择"插入"→"媒体"→"FLV"。

（5）在"插入 FLV"对话框中，选择"累进式下载视频"，并对其他选项进行设置，然后单击"确定"按钮。

（6）切换到代码视图，可以看到在页面部分插入了以下 script 标签（用于导入 JavaScript 脚本文件）：

```
<script src="../Scripts/swfobject_modified.js" type="text/javascript"></script>
```

页面正文部分源代码如下：

```
<p align="center">
    <object classid="clsid:D27CDB6E-AE6D-11cf-96B8-444553540000" width="352" height="240" id="FLVPlayer">
        <param name="movie" value="../chapter02/FLVPlayer_Progressive.swf" />
        <param name="quality" value="high" />
        <param name="wmode" value="opaque" />
        <param name="scale" value="noscale" />
        <param name="salign" value="lt" />
        <param name="FlashVars" value="&MM_ComponentVersion=1&skinName=../chapter02/Clear_Skin_1&
streamName =../media/movie&autoPlay=true&autoRewind=false" />
        <param name="swfversion" value="8,0,0,0" />

        <!-- 此 param 标签提示使用 Flash Player 6.0 r65 和更高版本的用户下载最新版本的 Flash Player。如果您
不想让用户看到该提示，请将其删除。 -->
        <param name="expressinstall" value="../Scripts/expressInstall.swf" />
        <!-- 下一个对象标签用于非 IE 浏览器。所以使用 IECC 将其从 IE 隐藏。 -->
        <!--[if !IE]>-->
        <object type="application/x-shockwave-flash" data="../chapter02/FLVPlayer_Progressive. swf" width="352"
height="240">
            <!--<![endif]-->
            <param name="quality" value="high" />
            <param name="wmode" value="opaque" />
            <param name="scale" value="noscale" />
            <param name="salign" value="lt" />
            <param name="FlashVars" value="&MM_ComponentVersion=1&skinName=../chapter02/ Clear_Skin_1&
streamName=../media/movie&autoPlay=true&autoRewind=false" />
            <param name="swfversion" value="8,0,0,0" />
            <param name="expressinstall" value="../Scripts/expressInstall.swf" />
            <!-- 浏览器将以下替代内容显示给使用 Flash Player 6.0 和更低版本的用户。 -->
            <div>
                <h4>此页面上的内容需要较新版本的 Adobe Flash Player。</h4>
                <p><a href="http://www.adobe.com/go/getflashplayer"><img src="http://www.adobe.com/ images/shared/
download_buttons/get_flash_player.gif" alt="获取 Adobe Flash Player" /></a></p>
            </div>
            <!--[if !IE]>-->
        </object>
        <!--<![endif]-->
    </object>
</p>
<script type="text/javascript">
swfobject.registerObject("FLVPlayer");
</script>
```

（7）在浏览器中测试 FLV 视频的播放效果。

3.2.7 插入 Shockwave

Adobe Shockwave 是 Web 上用于交互式多媒体的一种标准，并且是一种压缩格式，可使在 Adobe Director 中创建的媒体文件能够被大多数常用浏览器快速下载和播放。

在 HTML 语言中，可以使用 object 标签将 Shockwave 影片插入页面中，为此应将该标签的 classid 属性设置为"clsid:166B1BCA-3F9C-11CF-8075-444553540000"。

在 Dreamweaver CS5 中，可使用菜单命令将 Shockwave 影片轻松地插入到文档中。具体操作步骤如下。

（1）在文档窗口中，将插入点放置在想要插入 Shockwave 影片的位置。

（2）选择"插入"→"媒体"→"Shockwave"。

（3）在显示的"选择文件"对话框中，选择一个影片文件（.dcr）。

（4）在属性检查器中，在"宽"和"高"文本框中分别输入影片的宽度和高度，根据需要也可以对其他选项进行设置，如图 3.27 所示。

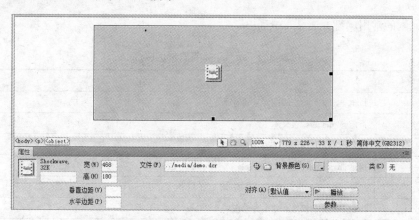

图 3.27 利用属性检查器设置 Shockwave 占位符大小

【实战演练】在网页中播放 Shockwave 影片，效果如图 3.28 所示。

（1）在 DW 站点的 chapter03 文件夹中，创建一个空白网页并命名为 page3-09.html。

（2）将页面标题设置为"在网页中播放 Shockwave 文件"。

（3）在页面上添加一个段落并将其设置为居中对齐。

（4）将插入点放在该段落中，选择"插入"→"媒体"→"Shockwave"，然后选择一个 Shockwave 影片。

图 3.28 在网页中播放 Shockwave 影片

（5）在属性检查器中，对 Shockwave 占位符大小进行设置。页面正文部分源代码如下：

```
<p align="center">
  <object classid="clsid:166B1BCA-3F9C-11CF-8075-444553540000" codebase="http://download. macromedia.com/pub/shockwave/cabs/director/sw.cab#version=10,1,1,0" width="468" height="180">
    <param name="src" value="../media/demo.dcr" />
    <embed height="180" width="468"src="../media/demo.dcr" pluginspage ="http://www.adobe.com /shockwave /
```

```
download/"></embed>
    </object>
</p>
```

（6）在浏览器中查看 Shockwave 影片的播放效果。

3.2.8 插入 Java applet

Java applet 是用 Java 语言编写的一些小型应用程序，它们可以嵌入网页中，并能够产生特殊的效果。包含 Java applet 的网页被称为 Java-Powered 页。当站点浏览者访问这样的网页时，Applet 将被下载到客户端计算机上执行。在 Java applet 中，可以绘制图形、控制文本的字体和颜色、播放声音和动画以及实现人机交互及网络交流等功能。

在 HTML 中，可使用 applet 标签在页面中定义嵌入的 applet。语法格式如下：

```
<applet code="fileName.class" width="pixels" height="pixels">
...
</applet>
```

applet 元素的常用属性在表 3.6 中列出。

表 3.6　applet 标签的常用属性

属　　性	说　　明
align	指定 applet 相对于周围元素的对齐方式
alt	指定 applet 的替换文本
archive	指定档案文件（.jar）的位置
code	指定 Java applet 的文件名（.class）
codebase	指定 code 属性指定的 applet 的基准 URL
height 和 width	指定 applet 的高度和宽度，以像素为单位
hspace 和 vspace	指定围绕 applet 的水平间隔和垂直间隔，以像素为单位
name	指定 applet 的名称，可用在脚本中

在 Dreamweaver 中，可以将 Java applet 轻松地插入 HTML 文档中，然后使用属性检查器对相关参数进行设置。具体操作步骤如下。

（1）在文档窗口中，将插入点放置在要插入 applet 的位置。

（2）选择"插入"→"媒体"→"Applet"。

（3）在"选择文件"对话框中，选择包含 Java applet 的文件（.class）。

（4）在文档窗口中单击 Java applet 占位符，然后在属性检查器中对以下选项进行设置（如图 3.29 所示）。

● 名称：指定用来标识 applet 的名称。在属性检查器最左侧的未标记文本框中输入名称。

● 宽和高：指定 applet 的宽度和高度，以像素为单位。

● 代码：指定包含该 applet 的 Java 代码的文件。单击文件夹图标以浏览到某一文件，或者输入文件名。

● 基址：标识包含选定 applet 的文件夹。选择一个 applet 后，此文本框将被自动填充。

● 对齐：确定对象在页面上的对齐方式。

● 替换：指定在用户的浏览器不支持 Java applet 或者已禁用 Java 的情况下要显示的替代内容（通常为一个图像）。如果输入文本，Dreamweaver 会插入这些文本并将它们作为 applet 的 alt 属性的值。如果选择了一个图像，Dreamweaver 将在开始与结束 applet 标签之间插入 img 标签。

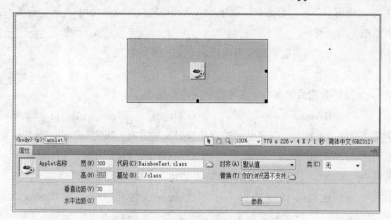

图 3.29 设置 Java applet 的属性

- 垂直边距和水平边距：指定 applet 上、下、左、右的空白量，以像素为单位。
- 参数：打开一个用于输入要传递给 applet 的其他参数的对话框，设置参数后将在源代码中生成 param 标签。许多 applet 都受特殊参数的控制。

【实战演练】在网页中插入 Java applet，以生成彩虹文字效果，如图 3.30 所示。

（1）在 DW 站点的 chapter03 文件夹中，创建一个空白网页并命名为 page3-10.html。

（2）将该页的标题设置为"在网页中插入 Java applet"。

（3）在页面上添加一个段落并将其设置为居中对齐。

图 3.30 在网页中插入 Java applet

（4）将插入点放在该段落中，选择"插入"→"媒体"→"Java applet"，然后选择一个 Java applet 文件。

（5）设置 Java applet 的属性和参数。页面正文部分代码如下：

```
<p align="center">
  <applet code="RainbowText.class" codebase = "../class" alt="您的浏览器不支持 Java Applet" width ="498"
height="40" vspace="30">
    <param name="text" value="Dreamweaver CS5 网页设计" />
  </applet>
</p>
```

（6）在浏览器中查看该页。

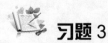 习题 3

一、填空题

1. 在 HTML 中，使用＿＿＿＿＿＿标签在网页中插入一个图像，通过＿＿＿＿＿＿属性指定图像文件的位置。

2. 在同一个段落中，若要使图像位于文本的右边，可将该图像的＿＿＿＿＿属性设置为＿＿＿＿＿。

3. 在 HTML 中，使用＿＿＿＿＿＿标签在网页中插入一个字幕，并通过＿＿＿＿＿＿属性指定字幕的移动方向。

4. 在 HTML 中，使用＿＿＿＿＿＿标签在网页中插入背景音乐；若要反复播放音乐，可将该标签的＿＿＿＿＿属性设置为_____。

5. 在 HTML 中，使用_____标签在网页中插入 ActiveX 控件，并使用_____标签向其传递参数。

6. FLV 文件（.flv）是一种_____文件，它包含_____数据，可通过_____进行传送。

7. applet 是用_____语言编写的小型应用程序，可嵌入网页中。

二、选择题

1. 使用（   ）属性可为图像输入一个名称或一段简短描述。

    A. id   B. name   C. alt   D. longdesc

2. 若要使字幕以交替方式滚动，字幕达到容器边缘时反转方向，可将 behavior 属性设置为（   ）。

    A. scroll   B. alternate   C. slide   D. reverse

3. 在下列各项中，（   ）不能通过 object 标签来创建。

    A. 字幕   B. Flash 动画   C. ActiveX 控件   D. Shockwave 影片

4. 在 HTML 中，可使用（   ）标签在页面中定义嵌入的 Java applet。

    A. object   B. embed   C. java   D. applet

三、简答题

1. 在网页设计中，常用的图像格式有哪些？

2. 在网页中插入 Flash SWF 文件时，如何使该页同时适用于不同的浏览器？

3. 为了将 FLV 视频传送给站点访问者，Dreamweaver CS5 提供了哪些选项？

4. 如何向 Java applet 传递参数？

 上机实验 3

1. 从网上下载一些图像和多媒体素材（包括 MP3、视频剪辑、Flash 动画、FLV 视频、Shockwave 影片以及 Java applet），将下载的文件分别保存在站点的 images、media 或 class 文件夹中。

2. 创建一个网页，要求通过设置图像的 align 属性实现图文绕排。

3. 创建一个网页，要求在其中插入鼠标经过图像。

4. 创建一个网页，要求使用 bgsound 标签在其中添加背景音乐。

5. 创建一个网页，要求使用播放器播放 MP3 音乐文件。

6. 创建一个网页，要求使用播放器播放视频剪辑。

7. 创建一个网页，要求在该页中插入微软日历控件。

提示：安装 Office 2003 时将自动安装和注册微软日历控件（mscal.ocx）。

8. 创建一个网页，要求通过该页播放 Flash 动画文件。

9. 创建一个网页，要求通过该页播放 FLV 视频文件。

提示：可使用 Adobe Media Encoder CS5 将视频文件转换为 FLV 文件。

10. 创建一个网页，要求通过该页播放 Shockwave 影片。

提示：可使用 Director 软件创建和发布 Shockwave 影片。

11. 创建一个网页，要求在其中插入 Java applet。

提示：对于用 Java 语言编写的源程序（.java），可使用 Java 编译器（javac.exe）编译为类文件（.class）

第4章 链接与框架

链接和框架都是网页设计中的重要内容。通过链接可以从一个网页进入到另一个网页,从一个网站进入另一个网站;通过框架则可以将浏览器窗口划分为多个区域,并在每个区域分别显示不同的文档。本章首先介绍如何为网页添加链接功能,然后讨论如何通过框架来实现页面布局。

4.1 创建链接

链接构成了网页与网页、网站与网站之间的桥梁。访问者可以通过链接在不同网页、不同网站之间自由跳转,从而充分体验到网上冲浪的无限乐趣。在 Dreamweaver 中设置站点并在站点中创建网页之后,还需要通过创建链接将不同网页联系起来。

4.1.1 链接概述

链接是指从一个网页指向一个目标文档的连接关系,这个目标文档可以是另一个网页,也可以是同一网页上的不同位置,还可以是一个图片、一个电子邮件地址、一个 Word 文档或一个 Flash 影片文件等,甚至可以是一个程序文件。目标文档与包含链接的起点网页可以位于同一个服务器中,也可以分别位于不同服务器中。

在一个网页中用做链接的对象,可以是一段文本或者是一个图片,也可以是 Flash 文本或 Flash 按钮等。当访问者在网页中单击包含超链接的文本或图片时,将在浏览器窗口中打开目标文档,或者根据文档类型在相关的应用程序中打开目标文档。

在一个网页中,可以创建以下几种类型的链接。

- 链接到其他文档或文件(如图像、影片、PDF 或声音文件)的链接。
- 命名锚记链接,此类链接跳转至文档内的特定位置。
- 电子邮件链接,此类链接新建一个已填好收件人地址的空白电子邮件。
- 空链接和脚本链接,此类链接用于在对象上附加行为,或者创建执行 JavaScript 代码的链接。

创建和管理链接时,可以使用以下两种方法。

(1)在工作时创建一些指向尚未建立的页面或文件的链接。

(2)首先创建所有的文件和页面,然后再添加相应的链接。

Dreamweaver CS5 提供了多种创建链接的方法,可以创建到网页、图像、多媒体文件、压缩文件或光盘镜像文件(其中包含可下载软件)的链接,也可以建立到网页内任意位置的任何文本或图像的链接。

4.1.2 链接路径的类型

每个网页都有一个唯一地址,称做统一资源定位器(URL,Uniform Resource Locator)。链接路径是指从作为链接起点的文档到作为链接目标的文档或资源之间的文件路径。链接路径可分为 3 种类型，即绝对路径、文档相对路径和站点根目录相对路径。

1. 绝对路径

绝对路径提供所链接目标文档的完整 URL，其中包括所使用的协议（对于网页通常为 http:// 或 file:///），例如，http://www.phei.com.cn/intro/intro.html。对于图像资源，完整的 URL 可能会类似于 http://www.phei.com.cn/images/image1.jpg。

当链接到其他服务器上的网页或资源时，必须使用绝对路径链接。当链接到同一站点内的文档（即本地链接）时，也可以使用绝对路径链接，但不建议采用这种方式，因为一旦将此站点移动到其他域，则所有本地绝对路径链接都将断开。如果对本地链接使用相对路径，则能够在需要在站点内移动文件时提高灵活性。

注意： 当插入图像（非链接）时，可以使用指向远程服务器上的图像（在本地硬盘驱动器上不可用的图像）的绝对路径。

2. 文档相对路径

对于同一站点内的本地链接来说，文档相对路径通常是最合适的路径。在当前文档与所链接的文档或资源位于同一文件夹中，而且可能保持这种状态的情况下，相对路径特别有用。文档相对路径还可用于链接到其他文件夹中的文档或资源，方法是利用文件夹层次结构，指定从当前文档到所链接目标文档的路径。

使用文档相对路径时，基本思想是省略掉对于当前文档和所链接的文档或资源都相同的绝对路径部分，而只提供不同的路径部分。

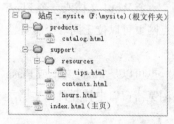

图 4.1　站点文件夹层次结构

假设一个站点的文件夹层次结构如图 4.1 所示。

● 若要从 contents.html 链接到 hours.html（两个文件位于同一文件夹中），可使用相对路径 hours.html。

● 若要从 contents.html 链接到 tips.html（在 resources 子文件夹中），可使用相对路径 resources/tips.html。每出现一个斜杠（/），表示在文件夹层次结构中向下移动一个级别。

● 若要从 contents.html 链接到 index.html（位于父文件夹中 contents.html 的上一级），可使用相对路径 ../index.html。两个点和一个斜杠（../）表示在文件夹层次结构中向上移动一个级别。

● 若要从 contents.html 链接到 catalog.html（位于父文件夹的不同子文件夹中），可使用相对路径 ../products/catalog.html。其中，../表示向上移至父文件夹，而 products/表示向下移至 products 子文件夹中。

当成组地移动文件（例如移动整个文件夹）时，该文件夹内所有文件保持彼此间的相对路径不变，此时不需要更新这些文件间的文档相对链接。但是，在移动包含文档相对链接的单个文件，或移动由文档相对链接确定目标的单个文件时，则必须更新这些链接。如果使用文件面板移动或重命名文件，则 Dreamweaver 将自动更新所有相关链接。

3. 站点根目录相对路径

站点根目录相对路径描述从站点的根文件夹到文档的路径。如果在处理使用多个服务器的大型 Web 站点，或者在使用承载多个站点的服务器，则可能需要使用这些路径。不过，如果不熟悉此类型的路径，最好坚持使用文档相对路径。

站点根目录相对路径总是以一个正斜杠符号（/）开始，这个正斜杠表示站点根文件夹。例如，/support/tips.html 是文件 tips.html 的站点根目录相对路径，该文件位于站点根文件夹的 support 子文件夹中。

如果需要经常在 Web 站点的不同文件夹之间移动 HTML 文件，那么站点根目录相对路径通常是指定链接的最佳方法。移动包含站点根目录相对链接的文档时，不需要更改这些链接，因为链接是相对于站点根目录的，而不是文档本身。例如，如果某个 HTML 文件对相关文件（如图像）使用站点根目录相对链接，则移动 HTML 文件后，其相关文件链接依然有效。

但是，如果移动或重命名由站点根目录相对链接所指向的文档，则即使文档之间的相对路径没有改变，也必须更新这些链接。例如，如果移动某个文件夹，则必须更新指向该文件夹中文件的所有站点根目录相对链接。如果使用文件面板移动或重命名文件，则 Dreamweaver 将自动更新所有相关链接。

注意：使用 Dreamweaver CS5 时，可以方便地选择要为链接创建的文档路径的类型。创建链接时，最好使用文档相对路径或站点根目录相对路径。

4.1.3　链接到网页或其他文件

在 HTML 中，可以使用 a 标签在网页中创建从图像、对象或文本到其他网页或文件的链接，语法格式如下：

```
<a href="URL" name="elementIdentifier" target="windowOrFrameName" title="promptText">
    …
</a>
```

a 元素是一个行内元素，该元素的常用属性在表 4.1 中列出。

表 4.1　a 元素的常用属性

属　　性	说　　明
href	指定要链接的目标文档或资源的 URL
name	指定网页内的特定位置的名称，称为命名锚记或锚点
target	指定一个窗口或框架的名称，目标文档将在该窗口或框架中打开
title	指定鼠标指针指向链接文本或图像时所显示的提示信息

使用 a 标签创建链接时，应注意以下几点。

（1）如果用 href 属性指向一个网页，则在浏览器中目标网页将加载到当前（默认）或其他窗口（由 target 属性定义）。如果用 href 属性指向其他文件类型，浏览器可能会将目标内容加载到一个插件，或者将目标文件保存到客户端计算机上（此过程通常称为下载）。

（2）如果未设置 href 属性，则 a 元素在浏览器中不会作为可单击的链接；如果未设置 href 属性而设置了 name 属性，则 a 元素只是一个命名锚记（也称为锚点）；如果对 a 元素同时设置了 name 和 href 属性，则该元素既是一个锚点又是一个链接。

（3）默认情况下，目标文档将在当前窗口中打开。如果要将目标文档加载到当前窗口或框架以外的一个窗口或框架，则可以为 target 属性指定一个窗口或框架的名称，以设置应在何处加载目标文档。

在 Dreamweaver CS5 中，可以使用属性检查器创建从图像、对象或文本到其他文档或文件的链接。操作步骤如下。

（1）在文档窗口的设计视图中，选择文本或图像。

（2）在属性检查器中，执行下列操作之一：

- 单击"链接"框右侧的"浏览文件"图标 （如图 4.2 所示），然后在如图 4.3 所示的"选择文件"对话框中浏览到并选择一个文件，此时指向所链接的文档的路径将显示在 URL 框中。

图 4.2　单击"浏览文件"图标

图 4.3　"选择文件"对话框

- 使用"选择文件"对话框中的"相对于"下拉列表框，可使路径成为文档相对路径或根目录相对路径，然后单击"确定"按钮。所选择的路径类型只适用于当前链接。若要针对该站点更改"相对于"框的默认设置，可单击"在站点定义中"右侧的"更改默认的链接相对于"链接。
- 在"链接"框中直接输入文档的路径和文件名。若要链接到站点内的文档，可输入文档相对路径或站点根目录相对路径。若要链接到站点外的文档，可输入包含协议（如 http://）的绝对路径。这种方法可以用于输入尚未创建的文件的链接。
- 拖动"链接"框右侧的"指向文件"图标 （目标图标），指向当前文档中的可见锚记、另一个打开文档中的可见锚记、分配有唯一 ID 的元素或文件面板中的文档，如图 4.4 所示。

图 4.4　利用"指向文件"图标选择要链接的文档

注意：只有当文档窗口中的文档未最大化时，才能链接到另一个打开的文档。若要以平铺方式放置文档，可选择"窗口"→"层叠"或"窗口"→"平铺"。如果指向打开的文档，则在进行选择时，该文档移至屏幕的最前面。

（3）从"目标"下拉式列表中选择文档的打开位置：

● _blank：将链接的文档载入一个新的、未命名的浏览器窗口。

● _parent：将链接的文档加载到该链接所在框架的父框架或父窗口。如果包含链接的框架不是嵌套框架，则所链接的文档加载到整个浏览器窗口。

● _self：将链接的文档载入链接所在的同一框架或窗口。此目标是默认的，所以通常不需要指定它。

● _top：将链接的文档载入整个浏览器窗口，从而删除所有框架。

如果页面上的所有链接都设置到同一目标，则可以选择"插入"→"HTML"→"文件头标签"→"基础"，然后选择目标信息来指定该目标，这样只需设置一次即可。

【实战演练】 创建到网页或其他文件的链接，效果如图 4.5 所示。

（1）在 DW 站点的根文件夹中，创建一个新文件夹并命名为 chapter04。

（2）在 chapter04 文件夹中，创建一个 HTML 网页并命名为 page4-01.html。

（3）将该页的标题设置为"创建到网页或其他文件的链接"。

图 4.5　创建到网页或其他文件的链接

（4）在该页中添加 3 个段落，并在这些段落中分别插入图像或输入文本。

（5）选择图像或文本，并利用属性检查器设置要链接到的站点、网页或其他媒体文件。

● 选择图片 phei.png，在属性检查器的"链接"框中输入绝对路径 http://www.phei.com.cn，并在"标题"框中输入"访问电子工业出版社网站"。

● 选择文本"查看图文绕排效果"，单击"链接"框右侧的"浏览文件"图标📁，然后选择 chapter03 文件夹中的 page3-01.html。

● 选择文本"查看鼠标经过图像"，单击"链接"框右侧的"浏览文件"图标📁，然后选择 chapter03 文件夹中的 page3-02.html。

● 选择文本"欣赏音乐"，拖动"链接"框右侧的"指向文件"图标🎯，指向 media 文件夹中的 ForElise.mp3。

● 选择文本"欣赏 Flash 动画"，拖动"链接"框右侧的"指向文件"图标🎯，指向 media 文件夹中的 benpao.swf。

● 选择文本"欣赏视频"，拖动"链接"框右侧的"指向文件"图标🎯，指向 media 文件夹中的 movie.avi。

页面正文部分源代码如下：

```
<p align="center"><a href="http://www.phei.com.cn" title="访问电子工业出版社网站"><img src=".. /images/
phei.png" width="560" border="0" /></a></p>
<p align="center">
    <a href="../chapter03/page3-01.html">查看图文绕排效果</a>    
    <a href="../chapter03/page3-02.html">查看鼠标经过图像</a></p>
<p align="center"><a href="../media/ForElise.mp3">欣赏音乐</a>    
```

```
<a href="../media/benpao.swf">欣赏 Flash 动画</a>    
<a href="../media/movie.avi">欣赏视频</a></p>
```

（6）在浏览器中打开该页，并对各个链接进行测试。

4.1.4 链接到网页中的特定位置

若要跳转到网页中的特定位置，可以通过创建到命名锚记的链接来实现。这个过程分为两步：首先创建命名锚记以标识该位置，然后创建到该命名锚记的链接。

若要创建命名锚记，可执行以下操作。

（1）在文档窗口的设计视图中，将插入点放在需要命名锚记的地方。

（2）执行下列操作之一：

● 选择"插入"→"命名锚记"。

● 按下 Ctrl+Alt+A 组合键。

● 在插入面板的"常用"类别中，单击"命名锚记"按钮，如图 4.6 所示。

（3）在"锚记名称"框中，输入锚记的名称。锚记名称不能包含空格，如图 4.7 所示。

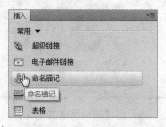

图 4.6 单击"命名锚记"

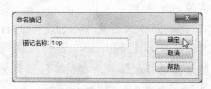

图 4.7 指定锚记名称

（4）单击"确定"按钮。此时，锚记标记 将出现在插入点处。

提示： 若看不到页面中的锚记标记，可选择"查看"→"可视化助理"→"不可见元素"。

若要链接到命名锚记，可执行以下操作。

（1）在文档窗口的设计视图中，选择要从其创建链接的文本或图像。

（2）在属性检查器的"链接"框中，输入一个数字符号（#）和锚记名称。例如，若要链接到当前文档中名为"top"的锚记，可输入#top。若要链接到同一文件夹内其他文档中的名为"top"的锚记，可输入 filename.html#top。

注意： 锚记名称区分大小写。

也可以使用指向文件的方法链接到命名锚记，操作步骤如下。

（1）打开包含对应命名锚记的文档。

（2）在文档窗口的设计视图中，选择要从其创建链接的文本或图像。如果这是打开的另外一个文档，则必须切换到该文档。

（3）执行下列操作之一：

● 单击属性检查器中"链接"框右侧的"指向文件"图标 ，然后将它拖到要链接到的锚记上，既可以是同一文档中的锚记，也可以是其他打开文档中的锚记。

● 在文档窗口中，按住 Shift 键拖动，从所选文本或图像拖动到要链接到的锚记，既可以是同一文档中的锚记，也可以是其他打开文档中的锚记。

【实战演练】 创建命名锚记并创建到命名锚记的链接，执行效果如图 4.8 和图 4.9 所示。

（1）在 DW 站点的 chapter04 文件夹中创建一个空白网页并命名为 page4-02.html。

　　图 4.8　单击到命名锚记的链接　　　　　　图 4.9　跳转到网页中特定位置

（2）将该页的标题设置为"链接到网页中的特定位置"。

（3）在该页中添加 5 个段落，在第一个和最后一个段落中输入文本，在其他段落中分别插入一个图片。

（4）在第一个段落前创建一个命名锚记，其名称为 top；在每个图片前创建一个命名锚记，其名称分别为 image1、image2 和 image3。

（5）在第一个段落和最后一个段落中，选择部分文本，创建到各个命名锚记的链接。页面正文部分源代码如下：

```
<a name="top" id="top"></a>
<p align="center"><a href="#image1">图片 1</a>    
   <a href="#image2">图片 2</a>    <a href="#image3">图片 3</a></p>
<p align="center"><a name="image1" id="image1"></a><img src="../images/image01.jpg"
   width="300" height="225" /></p>
<p align="center"><a name="image2" id="image2"></a><img src="../images/image04.jpg"
   width="300" height="225" /></p>
<p align="center"><a name="image3" id="image3"></a><img src="../images/image07.jpg"
   width="300" height="225" /></p>
<p align="center"><a href="#top">返回页面顶部</a></p>
```

（6）在浏览器中打开该页，然后缩小浏览器窗口，并对各个链接进行测试。

4.1.5　创建电子邮件链接

当单击电子邮件链接时，将使用与用户浏览器相关联的电子邮件客户端程序（如 Outlook 或 Foxmail）打开一个新的空白信息窗口。在电子邮件消息窗口中，"收件人"框自动更新为显示电子邮件链接中指定的地址。根据需要，也可以在其他文本框中填充相应的信息。

使用插入电子邮件链接命令创建一个电子邮件链接，操作步骤如下。

（1）在文档窗口的设计视图中，将插入点放在希望出现电子邮件链接的位置，或者选择要作为电子邮件链接出现的文本或图像。

（2）执行下列操作之一：

● 选择"插入"→"电子邮件链接"命令。

● 在插入面板的"常用"类别中，单击"电子邮件链接"按钮，如图 4.10 所示。

（3）当出现如图 4.11 所示的"电子邮件链接"对话框时，在"文本"框中输入或编辑电子邮件的正文。

（4）在"电子邮件"框中，输入电子邮件地址。

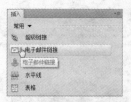
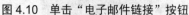

图 4.10 单击 "电子邮件链接" 按钮   图 4.11 "电子邮件链接" 对话框

（5）单击 "确定" 按钮。

也可以使用属性检查器创建电子邮件链接，操作步骤如下。

（1）在文档窗口的设计视图中，选择文本或图像。

（2）在属性检查器的 "链接" 框中，输入 "mailto:"，后跟电子邮件地址。在冒号与电子邮件地址之间不能输入任何空格。

（3）若要自动填充电子邮件的主题行，可在电子邮件地址后添加?subject=，并在等号后输入一个主题。在问号和电子邮件地址结尾之间不能输入任何空格。

（4）若要自动填充电子邮件的抄送行，可在邮件主题后添加&cc=，并在等号后输入要抄送的电子邮件地址。

（5）若要自动填充电子邮件的密件抄送行，可在邮件主题或抄送地址后添加&bcc=，并在等号后输入要密件抄送的电子邮件地址。

（6）若要自动填充电子邮件的正文内容，可在邮件主题后添加&body=，并在等号后输入邮件的正文内容。完整的输入如下所示：

mailto:收件人地址?subject=邮件主题&cc=抄送地址&bcc=密送地址&body=正文内容

【实战演练】在网页中创建电子邮件链接，当单击该链接时，将会启动电子邮件客户端程序，并自动填充收件人、抄送和密件抄送地址以及邮件的主题和正文内容，如图 4.12 和图 4.13 所示。

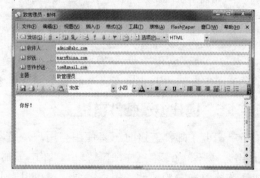

图 4.12 在网页中单击电子邮件链接   图 4.13 在电子邮件程序中自动填充信息

（1）在 DW 站点的 chapter04 文件夹中创建一个空白网页并命名为 page4-03.html。

（2）将该页的标题设置为 "创建电子邮件链接"。

（3）在该页中，添加一个标题、一条水平线和一个段落，并在段落中插入一个图像。

（4）选择该图像，然后在属性检查器的 "链接" 框中输入以下内容：

mailto:admin@abc.com?subject=致管理员&cc=mary@sina.com&bcc=tom@gmail.com&body=你好！

页面正文部分源代码如下：

```
<h4 align="center">创建电子邮件链接</h4>
<hr width="80%" size="1" noshade="noshade" color="#0066FF" />
<p align="center">若要向网站管理员发送电子邮件，<br />
    请用鼠标单击<a href="mailto:admin@abc.com?subject=致管理员&cc=mary@sina.com& bcc=tom
```

@gmail.com& body=你好！"><img src="../images/mail.png" width="24" border="0" /></a>。</p>

（5）在浏览器中打开该页，单击图像链接，以启动电子邮件程序。

4.1.6 创建空链接和脚本链接

空链接是未指派目标文档的链接，可用于向页面上的对象或文本附加行为。例如，可以向空链接附加一个行为，以便在指针滑过该链接时会交换图像或显示绝对定位的元素（称为 AP 元素）。若要创建空链接，可执行以下操作。

（1）在文档窗口的设计视图中，选择文本、图像或对象。

（2）在属性检查器中，在"链接"框中输入 javascript:;，即在单词 javascript 后面依次接一个冒号和一个分号。

脚本链接可用于执行 JavaScript 代码或调用 JavaScript 函数，它能够在不离开当前网页的情况下为访问者提供有关某项的附加信息。脚本链接还可用于在访问者单击特定项时，执行计算、验证表单和完成其他处理任务。若要创建脚本链接，可执行以下操作。

（1）在文档窗口的设计视图中，选择文本、图像或对象。

（2）在属性检查器的"链接"框中，输入 javascript:，后跟一些 JavaScript 代码或一个函数调用。在冒号与代码或调用之间不能输入空格。

【实战演练】在网页中创建空链接和脚本链接。用鼠标指针指向图像时将更改图像，如图 4.14 和图 4.15 所示；当单击"关闭窗口"链接时，将弹出一个对话框，单击"是"按钮，可关闭浏览器窗口，如图 4.16 所示。

图 4.14 加载页面时显示的图像

图 4.15 鼠标指针指向图像时更换图像

图 4.16 单击"关闭窗口"链接时弹出对话框

（1）在 DW 站点的 chapter04 文件夹中创建一个空白网页并命名为 page4-04.html。

（2）将该页的标题设置为"空链接与脚本链接"。

（3）在该页中添加两个段落，在第一个段落中插入一个图像，在第二个段落中输入文本"关闭窗口"。

（4）选择该图像，在属性检查器的"链接"框中输入"javascript:;"。

（5）在标签选择器中，选择对应于图像链接的<a>标签。选择"窗口"→"行为"，以打开"行为"面板。在"行为"面板的在 onMouseOut 框中输入以下内容：

> document.getElementById('img1').src='../images/image04.jpg'

在"行为"面板的 onMouseOver 框中输入以下内容：

> document.getElementById('img1').src='../images/image05.jpg'

（6）选择"关闭窗口"，在属性检查器的"链接"框中输入"javascript:window.close();"。页面正文部分源代码如下：

```
<p align="center"><a href="javascript:;"
    onmouseout="document.getElementById('img1').src='../images/image04.jpg'"
    onmouseover="document.getElementById('img1').src='../images/image05.jpg'">
    <img id="img1" src="../images/image04.jpg" width="300" height="225" border="0" /></a></p>
<p align="center"><a href="javascript:window.close();">关闭窗口</a></p>
```

【代码说明】在上述代码中，基于图像创建了一个空链接，并对该链接附加了 onmouseout 和 onmouseover 事件处理程序，当鼠标指针指向或离开该链接时将更换所显示的图像。在事件处理程序中，通过 document.getElementById('img1')引用网页中的图像，并对其 src 属性进行设置。此外，还基于文本"关闭窗口"创建了一个脚本链接，当单击该链接时将调用 window 对象的 close()方法，以关闭当前浏览器窗口或选项卡。

（7）在浏览器中打开该页，并对图像链接和文本链接进行测试。

4.1.7 自动更新链接

每当在本地站点内移动或重命名文档时，Dreamweaver 都可以更新起自以及指向该文档的链接。在将整个站点（或其中完全独立的一个部分）存储在本地磁盘上时，此项功能最适用。Dreamweaver 不更改远程文件夹中的文件，除非将这些本地文件放在或者存回到远程服务器上。

若要启用自动链接更新功能，可执行以下操作。

（1）选择"编辑"→"首选参数"命令。

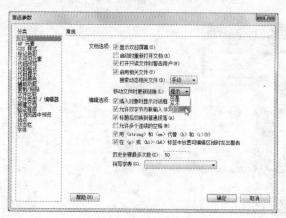

图 4.17　选择更新链接选项

（2）在"首选参数"对话框中，从左侧的"分类"列表中选择"常规"。

（3）在"常规"首选参数的"文档选项"部分，从"移动文件时更新链接"下拉列表框选择下列选项之一（如图 4.17 所示）。

- 总是：每当移动或重命名选定文档时，自动更新起自和指向该文档的所有链接。
- 从不：在移动或重命名选定文档时，不自动更新起自和指向该文档的所有链接。
- 提示：显示一个对话框，列出此更改影响到的所有文件。单击"更新"按钮可更新这些文件中的链接，而单击"不更新"按钮将保留原文件不变。

（4）单击"确定"按钮。

4.1.8 创建缓存文件

为了加快链接的更新过程，可在 Dreamweaver 中创建一个缓存文件，用以存储有关本地文件夹中所有链接的信息。在添加、更改或删除本地站点上的链接时，该缓存文件以不可见的方式进行更新。

若要为站点创建缓存文件，可执行以下操作。

（1）选择"站点"→"管理站点"命令。

（2）在如图 4.18 所示的"管理站点"对话框中，选择一个站点，然后单击"编辑"按钮。

（3）在"站点设置"对话框中，展开"高级设置"并选择"本地信息"类别。

（4）在"本地信息"类别中，选择"启用缓存"，如图 4.19 所示。

图 4.18 "管理站点"对话框

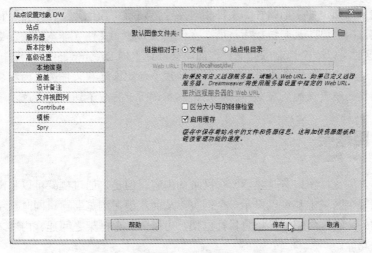

图 4.19 启用缓存

启动 Dreamweaver 之后，第一次更改或删除指向本地文件夹中文件的链接时，将会提示加载缓存。如果单击"是"按钮，则会加载缓存，并更新指向刚刚更改的文件的所有链接。如果单击"否"按钮，则所做更改会记入缓存中，但 Dreamweaver 并不加载该缓存，也不更新链接。

在较大型的站点上，加载此缓存可能需要几分钟的时间，因为 Dreamweaver 必须将本地站点上文件的时间戳与缓存中记录的时间戳进行比较，从而确定缓存中的信息是否是最新的。如果没有在 Dreamweaver 之外更改任何文件，则当"停止"按钮出现时，可以放心地单击该按钮。

若要重新创建缓存，可选择"站点"→"高级"→"重建站点缓存"命令。

4.1.9 在站点范围内更改链接

除了每次移动或重命名文件时让 Dreamweaver 自动更新链接之外，还可以手动更改所有链接（包括电子邮件链接、FTP 链接、空链接和脚本链接），使它们指向其他位置。这个选项最适用于删除其他文件所链接到的某个文件，不过也可以将它用于其他用途。例如，可能已经在整个站点内将"本月要闻"一词链接到/news/july.html。而到了 8 月 1 日，则必须将那些链接更改为指向/news/august.html。

若要在整个站点范围内更改链接，可执行以下操作。

图 4.20 "更改整个站点链接"对话框

（1）在文件面板的本地视图中，选择一个文件。如果更改的是电子邮件链接、FTP 链接、空链接或脚本链接，则不需要选择文件。

（2）选择"站点"→"更改整个站点链接"命令。

（3）在如图 4.20 所示的"更改整个站点链接"对话框中，对以下选项进行设置。

- 更改所有的链接：单击文件夹图标□，浏览到并选择要取消链接的目标文件。如果更改的是电子邮件链接、FTP 链接、空链接或脚本链接，则应输入要更改的链接的完整文本。
- 变成新链接：单击文件夹图标□，浏览到并选择要链接到的新文件。如果更改的是电子邮件链接、FTP 链接、空链接或脚本链接，则应输入替换链接的完整文本。

（4）单击"确定"按钮。

Dreamweaver 将更新链接到选定文件的所有文档，使这些文档指向新文件，并沿用文档已经使用的路径格式。例如，如果旧路径为文档相对路径，则新路径也为文档相对路径。

在整个站点范围内更改某个链接后，所选文件就成为独立文件（即本地硬盘上没有任何文件指向该文件）。这时可以安全地删除此文件，而不会破坏本地 Dreamweaver 站点中的任何链接。

说明：因为这些更改是在本地进行的，所以必须手动删除远程文件夹中的相应独立文件，然后存回或取出链接已经更改的所有文件。否则，站点访问者将看不到这些更改。

4.2 使用框架

默认情况下，浏览器窗口总是显示一个网页的内容。但是，通过框架可以将浏览器窗口划分若干个区域，在每个区域中都可以显示一个网页，从而获得在浏览器窗口同时显示多个网页的特殊布局效果。此外，通过为超链接指定目标框架，可以为各个框架之间建立内容之间的联系，以实现页面导航的功能。

4.2.1 理解框架与框架集

框架（frame）是浏览器窗口中的一个区域，可用来显示与浏览器窗口其余部分所显示内容无关的 HTML 文档。框架提供将一个浏览器窗口划分为多个区域、每个区域都可以显示不同 HTML 文档的方法。使用框架的最常见场景是，一个框架显示包含导航控件的文档，而另一个框架显示包含内容的文档。

框架集（frameset）是一个 HTML 文档，可用于定义一组框架的布局和属性，包括框架的数目、框架的大小和位置以及最初在每个框架中显示的页面的 URL。框架集文件本身不包含要在浏览器中显示的 HTML 内容（noframes 部分除外），它只是向浏览器提供应如何显示一组框架以及在这些框架中应显示哪些文档的有关信息。

若要在浏览器中查看一组框架，可输入框架集文件的 URL，浏览器随后打开要显示在这些框架中的相应文档。通常将一个站点的框架集文件命名为 index.html，以便当访问者未指定文件名时默认显示该文件。

如图 4.21 所示，是在浏览器中打开的由 3 个框架组成的框架布局，一个较窄的框架位于左侧，其中包含导航条；一个框架横放在顶部，其中包含一幅背景图像和 Web 站点的标题；一个大框架位于右下方，它占据了页面的其余部分，其中包含主要内容。每个框架都显示了一个单独的 HTML 文档。

图 4.21　框架网页示例

在上述例子中，当访问者浏览站点时，在顶部框架中显示的文档永远不更改。左侧框架导航条包含链接，单击其中某一链接会更改主要内容框架的内容，但左侧框架本身的内容保持静态。当访问者在左侧框架中单击某个链接时，将在右侧主内容框架中显示相应的文档。

框架是存放网页的容器，但框架本身不是文件。或许有些读者会以为当前显示在框架中的网页是构成框架的一部分，实际上该网页并不是框架的组成部分。"网页"既可以表示单个 HTML 文档，也可以表示给定时刻浏览器窗口中的全部内容，即使同时显示了多个 HTML 文档。例如，短语"使用框架的网页"通常表示一组框架以及最初显示在这些框架中的文档。

如果一个站点在浏览器中显示为包含 3 个框架的单个页面，则它实际上至少由 4 个 HTML 文档组成，即一个框架集文件和 3 个页面，这 3 个页面包含最初在这些框架内显示的内容。在 Dreamweaver 中设计使用框架集的页面时，必须保存所有这 4 个文件，该页面才能在浏览器中正常显示。

框架通常可用于页面导航。一组框架中通常包含两个框架，一个含有导航条，另一个显示主要内容页面。按这种方式使用框架具有以下优点：

- 访问者的浏览器不需要为每个页面重新加载与导航相关的图像。
- 每个框架都具有自己的滚动条，可以独立滚动这些框架。例如，当框架中的内容页面较长时，如果导航条位于不同的框架中，那么滚动到页面底部的访问者不需要再滚动回顶部就能使用导航条。

使用框架有以下不足之处：

- 可能难以实现不同框架中各元素的精确图形对齐。
- 对导航进行测试可能很耗时间。
- 框架中加载的每个页面的 URL 不显示在浏览器中，可能难以将特定的页面设为书签。

实际上，在许多情况下可以创建没有框架的网页，它可以达到一组框架所能达到的同样效果。例如，如果想让导航条显示在页面的左侧，则既可以用一组框架来组织页面，也可以在站点中的每个页面上包含该导航条。

4.2.2　框架网页基本结构

在 HTML 中，可用 frameset 标签来定义一个框架集，组成该框架集的各个框架则用 frame 标签来定义。框架网页定义存储框架集文件中，其基本结构如下：

```
<html>
<head>
<title>框架网页标题</title>
</head>
<frameset cols="col1,col2,..." rows="row1,row2...">
  <frame src="URL"... />
  <frame src="URL"... />
  ...
</frameset>
<noframes>
  <body>
    <p>此网页使用了框架，但您的浏览器不支持框架。</p>
  </body>
</noframes>
</html>
```

其中<frameset>…</frameset>标签定义一个框架集，用于组织多个框架和嵌套框架集，框架集的定义存储在一个单独的 HTML 文档中，该文档也称为框架网页。在框架网页中，应当将<frameset>标签置于<head>标签之后，以取代常规 HTML 文档中<body>标签的位置。

<frameset>标签的 cols 和 rows 属性指定如何将浏览器窗口分割成不同的框架，这些属性的取值可以是像素数（n）、相对于浏览器窗口的百分比（n%）和相对尺寸（n*）。在同一个 frameset 元素中，rows 属性不能与 cols 属性同时使用。

例如，若要通过框架将浏览器窗口划分为 3 列，其中第一列占浏览器窗口宽度的30%，第二列为 200 像素，第三列为浏览器窗口的剩余部分，应将 cols 属性设置为"30%, 200, *"。若要将窗口划分成 3 个等宽的框架，可将 cols 属性设置为"*, *, *"。

若将 cols 属性设置为"*, 2*, 3*"，则表示左边的框架占窗口宽度的 1/6，中间的框架占窗口宽度的 1/3，右边的框架占窗口宽度的 1/2。若将 rows 属性设置为"60, *"，则表示上面的框架高度为 60 像素，下面的框架为浏览器窗口的剩余部分。

<frame>…</frame>标签在框架集内定义单个框架，其 src 属性指定在该框架中显示的网页的 URL。若要创建同时包含纵向分隔框架和横向分隔框架，则应使用嵌套框架。

<noframes>…</noframes>标签用于包含那些不支持框架的浏览器使用的 HTML 内容。

在一个框架集内包含的另一个框架集称为嵌套框架集。一个框架集文件可以包含多个嵌套的框架集。实际上，大多数使用框架的网页都使用嵌套的框架，在 Dreamweaver 中大多数预定义的框架集也使用嵌套。如果在一组框架里，不同行或不同列中有不同数目的框架，则要求使用嵌套的框架集。

最常见的框架布局是在顶行有一个框架（其中显示公司的徽标），在底行有两个框架（一个导航框架和一个内容框架）。这样的布局要求使用嵌套的框架集，一个两行的框架集，在第二行中嵌套了一个两列的框架集。

4.2.3　创建框架和框架集

使用 Dreamweaver CS5 创建框架集时，既可以从若干预定义的框架集中选择，也可以自己设计框架集。当选择预定义的框架集时，只能在文档窗口的设计视图中插入预定义的框架集，这将会设置创建布局所需的所有框架集和框架，它是迅速创建基于框架的布局的最简单方法。此外，还可以通过向文档窗口中添加"拆分器"来设计自己的框架集。

1. 创建空的预定义框架集

在创建框架集或使用框架前，通过选择"查看"→"可视化助理"→"框架边框"，使框架边框在文档窗口的设计视图中可见。若要创建空的预定义框架集，可执行以下操作。

（1）选择"文件"→"新建"。

（2）在"新建文档"对话框中，选择"示例中的页"类别。

（3）在"示例文件夹"列表中，选择"框架集"文件夹。

（4）从"示例页"列表中，选择一个框架集。

（5）单击"创建"按钮，如图 4.22 所示。

（6）如果已在"首选参数"中激活框架辅助功能属性，则会出现如图 4.23 所示的"框架标签辅助功能属性"对话框，可对每个框架的标题进行设置，然后单击"确定"按钮。

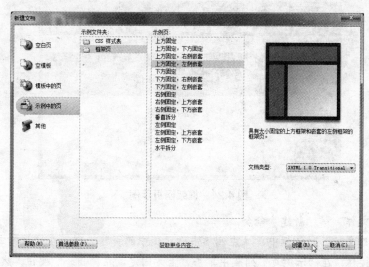

图 4.22　选择预定义框架集

注意：当出现"框架标签辅助功能属性"对话框时，如果在没有输入新名称的情况下单击了"确定"按钮，则 Dreamweaver 会为此框架指定一个与其在框架集中的位置（左框架、右框架等）相对应的名称。如果单击了"取消"按钮，该框架集也会出现在文档中，但 Dreamweaver 不会将其与辅助功能标签或属性相关联。

2. 创建预定义框架集并显示现有文档

若要创建预定义的框架集并在某一框架中显示现有文档，可执行以下操作。

（1）将插入点放在文档中。

（2）执行下列操作之一：

● 选择"插入"→"HTML"→"框架"，并选择预定义的框架集。

● 在插入面板的"布局"类别中，单击"框架"按钮上的下拉箭头，然后选择预定义的框架集。

提示：框架集图标提供应用于当前文档的每个框架集的可视化表示形式。框架集图标的蓝色区域表示当前文档，而白色区域表示将显示其他文档的框架。

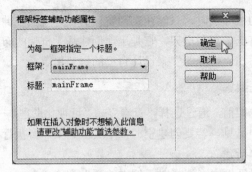

图 4.23　设置框架标签辅助功能属性

（3）如果在 Dreamweaver 中设置提示输入框架辅助功能属性，则可从下拉列表框中选择一个框架，输入此框架的名称并单击"确定"按钮。

（4）选择"窗口"→"框架"，以查看所命名的框架的关系图。

【实战演练】创建一个由 3 个框架组成的框架集，页面效果如图 4.24 所示。

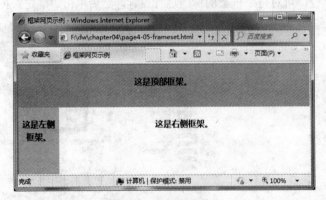

图 4.24　框架网页示例

（1）选择"文件"→"新建"命令。

（2）在"新建文档"对话框中，从左侧单击"示例中的页"类别，在"示例文件夹"列表中单击"框架页"按钮，在"示例页"列表中单击"上方固定，左侧嵌套"按钮，然后单击"创建"按钮。

（3）在"框架标签辅助功能属性"对话框中，将 3 个框架的标题分别设置为 topFrame、leftFrame 和 mainFrame。

（4）将所有文件都保存到 DW 站点的 chapter04 文件夹中，将框架集文件命名为 page4-05-frameset.html，将顶部框架、左侧框架和右侧框架中的文档分别命名为 page4-05- topFrame.html、page4-05-leftFrame.html 和 page4-05-mainFrame.html。框架网页 page4-05- frameset.html 的 HTML 源代码如下：

```
<!DOCTYPE html PUBLIC "-//W3C//DTD XHTML 1.0 Frameset//EN"
 "http://www.w3.org/TR/xhtml1/DTD/xhtml1-frameset.dtd">
<html xmlns="http://www.w3.org/1999/xhtml">
<head>
<meta http-equiv="Content-Type" content="text/html; charset=gb2312" />
<title>框架网页示例</title>
</head>
```

```
<frameset rows="80,*" cols="*" frameborder="no" border="0" framespacing="0">
  <frame src="page4-05-topFrame.html" name="topFrame" scrolling="No" noresize="noresize"
    id="topFrame" title="topFrame" />
  <frameset cols="80,*" frameborder="no" border="0" framespacing="0">
    <frame src="page4-05-leftFrame.html" name="leftFrame" scrolling="No"
      noresize="noresize" id="leftFrame" title="leftFrame" />
    <frame src="page4-05-mailFrame.html" name="mainFrame" id="mainFrame"
      title="mainFrame" />

  </frameset>
</frameset>
<noframes>
<body>
<p>此网页使用了框架，但您的浏览器不支持框架。</p>
</body>
</noframes>
</html>
```

（5）在 3 个框架分别输入文本，并对顶部框架和左侧框架中的文档的背景颜色进行设置。

（6）在浏览器中查看框架网页 page4-05-frameset.html。

4.2.4　框架基本操作

创建框架集网页后，可以根据需要对框架进行各种各样的操作，例如在框架中打开文档、将框架拆分成更小的框架、调整框架的大小以及删除框架等。

1. 在框架中打开文档

通过将新内容插入框架的空文档中或通过在框架中打开现有文档，可以指定框架的初始内容。若要在框架中打开现有文档，可执行以下操作。

（1）将插入点放置在框架中。

（2）选择"文件"→"在框架中打开"命令。

（3）选择要在该框架中打开的文档，然后单击"确定"按钮。

（4）若要使该文档成为在浏览器中打开框架集时在框架中显示的默认文档，可保存该框架集文件。

2. 拆分框架

若要将一个框架拆分为几个更小的框架，可执行下列操作之一。

● 若要分插入点所在的框架，可从"修改"→"框架集"子菜单选择拆分项。

● 若要以垂直或水平方式拆分一个框架或一组框架，可将框架边框从设计视图的边缘拖入到该视图的中间。

● 若要使用不在设计视图边缘的框架边框拆分一个框架，可按住【Alt】键拖动框架边框。

● 若要将一个框架拆分成四个框架，可将框架边框从设计视图一角拖入框架的中间。

提示：若要创建 3 个框架，可首先创建两个框架，然后对其中的一个框架进行拆分。不编辑框架集的 HTML 代码是很难合并两个相邻框架的，所以将 4 个框架转变成 3 个框架要比将两个框架转变成 3 个框架更难。

3. 调整框架大小

若要调整框架大小，可执行以下操作之一。

- 若要设置框架的近似大小，可在文档窗口的设计视图中拖动框架边框。
- 若要设置框架的准确大小，并指定当浏览器窗口大小不允许框架以完全大小显示时浏览器分配给框架的行或列的大小，可使用属性检查器。

4. 删除框架

若要删除框架，可将边框框架拖离页面或拖到父框架的边框上。如果要删除的框架中的文档有未保存的内容，则 Dreamweaver 将提示保存该文档。

注意：不能通过拖动边框完全删除一个框架集。要删除一个框架集，应关闭显示它所在的文档窗口。如果该框架集文件已经保存，则删除该文件。

4.2.5 选择框架和框架集

若要更改框架或框架集的属性，首先需要选择希望更改的框架或框架集。既可以在文档窗口中选择框架或框架集，也可以通过框架面板进行选择。

框架面板提供框架集内各框架的可视化表示形式，它能够显示框架集的层次结构，而这种层次结构在文档窗口中的显示可能不够直观。在框架面板中，环绕每个框架集的边框非常粗；而环绕每个框架的是较细的灰线，并且每个框架由框架名称标识。

在文档窗口的设计视图中选定一个框架后，其边框被虚线环绕。在选定了一个框架集后，该框架集内各框架的所有边框都被淡颜色的虚线环绕。

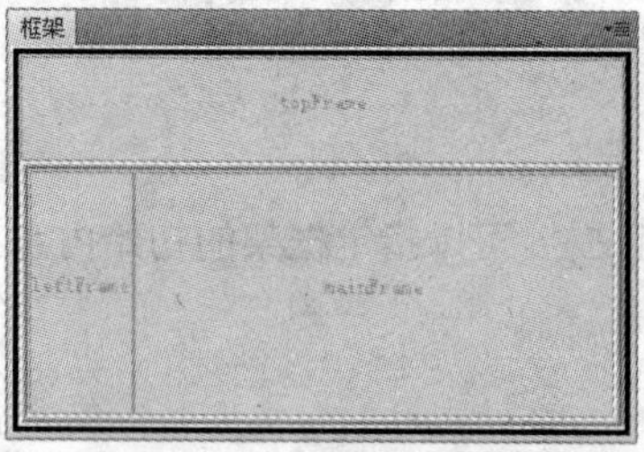

图 4.25 框架面板

注意：将插入点放置在框架内显示的文档中并不等同于选择了一个框架。有多种不同的操作（例如设置框架属性）要求必须选择框架。

若要在框架面板中选择框架或框架集，可执行以下操作。

（1）选择"窗口"→"框架"命令，以显示框架面板，如图 4.25 所示。

（2）在框架面板中，执行下列操作之一：

- 若要选择框架，可单击此框架。
- 若要选择框架集，可单击环绕框架集的边框。

若要在文档窗口中选择框架或框架集，可执行以下操作：

- 若要选择框架，可按住【Shift】和【Alt】键的同时在设计视图中单击框架内部。
- 若要选择框架集，可在设计视图中单击框架集的内部框架边框。

提示：在文档窗口中选择框架或框架集时，要求框架边框必须是可见的。如果看不到框架边框，可选择"查看"→"可视化助理"→"框架边框"，以使框架边框可见。

若要选择不同的框架或框架集，可执行下列操作之一。

- 若要在当前选定内容的同一层次级别上选择下一框架（框架集）或前一框架（框架集），可在按住【Alt】键的同时按下左箭头键或右箭头键。使用这些键，可以按照框架和框架集在框架集文件中定义的顺序依次选择这些框架和框架集。
- 若要选择父框架集（包含当前选定内容的框架集），可在按住【Alt】键的同时按上箭头键。
- 若要选择当前选定框架集的第一个子框架或框架集（即按在框架集文件中定义顺序中的第一个），按住【Alt】键的同时按下箭头键。

【实战演练】在 Dreamweaver 文件面板中创建一个空白网页，然后在文档窗口中打开该页，并执行以下操作。

（1）将插入点置于文档窗口中，在插入面板的"布局"类别中，单击"框架"按钮上的向下箭头，然后选择"顶部框架"，将窗口拆分为顶部框架和底部框架，如图 4.26 所示。

（2）将插入点置于底部框架中，在插入面板的"布局"类别中，单击"框架"按钮上的向下箭头，然后选择"左侧框架"，将底部框架拆分为左侧框架和右侧框架，如图 4.27 所示。

图 4.26　拆分成顶部框架和底部框架

图 4.27　拆分成左侧框架和右侧框架

（3）选择"窗口"→"框架"，以显示框架面板，然后在框架面板中依次选择框架集、嵌套框架集以及各个框架。

（4）在文档窗口中，按住【Shift+Alt】组合键的同时单击右侧框架内部以选择该框架，然后连续按【Alt+↑】组合键，以选择嵌套框架集和最外层框架集。

（5）将左侧框架的右边框拖离页面，以删除该框架。

4.2.6　保存框架和框架集文件

在浏览器中预览框架集网页之前，必须保存框架集文件以及要在框架中显示的所有文档。既可以单独保存每个框架集文件和带框架的文档，也可以同时保存框架集文件和框架中出现的所有文档。

注意：在使用 Dreamweaver CS5 中的可视工具创建一组框架时，框架中显示的每个新文档都将获得一个默认文件名。例如，第一个框架集文件被命名为 UntitledFrameset-1，而框架中第一个文档被命名为 UntitledFrame-1。

若要保存框架集文件，可执行以下操作。

（1）在框架面板或文档窗口中，选择框架集。

（2）执行下列操作之一：

● 若要保存框架集文件，可选择"文件"→"保存框架集"命令。

● 若要将框架集文件另存为新文件，可选择"文件"→"框架集另存为"命令。

注意：如果以前没有保存过该框架集文件，则这两个命令是等效的。

若要保存框架中显示的文档，可执行以下操作。

（1）单击该框架内部。

（2）执行下列操作之一：

● 若要保存框架内显示的文档，可选择"文件"→"保存框架"命令。

● 若要将框架内显示的文档另存为新文件，可选择"文件"→"框架另存为"命令。

若要保存与一组框架关联的所有文档，可选择"文件"→"保存所有框架"命令。使用此命令可保存在框架集中打开的所有文档，包括框架集文件和所有带框架的文档。若未保存该框架集文件，则在设计视图中的框架集（或未保存框架）的周围将出现粗边框，可选择文件名。

注意：如果使用"文件"→"在框架中打开"命令在框架中打开文档，则当保存框架集时，在框架中打开的文档将成为在该框架中显示的默认文档。如果不希望该文档成为默认文档，则不要保存框架集文件。

4.2.7　设置框架集的属性

在 HTML 中，frameset 标签用于定义框架集的结构，通过设置该标签的属性可以指定框架集的显示方式。frameset 标签的常用属性在表 4.2 中列出。

表 4.2　frameset 标签的常用属性

属　　性	说　　明
cols	指定框架的列宽，可为像素数（n）、百分比（n%）和相对尺寸（n*）
rows	指定框架的行高，可为像素数（n）、百分比（n%）和相对尺寸（n*）
border	指定边框的宽度，以像素为单位
bordercolor	指定边框的颜色
frameborder	指定框架周围是否显示三维边框，可取的值有 1、0、no、yes；若设置为 1 或 yes，则显示边框；若设置为 0 或 no，则不显示边框；默认值为 no
framespacing	指定各框架之间的间隔

在 Dreamweaver CS5 中，可以使用属性检查器来查看和设置大多数框架集属性，包括框架集标题、边框以及框架大小。

若要设置框架集文档的标题，可执行以下操作。

（1）在文档窗口或框架面板中，选择框架集。

（2）在文档工具栏的"标题"框中，输入框架集文档的名称。

当访问者在浏览器中查看框架集时，此标题将显示在浏览器的标题栏中。

若要查看或设置框架集属性，可执行以下操作。

（1）在文档窗口或框架面板中，选择框架集。

（2）在属性检查器中单击右下角的展开箭头，然后设置以下框架集选项（如图 4.28 所示）：

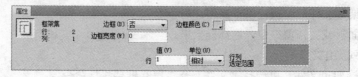

图 4.28　使用属性检查器设置框架集属性

- 边框：确定在浏览器中查看文档时是否应在框架周围显示边框。若要显示边框，可选择"是"；若要使浏览器不显示边框，可选择"否"，若要让浏览器确定如何显示边框，可选择"默认值"。
- 边框宽度：指定框架集中所有边框的宽度。
- 边框颜色：设置边框的颜色。可使用颜色选择器选择一种颜色，或者输入颜色的十六进制值。
- 行列选定范围：若要设置选定框架集的行和列的框架大小，可单击"行列选定范围"区域左侧或顶部的选项卡，然后在"值"文本框中输入高度或宽度。

（3）若要指定浏览器分配给每个框架的空间大小，可以从"单位"下拉列表框中选择以下选项：

- 像素：将选定列或行的大小设置为一个绝对值。对于应始终保持相同大小的框架（例如导航条），可选择此选项。在为以百分比或相对值指定大小的框架分配空间前，为以像素为单位指定大小的框架分配空间。设置框架大小的最常用方法是将左侧框架设置为固定像素宽度，将右侧框架大小设置为相对大小，这样在分配像素宽度后，能够使右侧框架伸展以占据所有剩余空间。

提示：如果所有宽度都是以像素为单位指定的，而指定的宽度对于访问者查看框架集所使用的浏览器而言太宽或太窄，则框架将按比例伸缩以填充可用空间。这同样适用于以像素为单位指定的高度。因此，将至少一个宽度和高度指定为相对大小通常是一个不错的主意。

- 百分比：指定选定列或行应为相当于其框架集的总宽度或总高度的一个百分比。以"百分比"为单位的框架分配空间在以"像素"为单位的框架之后，但在以"相对"为单位的框架之前。
- 相对：指定在为像素和百分比框架分配空间后，为选定列或行分配其余可用空间，剩余空间在大小设置为"相对"的框架之间按比例划分。

注意：从"单位"下拉列表框中选择"相对"时，在"值"字段中输入的所有数字均消失。如果要指定一个数字，则必须重新输入。不过，如果只有一行或一列设置为"相对"，则不需要输入数字，因为该行或列将在其他行和列分配空间后接受所有剩余空间。为了确保完全的跨浏览器兼容性，可以在"值"字段中输入 1，这等效于不输入任何值。

4.2.8　设置框架的属性

一个框架集由若干个框架组成，每个框架都可以显示一个文档。在 HTML 中，通过设置 frame 标签的属性可以指定在框架内显示哪个文档，也可以控制该框架的显示效果。frame 标签的常用属性在表 4.3 中列出。

表 4.3　frame 标签的常用属性

属　　性	说　　明
src	指定在该框架中显示的文档的 URL
name	指定框架的名称
border	指定边框的宽度
bordercolor	指定边框的颜色
frameborder	指定框架周围是否显示边框，该属性的取值可以是：1 或 yes（显示边框）、0 或 no（不显示边框）
frameheight	指定框架内容与上、下边框的间距，以像素为单位
framewidth	指定框架内容与左、右边框的间距，以像素为单位
scrolling	指定是否为框架添加滚动条，该属性的取值可以是：yes（添加）、no（不添加）或 auto（在需要时自动添加）
norisize	若指定了该项，则不能调整框架的大小

在 Dreamweaver CS5 中，可以使用属性检查器来查看和设置大多数框架属性，包括边框、边距以及是否在框架中显示滚动条。设置框架属性将覆盖框架集中该属性的设置。还可以设置某些框架属性（如 title 属性），以改进辅助功能。在创建框架时，可以使用用于框架的辅助功能创作选项来设置属性，或者可以在插入框架后设置属性。若要编辑框架的辅助功能属性，可直接使用标签检查器编辑 HTML 代码。

若要查看或设置框架属性，可执行以下操作。

（1）在文档窗口或框架面板中，选择框架。

（2）在属性检查器中，单击右下角的展开箭头，以查看所有框架属性。

（3）在属性检查器中，设置以下框架选项（如图 4.29 所示）。

图 4.29　使用属性检查器设置框架属性

- 框架名称：链接的 target 属性或脚本在引用框架时所使用的名称。框架名称必须是单个单词，允许使用下画线（_），但不允许使用连字符（-）、句点（.）和空格。框架名称必须以字母开头而不能以数字开头。框架名称区分大小写。不要使用 JavaScript 中的保留字（例如 top 或 navigator）作为框架名称。

提示：若要使链接更改其他框架的内容，就必须对目标框架命名。若要使以后创建跨框架链接更容易一些，应在创建框架时对每个框架命名。

- 源文件：指定在框架中显示的源文档。可以通过单击"浏览文件"图标浏览到一个文件并选择该文件。
- 滚动：指定在框架中是否显示滚动条。将此选项设置为"默认"将不设置相应属性的值，从而使各个浏览器使用其默认值。大多数浏览器默认为"自动"，这意味着只有在浏览器窗口中没有足够空间来显示当前框架的完整内容时才显示滚动条。
- 不能调整大小：使访问者无法通过拖动框架边框在浏览器中调整框架大小。

注意：在 Dreamweaver 中始终可以调整框架大小，该选项仅适用于在浏览器中查看框架的访问者。

- 边框：在浏览器中查看框架时显示或隐藏当前框架的边框。为框架选择"边框"选项将覆盖框架集的边框设置。边框选项包括"是"（显示边框）、"否"（隐藏边框）以及"默认"。大多数浏览器默认为显示边框，除非父框架集已将"边框"设置为"否"。仅当共享边框的所有框架都将"边框"设置为"否"时，或当父框架集的"边框"属性设置为"否"且共享该边框的框架都将"边框"设置为"默认"时，才会隐藏边框。
- 边框颜色：设置所有框架边框的颜色。此颜色应用于和框架接触的所有边框，并且重写框架集的指定边框颜色。
- 边距宽度：设置左边距和右边距的宽度（即框架边框与内容之间的空间），以像素为单位。
- 边距高度：设置上边距和下边距的高度（即框架边框与内容之间的空间），以像素为单位。

注意：设置框架的边距宽度和高度并不等同于在"页面属性"对话框中设置边距。

图 4.30　设置框架的辅助功能值

若要设置框架的辅助功能值，可执行以下操作。

（1）在框架面板中，将插入点放在一个框架中，以选择该框架。

（2）选择"修改"→"编辑标签"。

（3）当出现如图 4.30 所示的"标签编辑器"对话框时，从左侧的"分类"列表中选择"样式表/辅助功能"，并输入属性值。

（4）单击"确定"按钮。

若要更改框架中文档的背景颜色，可执行以下操作。

（1）将插入点放置在框架中。

（2）选择"修改"→"页面属性"命令。

（3）在"页面属性"对话框中，单击"背景颜色"菜单，然后选择一种颜色。

4.2.9　在框架文档中设置链接目标

若要在一个框架中使用链接打开另一个框架中的文档，必须设置链接的目标。创建链接时，可用 a 标签的 target 属性来指定在其中打开所链接内容的框架或窗口。为了简化设计，也可以使用 base 标签为所有链接设置默认的目标。例如，如果导航条位于左框架，并且希望链接的材料显示在右侧的主要内容框架中，则必须将主要内容框架的名称指定为每个导航条链接的目标。当访问者单击导航链接时，将在主框架中打开指定的文档内容。

1. 设置链接的目标

若要设置链接的目标，可执行以下操作。

（1）在设计视图中，选择文本或对象。

（2）在属性检查器的"链接"框中，执行下列操作之一：

● 单击"浏览文件"图标□并选择要链接到的文件。

● 将"指向文件"图标◎拖动到文件面板并选择要链接到的文件。

（3）在属性检查器的"目标"下拉列表框中，选择应显示链接文档的框架或窗口：

● _blank：在新的浏览器窗口中打开链接的文档，同时保持当前窗口不变。

● _parent：在显示链接的框架的父框架集中打开链接的文档，同时替换整个框架集。

● _self：在当前框架中打开链接，同时替换该框架中的内容。

● _top：在当前浏览器窗口中打开链接的文档，同时替换所有框架。

当前框架集中的框架名称也会出现在这个下拉列表框中，从中选择一个命名框架可以在该框架中打开所链接的文档。

注意：只有当在框架集内编辑文档时才会显示框架名称。当在文档自身的文档窗口中编辑该文档时，框架名称不显示在"目标"下拉列表框中。如果要编辑框架集外的文档，则可以在"目标"文本框中输入目标框架的名称。

如果链接到自己站点以外的页面，应使用 target="_top" 或 target="_blank"，以确保该页面不会看起来像自己站点的一部分。

2. 为所有链接设置默认的目标

如果在一个页面中大多数链接都具有相同的目标，则可以在 head 元素内添加一个 base 标签，为页面上的所有链接设置默认的目标。语法格式如下：

```
<base target="windowOrFrameName" />
```

其中，target 属性指定应该在其中打开所有链接的文档的框架或窗口，该属性的值可以是 _blank（新窗口）、_parent（父框架）、_self（当前框架，此为默认值）、_top（当前窗口），也可以是当前框架集中某个框架的名称。

例如，在包含导航条的页面中，可以在首部添加以下 base 标签：

```
<base target="mainFrame" />
```

这样，当在该页面中单击任何导航链接时，都会自动在名称为 mainFrame 的框架内打开目标文档，除非在某个链接中对 target 属性设置了不同的值，这是因为 a 标签的 target 属性设置将覆盖 base 标签的 target 属性设置。

在 Dreamweaver CS5 中，可以使用菜单命令插入 base 标签。操作步骤如下。

图 4.31 "基础"对话框

（1）将文档窗口切换到代码视图。

（2）将插入点置于页面首部。

（3）选择"插入"→"HTML"→"文件头标签"→"基础"命令。

（4）当出现如图 4.31 所示的"基础"对话框时，从"目标"下拉列表框中选择一个框架或保留名称，然后单击"确定"按钮。

【实战演练】通过链接控制框架中的文档内容，如图 4.32 所示。

图 4.32　通过链接控制框架中的文档内容

（1）选择"文件"→"新建"命令。

（2）在"新建文档"对话框中，从左侧单击"示例中的页"类别，在"示例文件夹"列表中单击"框架页"按钮，在"示例页"列表中单击"上方固定，左侧嵌套"命令，然后单击"创建"命令。

（3）在"框架标签辅助功能属性"对话框中，将 3 个框架分别命名为 topFrame、leftFrame 和 mainFrame。

（4）将框架网页的标题设置为"多媒体网页欣赏"。

（5）使用属性检查器对框架集和嵌套框架集的属性进行设置，然后将框架集文件保存为 pages-06-frameset.html，将顶部框架和左侧框架中的文档分别保存为 pages-06-topFrame.html 和 pages-06-mainFrame.html。

（6）单击顶部框架，然后设置页面背景颜色，并添加标题文字。

（7）单击左侧框架，并设置页面背景颜色。在页面首部插入一个 base 标签，将目标设置为 mainFrame。在该页中插入一个表格，在各单元格中依次输入"page3-01"～"page3-06"。分别选择文本"page3-01"～"page3-06"，使用属性检查器创建到相应页面的链接。

（8）单击右侧框架，选择"文件"→"在框架中打开文档"，然后选择页面 page3-01.html。

（9）保存所有文件。框架网页的源代码如下：

```
<!DOCTYPE html PUBLIC "-//W3C//DTD XHTML 1.0 Frameset//EN"
  "http://www.w3.org/TR/xhtml1/DTD/xhtml1-frameset.dtd">
<html xmlns="http://www.w3.org/1999/xhtml">
<head>
<meta http-equiv="Content-Type" content="text/html; charset=gb2312" />
<title>多媒体网页欣赏</title>
</head>
```

```
<frameset rows="80,*" cols="*" frameborder="yes" border="1" framespacing="1">
  <frame src="page4-06-topFrame.html" name="topFrame" scrolling="No" noresize="noresize"
   id="topFrame" title="topFrame" />
  <frameset rows="*" cols="111,*" framespacing="1" frameborder="yes" border="1">
    <frame src="page4-06-leftFrame.html" name="leftFrame" scrolling="No"
     noresize="noresize" id="leftFrame" title="leftFrame" />
    <frame src="../chapter03/page3-01.html" name="mainFrame" id="mainFrame" title="mainFrame" />
  </frameset>
</frameset>
<noframes>
<body>
<p>此网页使用了框架，但您的浏览器不支持框架。</p>
</body>
</noframes>
</html>
```

（10）在浏览器中打开框架网页，在左侧框架中单击导航链接，此时将在右侧框架中显示目标文档的内容，顶部框架和左侧框架的内容保持不变。

4.2.10 使用内联框架

在 HTML 中，可使用 iframe 标签会创建包含另外一个文档的内联框架（即行内框架）。语法格式如下：

```
<iframe src="URL"…>…</iframe>
```

其中，src 属性指定要在内联框架中加载的文档的 URL。

对于不能识别 iframe 标签的浏览器，可以将需要的提示文本信息放置在标签<iframe>与</iframe>之间。

iframe 元素的常用属性在表 4.4 中列出。

表 4.4 iframe 元素的常用属性

属　　性	说　　明
align	指定如何根据周围的元素来对齐此框架。该属性取值可以是 left、right、top、middle、bottom
frameborder	指定是否显示框架周围的边框。该属性取值可以是 1 或 0
height 和 width	指定框架的高度，以像素或百分比为单位
longdesc	指定一个页面的 URL，该页面包含了有关 iframe 的较长描述
marginheight	指定框架的顶部和底部的边距，以像素为单位
marginwidth	指定框架的左侧和右侧的边距，以像素为单位
name	指定框架的名称，此名称可用于设置链接的目标
scrolling	指定是否在框架中显示滚动条。该属性取值可以是 yes、no、auto
src	指定在框架中显示的文档的 URL

在 Dreamweaver CS5 中，可以菜单命令或插入面板来插入内联框架。操作步骤如下。

（1）在文档窗口中，将插入点放在要插入内联框架的位置。

（2）执行下列操作之一：

● 选择"插入"→"HTML"→"框架"→"IFRAME"命令。

● 在插入面板的"布局"类别中，单击"IFRAME"图标。

（3）在代码视图或标签检查器中对 iframe 元素的属性进行设置。

【实战演练】在网页上创建一些链接并插入一个内联框架，当单击链接时在框架中显示相应的文档内容，如图 4.33 和图 4.34 所示。

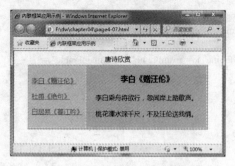
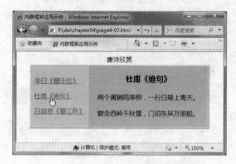

图 4.33　加载页面时的情形　　　　图 4.34　单击链接时在内联框架中显示相应文档

（1）在 DW 站点的 chapter04 文件夹中创建 3 个空白网页，将它们分别命名为 poem01.html、poem02.html 和 poem03.html。在这些网页中，分别输入李白的《赠汪伦》、杜甫的《绝句》和白居易的《暮江吟》。

（2）在同一文件夹中创建一个新的空白网页并命名为 page4-07.html。

（3）将该页的标题设置为"内联框架应用示例"。

（4）在该页上插入一个 1 行 1 列的表格，并对该表格和单元格的属性进行设置。在左侧的单元格中插入一个 3 行 1 列的表格，并在每个单元格中输入文本。在右侧的单元格中插入一个内联框架，将该框架命名为 content，并将其 src 属性设置为 poem01.html。

（5）在页面首部插入一个 base 标签，并将目标设置为 content。即：

```
<base target="content" />
```

（6）在嵌套表格中分别选择每个单元格中的文本，并使用属性检查器来创建到文档 poem01.html、poem02.html 和 poem03.html 的链接。page4-07.html 主体部分源代码如下：

```
<table border="3" align="center" cellpadding="0" cellspacing="0">
  <caption>唐诗欣赏</caption>
  <tr>
    <td valign="middle" bgcolor="#99CCFF"><table cellpadding="6">
      <tr><td><a href="poem01.html">李白《赠汪伦》</a></td></tr>
      <tr><td><a href="poem02.html">杜甫《绝句》</a></td></tr>
      <tr><td><a href="poem03.html">白居易《暮江吟》</a></td></tr>
    </table></td>
    <td bgcolor="#99CC33"><iframe src="poem01.html" name="content" align="middle"
      frameborder="0"></iframe></td>
  </tr>
</table>
```

（7）在浏览器中打开该页，并对各个链接进行测试。

 # 习题 4

一、填空题

1. 绝对路径提供所链接目标文档的_____，其中包括所使用的协议（对于网页通常为_____或_____）。

2. 站点根目录相对路径总是以一个_____符号开始，这个符号表示_____。

3. 要创建空链接，可在属性检查器的"链接"框中输入"_____"。

4. 框架是浏览器窗口中的一个＿＿＿＿，可用来显示与浏览器窗口其余部分所显示内容无关的＿＿＿＿＿＿；框架集是一个＿＿＿＿＿＿，可用于定义一组＿＿＿＿的布局和属性。

5. 在 HTML 中，可用＿＿＿＿＿标签定义一个框架集，组成该框架集的各个框架则用＿＿＿＿标签定义。

6. 在 frameset 标签中，使用＿＿＿＿＿属性指定框架的列宽，使用＿＿＿＿＿属性指定框架的行高；在 frame 和 iframe 标签中，使用＿＿＿＿＿属性指定在框架显示的文档的 URL。

二、选择题

1. 在 a 标签中可使用（　　）属性指定要链接的目标文档或资源的 URL。

    A. href   B. name   C. target   D. title

2. 若要在一个新的、未命名的浏览器窗口打开链接的文档，可将 a 标签的 target 属性设置为（　　）。

    A. _top   B. _blank   C. _parent   D. _self

3. 若要链接到命名锚记，应在锚记名称前使用（　　）符号。

    A. @   B. $ C. *   D. #

4. 创建电子邮件链接时，可在（　　）输入邮件的正文内容。

    A. ?subject=   B. &cc=   C. &body=   D. &bcc=

5. 如果一个站点在浏览器中显示为包含 3 个框架的单个网页，则它至少由（　　）个 HTML 文档组成。

    A. 3   B. 4   C. 5   D. 6

三、简答题

1. 在网页中可创建哪些类型的链接？

2. 什么是链接路径？链接路径分为哪些类型？

3. 使用文档相对路径的基本思想是什么？

4. 在框架包含的文档中，如何设置链接的目标？如果大多数链接都具有相同的目标，如何设置默认的目标？

上机实验 4

1. 创建一个 HTML 网页，要求在该页中创建指向以下目标的链接。

（1）同一站点内的其他网页。

（2）同一站点内的声音文件。

（3）同一站点内的视频文件。

（4）同一站点内的 Flash 动画。

（5）百度搜索引擎首页（http://www.baidu.com/）。

2. 创建一个 HTML 网页，在该页中创建一个电子邮件链接，要求指定邮件主题和正文内容。

3. 创建一个 HTML 网页，在该页插入一个图像并基于该图像创建一个空链接，要求当鼠标指针指向该图像时更换为另一幅图像，当鼠标离开该图像时恢复为原图像。

4. 创建一个框架网页，该框架集包含顶部框架、左侧框架和右侧框架，要求在顶部框架中显示一幅图像和一个标题，在左侧框架中包含一些导航链接，当单击这些链接时在右侧框架中显示不同的网页。

5. 创建一个 HTML 网页，在该页中插入一些链接和一个内联框架，要求当单击这些链接时在内联框架中显示不同的网页内容。

第 5 章　层叠样式表应用

前面几章介绍了如何使用 HTML 语言构建网页的文档结构，通过各种标签定义页面元素并对其外观特性进行控制。为了增强或控制页面元素的外观，还需要引入 CSS 样式。通过使用 CSS 样式设置页面的格式，可将页面内容与表现形式分离，还可以帮助 Web 设计者轻松实现网站的统一布局。本章首先介绍如何创建和应用 CSS 样式表，然后分门别类地讲解各种 CSS 样式属性的应用。

5.1　创建和应用 CSS

CSS 是一种用于控制网页样式的标记性语言，通过 CSS 不仅可以将页面内容与样式信息分离，还可以控制许多仅使用 HTML 无法控制的属性。

5.1.1　CSS 基本概念

CSS（Cascading Style Sheet）称为层叠样式表，是一组格式设置规则，可用于控制网页内容的外观。通过使用 CSS 样式设置页面的格式，可将页面的内容与表示形式分离开。页面内容（即 HTML 代码）存放在 HTML 文件中，用于定义代码表示形式的 CSS 规则存储在另一个文件（外部样式表）中，或者放在当前 HTML 文档的另一部分（通常为网页首部中）。将内容与表示形式分离，可使得从一个位置集中维护站点的外观变得更加容易，因为进行更改时不需要对每个页面上的每个属性都进行更新。将内容与表示形式分离还会得到更加简练的 HTML 代码，这样将缩短浏览器加载页面的时间。

使用 CSS 可以非常灵活地控制页面的确切外观。使用 CSS 可以控制许多文本属性，包括特定字体和字号，粗体、斜体、下划线和文本阴影，文本颜色和背景颜色以及链接颜色和链接下画线等。通过使用 CSS 控制字体，还可以确保在多个浏览器中以更一致的方式处理页面布局和外观。

除设置文本格式外，还可以使用 CSS 控制网页中块级元素的格式和定位。块级元素是一段独立的内容，在 HTML 文档中通常由一个新行来分隔，并在视觉上设置为块的格式。例如，h1、p 和 div 标签都在网页上生成块级元素。对块级元素可以执行以下操作：为它们设置边距和边框、将它们放置在特定位置、向它们添加背景颜色、在它们周围设置浮动文本等。对块级元素进行操作的方法实际上就是使用 CSS 进行页面布局设置的方法。

术语"层叠"表示对同一个页面元素应用多种样式的能力。例如，可以创建一个 CSS 规则来应用颜色，创建另一个 CSS 规则来应用边距，然后将两者应用于页面上的同一个文本。所定义的样式向下"层叠"到页面元素，并最终实现想要的设计。

CSS 的主要优点在于它提供了便利的更新功能。设计网站时，可以创建一些 CSS 样式表文件，然后将网站中的所有网页都连接到该样式表文件，这样很容易为网站内的所有网页提供一致的外观和风格。当更新某一样式属性时，应用该样式的所有网页的格式都会自动更新为新样式，而不必逐页进行修改。

5.1.2　定义 CSS 规则

CSS 样式表由一组 CSS 规则组成，每个 CSS 规则由选择器和属性声明两个部分组成，其中选择器用于标识和选择页面元素（如 p、h3、类名或 id 标识符等），属性声明则用于定义一个或多个页面元素的样式。

在 HTML 文档中定义 CSS 规则时，应将 CSS 规则包含在 style 块中，语法格式如下：

```
<style type="text/css">
selector {attribute: value; attribute: value; ...}
...
</style>
```

其中，style 标签用于为 HTML 文档定义样式信息。在 style 元素中，可以指定在浏览器中如何呈现 HTML 文档。type 属性是必需的，用于指定 style 元素的内容类型，该属性唯一可能的值是"text/css"。style 元素通常位于文档的 head 部分，一个文档中可有多个 style 元素。

selector 表示选择器，用于选择要对其应用 CSS 规则的一个或多个页面元素。花括号中的内容是 CSS 属性声明，该声明由一些属性-值（attribute-value）对组成，属性名称与属性值用冒号（:）分隔。若属性值包含空格，则用引号括起来，不同属性-对用分号（;）分隔。

当在 HTML 网页中定义 CSS 规则时，必须将规则定义放在<style>与</style>标签之间，并将 style 元素置于页面首部。不过，也可以在单独的样式表文件（.css）中定义 CSS 规则，此时不必使用<style>标签。

例如，下面的 CSS 规则用于定义 div 元素的样式：

```
div {font-family: "微软雅黑"; font-size: 16px;color: #FF0000;}
```

在这个例子中，使用 HTML div 标签作为选择器，用于选择文档中的所有 div 元素。位于花括号中的内容是 CSS 属性设置，用于设置文本所用的字体、字体大小和文本颜色。

上述 CSS 规则为 div 标签创建了一个特定的样式，该样式将自动应用于所有 div 元素，从而使 div 中的文本使用微软雅黑字体显示，字体大小为 16 像素，文本颜色为红色。

创建 CSS 样式表时，还可以在 /* 和 */ 之间添加注释，注释可以占用一行多行，浏览器将忽略它们的存在。例如：

```
/* 下面的规则将段落文本设置为红色 */
p {color: red;}
```

既可以在规则之间，也可以在属性设置模块内部添加注释，例如，在下面的 CSS 规则中，第二个和第三个属性都包含在注释分隔符中，它们将被浏览器忽略。在检查 CSS 的某个部分对网页有什么影响时，这种作法很有用。

```
div {
    font-family: "Courier New";
    /*
    font-size: 12px;
    color: green;
    */
}
```

【实战演练】在网页首部定义 CSS 样式表，用于设置标签 h3、p 和 span 的格式，页面效果如图 5.1 所示。

（1）在 DW 站点根文件夹中创建一个新文件夹并命名为 chapter05。

（2）在 chapter05 文件夹中创建一个新的空白网页并命名为 page5-01.html。

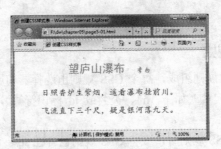

图 5.1　创建 CSS 样式

（3）将网页标题设置为"创建 CSS 样式"。

（4）在文档首部创建一个 CSS 样式表，代码如下：

```
<style type="text/css">
/* 定义一个由 3 个 CSS 规则组成的 CSS 样式表，分别对 h3、p 和 span 元素的样式进行设置。
font-family 属性设置文本的字体；font-size 属性设置字体的大小；color 属性设置文本的颜色；
text-align 属性设置元素中文本的对齐方式；font-weight 属性设置元素中字体的粗细。
*/
h3 {font-family: "黑体"; font-size: 32px; color: #39F; text-align: center ;font-weight: normal;}
p {font-family: "楷体"; font-size: 23px; text-align: center;color: #900;}
span {font-family: "华文行楷"; font-size: 20px;color: #F60;}
</style>
```

（5）在文档正文部分输入以下内容：

```
<h3>望庐山瀑布  <span>李白</span></h3>
<p>日照香炉生紫烟，遥看瀑布挂前川。</p>
<p>飞流直下三千尺，疑是银河落九天。</p>
```

（6）在浏览器中查看该页。

5.1.3　CSS 选择器类型

如前所述，CSS 规则由选择器和属性声明两部分组成。CSS 选择器用于指定要对其应用该规则的页面元素。CSS 选择器有各种类型，主要包括通配选择器、标签选择器、类选择器、id 选择器、包含选择器、群组选择器以及伪类选择器等。

1. 通配选择器

通配选择器用星号（*）表示，可用于选择页面内的任何元素。使用通配选择器定义 CSS 规则时，语法格式如下：

```
* {attribute: value; attributc: value; ...}
```

例如，下面使用通配选择器定义了一个 CSS 规则，此规则将自动应用于所有页面元素。

```
* {font-size: 12px;}                          /* 将文本字体大小设置为 12 像素 */
```

2. 标签选择器

类型选择符用于选择由特定 HTML 标签定义的页面元素。使用 HTML 标签作为选择器定义 CSS 规则时，语法格式如下：

```
tagName {attribute: value; attribute: value;...}
```

其中，tagName 表示某个 HTML 标签的名称。通过使用特定的 HTML 标签作为选择器，可对这种 HTML 元素的外观样式进行重新定义，所定义的 CSS 规则将自动应用于页面中所有使用该标签定义的元素。

在下面的例子中，通过创建 CSS 规则对 p 标签的外观样式进行重新定义，网页中的所有段落都将自动应用这个规则。

```
p {font-size: 9pt; color: blue;}          /*   将文本字体大小设置为 9 点, 文本颜色设置为蓝色 */
```

3. 类选择器

类选择器用于选择具有特定 class 属性的页面元素。使用类选择器定义 CSS 规则时, 语法格式如下:

```
[tagName|*].className {attribute: value; attribute: value; ...}
```

其中, tagName 前缀表示某个 HTML 标签名称(如 p、div、span), 指定只能对该标签定义的元素应用所定义的 CSS 规则。星号(*)前缀表示可对所有页面元素应用所定义的 CSS 规则, 这个星号也可以省略, 此时选择器可以写成".className"形式, 其中的句点(.)不能省略。className 指定类选择器的名称, 用于选择所有具有指定 class 属性值的元素。

若要对某个元素应用由类选择器定义的 CSS 规则, 可将元素的 class 属性设置为一个或多个类选择器名称, 不同类选择器名称之间用空格分隔。当未指定类选择器前缀或使用星号"*"前缀时, 这个规则可应用于所有页面元素; 当使用某个 HTML 标签(tagName)作为类选择器的前缀时, 这个规则只能应用于页面上由该标签定义的 HTML 元素。

例如, 在 CSS 样式表中定义以下两条规则:

```
.style1 {color: red;}               /*  等价于: *.style1 {color: red;} */
div.style2 {color: blue;}
```

在下面的代码中, 规则 style1 同时应用于 HTML 元素 h3 和 p, 规则 style2 则仅应用于 div 元素。

```
<h3 class="style1">应用 style1 样式的标题文字</h3>
<p class="style1">应用 style1 样式的标题文字</p>
<div class="style2">应用 style2 样式的文字</div>
```

4. id 选择器

id 选择器用于选择具有特定 id 属性的页面元素。使用 id 选择器定义 CSS 规则时, 语法格式如下:

```
[tagName|*]#ID {attribute: value; attribute: value;...}
```

其中, tagName 和星号(*)的含义与类选择器中的前缀相同。ID 指定 id 选择器的名称, 用于选择具有指定 id 标识符的 HTML 元素。

若要应用由 id 选择器定义的 CSS 规则, 可将页面元素的 id 属性设置为此选择器名称。当未指定前缀或以星号作为前缀时, 此规则可应用于所有类型的 HTML 元素; 当以某个 HTML 标签(由 tagName 指定)作为前缀时, 此规则只能应用于该标签定义的 HTML 元素。

例如, 在 CSS 样式表中定义以下两个规则:

```
#style1 {color: red;}               /* 等价于: *#style1 {color: red;} */
div#style2 {color: blue;}
```

规则 style1 可应用于所有 HTML 元素, 规则 style2 则只能应用于 div 元素。

```
<span id="style1">应用 style1 样式的文字</span>
<div id="style2">应用 style2 样式的文字</div>
```

5. 包含选择器

包含选择器由 e1 和 e2 两个选择器组成, 用于选择所有被 e1 包含的 e2。使用包含选择器定义 CSS 规则时, 语法格式如下:

```
e1 e2 {attribute: value; attribute: value; ...}
```

其中, e1 和 e2 为有效的 CSS 选择器。

例如, 若只想让 h1 元素中的斜体文字变成蓝色, 可在 CSS 样式表中定义以下规则:

```
h1 em {color: blue;}
```

在这个例子中, 包含选择器由 h1 和 em 两个 HTML 标签组成, 此选择器用于包含在 h1 标题中的 em 元素，而不是 h1 元素本身。

如果希望 div 元素中的 span 文本显示为红色，可定义以下 CSS 规则：

```
div span {color: red;}
```

6. 群组选择器

定义 CSS 规则时，可以将同样的定义应用于多个选择器，此时应使用逗号来分隔这些选择器，由此可将多个选择器合并为一组，语法格式如下：

```
e1, e2, e3 {attribute: value; attribute: value; ...}
```

其中，e1、e2 和 e3 均为有效的 CSS 选择器。

例如，在 Dreamweaver CS5 中，可在"页面属性"对话框选择"外观（CSS）"类别，然后将字体大小设置为 12 像素，将文本颜色设置为蓝色，此时将生成以下 CSS 规则：

```
body, td, th {font-size: 12px;color: blue}
```

其中的 CSS 选择器就是一个群组选择器，它由 body、td 和 th 标签组成。设置这个 CSS 规则后，包含在 body 元素或表格单元格中的文本都将显示为 12 像素大小，且呈现为蓝色。

7. 伪类选择器

为了延伸 CSS 样式的表现形式，在 CSS 中引入了伪类（pseudo-class）的概念。伪类名称以冒号（：）开头，伪类可与 HTML 标签或类选择器一起构成伪类选择器。语法格式如下：

```
selector: pseudo-class {attribute: value; attribute: value; ...}
```

下面介绍一组与链接有关的伪类。

:link：设置 a 元素在未被访问前的样式。

:hover：设置 a 元素在鼠标指针悬停其上时的样式。

:active：设置 a 元素在被激活时的样式。

:visited：设置 a 元素在其链接地址被访问过时的样式。

例如，将 a 标签与上面介绍的伪类一起组成各种伪类选择器，可用于设置超链接文本在各种状态下的外观。

```
/* 链接未访问前，其文本不带下画线 */
a: link {text-decoration: none;}
/* 已访问过的链接，文本不带下画线，呈深灰色 */
a: visited {text-decoration: none; color: #666666;}
/* 用鼠标指针指向链接时，文本呈蓝色，带下画线 */
a: hover {text-decoration: underline; color: blue;}
/* 用鼠标单击链接但未释放鼠标时，其文本呈红色 */
a: active {color: red;}
```

【实战演练】使用不同类型的选择器创建 CSS 规则并应用于页面元素，页面效果如图 5.2 和图 5.3 所示。

（1）在 DW 站点的 chapter05 文件夹中创建一个网页并命名为 page5-02.html。

图 5.2　刚加载时的网页效果

图 5.3　鼠标悬停在链接时的效果

（2）将网页标题设置为"CSS 选择器应用示例"。

（3）在文档首部创建 CSS 样式表，代码如下：

```
<style type="text/css">
/* 使用通配选择器创建 CSS 规则，设置所有元素的字体大小均为 16 像素 */
* {font-size: 16px;}
table {border-collapse: collapse;}          /* 设置表格边框相邻边合并起来 */
tr {text-align: center;}                    /* 设置表格行中文本对齐方式为居中 */
td {width: 50%;}                            /* 设置单元格宽度为 50% */

/* 使用群组选择器选择表格和单元格，并对它们的边框属性进行设置 */
table,td {
    border-style: solid;                   /* 设置边框样式 */
    border-color: #39F;                    /* 设置边框颜色 */
    border-width: 1px;                     /* 设置边框粗线 */
}
/* 使用类选择器创建 CSS 规则，并对文本颜色和字体粗细进行设置 */
.style1 {color: #C33; font-weight: bold;}
/* 对 id 为 td2 的元素设置背景颜色和文本颜色 */
#td2 {background-color: #C6C; color: #FFF;}
/* 对 id 为 td3 的元素设置背景图像和文本颜色 */
#td3 {background-image: url(../images/bg01.jpg); color:   #C30;}
/* 对单元格中的 div 元素，设置字体样式（斜体）和背景颜色 */
td div {font-style: italic; background-color: #CC0;}
/* 对单元格中的链接文本，设置文本颜色 */
td a {color: #066;}
/* 对于单元格中的链接文本，设置鼠标悬停其上时的背景颜色、文本颜色和文本修饰（不带下画线）  */
td a: hover {background-color: #C33; color: #FFF; text-decoration: none;}
</style>
```

（4）在该页上插入一个表格并在单元格中输入文字。页面正文部分源代码如下：

```
<table width="368" border="1" align="center" cellpadding="6">
  <caption class="style1">CSS 选择器应用示例</caption>
  <tr><td><div>单元格中的 div 元素</div></td><td id="td2">此单元格的 id 为 td2</td></tr>
  <tr><td id="td3">此单元格有背景图像</td><td><a href="#">这是一个超链接</a></td></tr>
</table>
```

（5）在浏览器中打开该页，然后用鼠标指针指向链接文本，以测试鼠标悬停于其时的翻转效果。

5.1.4　创建 CSS 样式

通过创建一个 CSS 规则，可以自动完成 HTML 标签的格式设置，也可以完成由 class 或 id 属性所标识的文本范围的格式设置。

若要创建新的 CSS 规则，可执行以下操作。

（1）将插入点放在文档中。

（2）执行以下操作之一：

- 选择"格式"→"CSS 样式"→"新建"。
- 在 CSS 样式面板中，单击面板右下角的"新建 CSS 规则"按钮，如图 5.4 所示。
- 在文档窗口中选择文本，从 CSS 属性检查器的"目标规则"下拉列表框中选择"新建 CSS 规则"，然后单击"编辑规则"按钮（如图 5.5 所示），或者从

图 5.4　用 CSS 样式面板新建 CSS 规则

属性检查器中选择一个选项（例如单击"粗体"按钮）以启动一个新规则。

图 5.5 用属性检查器新建 CSS 规则

（3）在如图 5.6 所示的"新建 CSS 规则"对话框中，选择要创建的 CSS 规则所用的选择器类型。

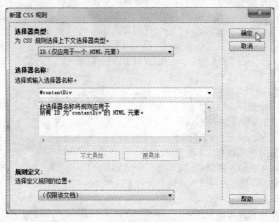

图 5.6 "新建 CSS 规则"

- 若要创建一个可作为 class 属性应用于任何 HTML 元素的自定义样式，可从"选择器类型"下拉列表框中选择"类"选项，然后在"选择器名称"文本框中输入样式的名称。类名称必须以句点（.）开头，并且可以包含任何字母和数字组合（例如.myhead1）。如果没有输入开头的句点，Dreamweaver 将会自动输入它。
- 若要定义包含特定 ID 属性的标签的格式，可从"选择器类型"下拉列表框选择"ID"选项，然后在"选择器名称"文本框中输入唯一的 ID（例如 containerDIV）。ID 必须以井号（#）开头，并且可以包含任何字母和数字组合（例如#myID1）。如果没有输入开头的井号，Dreamweaver 将会自动输入它。
- 若要重新定义特定 HTML 标签的默认格式，可从"选择器类型"下拉列表框中选择"标签"选项，然后在"选择器名称"文本框中输入 HTML 标签或从下拉列表框中选择一个标签。
- 若要定义同时影响两个或多个标签、类或 ID 的复合规则，可选择"复合内容"选项并输入用于复合规则的选择器。例如，如果输入"div p"，则 div 标签内的所有 p 元素都将受此规则影响。说明文本区域说明添加或删除选择器时该规则将影响哪些元素。

（4）选择要定义规则的位置：
- 若要将规则放置到已附加到文档的样式表中，可选择相应的样式表。
- 若要创建外部样式表，可选择"新建样式表文件"。
- 若要在当前文档中嵌入样式，可选择"仅对该文档"。

（5）单击"确定"按钮。

（6）在如图 5.7 所示的"CSS 规则定义"对话框中，从"分类"列表中选择不同的类型，然后对要为新的 CSS 规则设置各个样式选项。

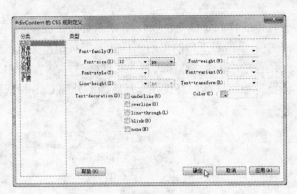

图 5.7 "CSS 规则定义"对话框

（6）完成对样式属性的设置后，单击"确定"按钮。

注意：如果在没有设置样式选项的情况下单击"确定"按钮，将产生一个新的空白规则，即花括号中不包含任何内容。

在 Dreamweaver CS5 中，当使用"页面属性"对话框设置页面属性时，也会自动生成相应的 CSS 样式表。

5.1.5 应用 CSS 样式

按照存储位置的不同，CSS 样式表可分为内嵌样式表和外部样式表，前者包含在网页首部，后者存储在单独的外部样式表文件（.css）中，此外还可以在 HTML 元素中通过 style 属性直接设置 CSS 属性。

内嵌 CSS 样式表包含在 HTML 文档中，位于 style 样式块中。style 标签通常仅在 HTML 文档的首部使用。Internet Explorer 4.0 及以后版本允许文档中存在多个 style 样式块。在一个网页中定义的 CSS 样式表，只能应用于当前网页内的元素。

CSS 样式表的内容也可以存储在独立的样式表文件中。在 Dreamweaver 中，可以使用 CSS 样式面板创建新的 CSS 规则并保存在外部 CSS 样式表文件中。内嵌样式表和外部样式表，均可使用 CSS 规则定义对话框或 CSS 样式面板进行编辑和管理，并通过属性检查器或在代码视图中将 CSS 规则应用于页面元素。使用外部样式表文件的最大优点在于可以将 CSS 规则应用于站点内的多个网页，从而确保站点网页外观的一致性。当编辑外部样式表时，链接到该样式表的所有文档会全部更新以反映所做的更改。

在网页或样式表文件中，可以使用以下两种方式来包含外部样式表。

（1）在网页首部使用<link>标签链接到外部样式表，语法格式如下：

<link href="URL" rel="stylesheet" type="text/css" />

其中，href 属性指定要链接的外部样式表文件的路径。

（2）在网页或样式表文件中使用@import 指令导入指定的外部样式表。语法格式如下：

@import url(URL) sMedia;

其中，url(URL)指定导入的外部样式表文件的 URL；sMedia 指定设备类型，可以是 screen、print 等。注意不要忘记在@import 指令末尾使用分号。

@import 指令可用在以下两种场合。

● 在网页中导入外部样式表，此时应将@import 指令置于 style 元素内。

● 在样式表文件中导入外部样式表，此时可直接使用@import 指令。

在 Dreamweaver CS5 中，可通过以下操作链接或导入外部样式表。

（1）选择"窗口"→"CSS 样式"命令，以打开 CSS 样式面板。

（2）在 CSS 样式面板中，单击右下角的"附加样式表"按钮，如图 5.8 所示。

（3）当出现如图 5.9 所示的"链接外部样式表"对话框时，在"文件/URL"框中输入该样式表的路径，或者单击"浏览"按钮，然后查找并选择所需的外部 CSS 样式表。

图 5.8　单击"附加样式表"

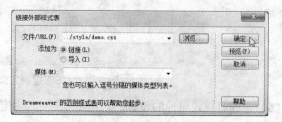

图 5.9　"链接外部样式表"对话框

（4）在"添加为"中，选择下列选项之一：

- 若要创建当前文档和外部样式表之间的链接，可选择"链接"。该选项将在 HTML 代码中创建一个 link href 标签，并引用已发布的样式表所在的 URL。
- 如果希望导入而不是链接到外部样式表，可选择"导入"。此选项将在源代码中创建一个 @import 导入指令，对于网页，还会创建一个 style 样式块。

注意： 不能使用 link 链接标签添加从一个外部样式表到另一个外部样式表的引用。如果要嵌套样式表，必须使用@import 导入指令。大多数浏览器还能识别页面中（而不仅仅是样式表中）的导入指令。不过，当在链接到页面与导入到页面的外部样式表中存在重叠的规则时，解决冲突属性的方式具有细微的差别。

（4）在"媒体"下拉列表框中，选择样式表的目标媒体类型。

（5）单击"预览"按钮，确认样式表是否将所需的样式应用于当前页面。

（6）如果应用的样式没有达到预期效果，可单击"取消"按钮删除该样式表。页面将回复到原来的外观。

（7）单击"确定"按钮。

不论是包含在网页首部的内嵌样式表，还是在网页中链接或导入的外部样式表，对页面元素应用 CSS 规则的方法都是一样的。

若以 HTML 标签作为选择器定义 CSS 规则，则该规则自动应用于所有通过此标签定义的页面元素。

若以类选择符定义 CSS 规则，则该规则可通过设置元素的 class 属性应用于该元素。为此，可在 Dreamweaver CS5 中执行下列操作之一：

- 选择"格式"→"CSS 样式"命令，然后在子菜单中选择要应用的样式。
- 从 HTML 属性检查器的"类"下拉列表框中选择所需的类样式，如图 5.10 所示。

图 5.10　使用 HTML 属性检查器应用类样式

- 从 CSS 属性检查器的"目标规则"下拉列表框中选择所需的类样式，如图 5.11 所示。

图 5.11 使用 CSS 属性检查器应用类样式

若以 id 选择器定义 CSS 规则，则该规则通过设置元素的 id 标识符应用于该元素。在 Dreamweaver CS5 中，可在标签选择器中选择页面元素，然后在 HTML 属性检查器的 "ID" 框中输入 id 标识符，如图 5.12 所示。

图 5.12 使用 HTML 属性检查器设置元素的 id 标识符

除了通过 class 或 id 属性应用 CSS 规则之外，还可以通过在 HTML 标签的特定实例中设置 style 属性来直接指定元素的 CSS 属性，可以出现在整个 HTML 文档内。语法格式如下：

```
<tagName style="attribute: value; attribute: value; ..."></tagName>
<tagName style="attribute: value; attribute: value; ..." />
```

其中，tagName 表示 HTML 标签的名称。

例如，下面的代码通过在 div 标签中设置 style 属性指定了该元素的字体大小、文本颜色以及宽度属性：

```
<div style="font-size: 12px; color: #0000FF; width: 68px; ">文本内容</div>
```

对于同一个页面元素，如果同时通过 id、class 和 style 属性应用了不同的 CSS 样式规则，则作用的优先顺序是：style 属性最高，id 属性次之，class 属性更次之。

也可以使用 !important 声明提升指定 CSS 样式规则的应用优先权。语法格式如下：

```
selector {attribute: value!important; attribute: value; ...}
```

其中，!important 跟在某个 CSS 属性值后面，用于提升该 CSS 规则的优先级别。换言之，如果其他规则与该规则对指定属性的设置值有所不同，则使用以 !important 声明的属性值。

例如，定义下面的两个 CSS 规则，分别将文本颜色设置为红色和蓝色：

```
.contentDiv {color: red!important; height: 150px; width: 200px;}
#content {color: blue}
```

将这些规则同时应用于 div 元素并通过其 style 属性将文本颜色设置为绿色：

```
<div id="content" class="contentDiv" style="color: green">DIV</div>
```

按照常规优先级别，div 元素中文本颜色本应为绿色。但由于在 .contentDiv 规则中对 color 属性值应用了 !important，从而提升了该规则的优先级别，故 div 元素中文本颜色呈红色。

5.1.6 管理 CSS 样式

在 Dreamweaver CS5 中，可以使用 CSS 样式面板对样式表进行管理。这个面板有两种工作模式，即 "当前" 模式和 "全部" 模式，如图 5.13 所示。在 "全部" 模式下可以跟踪影响整个文档的规则和属性，在 "当前" 模式下可以跟踪影响当前所选页面元素的 CSS 规则和属性，如图 5.13 所示。使用 CSS 样式面板顶部的 "全部" 和 "当前" 按钮可以在两种模式之间切换，在两种模式下均可对 CSS 属性进行编辑。

1. 编辑 CSS 规则

在 Dreamweaver CS5 中，编辑应用于文档的内部和外部规则都很容易。对控制文档文本的 CSS

样式表进行编辑时，会立刻重新设置该 CSS 样式表控制的所有文本的格式。对外部样式表的编辑影响与它链接的所有文档。

①显示类别视图 ②显示列表视图 ③只显示设置属性 ④附加样式表
⑤新建 CSS 规则 ⑥编辑样式 ⑦禁用/启用 CSS 属性 ⑧删除 CSS 属性

图 5.13　CSS 样式面板的工作模式

若要在 CSS 样式面板中编辑规则（当前模式），可执行以下操作。

（1）选择"窗口"→"CSS 样式"，以打开 CSS 样式面板。

（2）单击 CSS 样式面板顶部的"当前"按钮。

（3）选择当前页中的一个文本元素，以显示其 CSS 属性。

（4）执行下列操作之一：

● 双击"所选内容的摘要"窗格中的某个属性以显示"CSS 规则定义"对话框，然后进行更改。

● 在"所选内容的摘要"窗格中选择一个属性，然后在下面的"属性"窗格中对该属性进行编辑。

● 在"规则"窗格中选择一条规则，然后在下面的"属性"窗格中编辑该规则的属性。

若要在 CSS 样式面板中编辑规则（所有模式），可执行以下操作。

（1）选择"窗口"→"CSS 样式"，以打开 CSS 样式面板。

（2）单击"CSS 样式"面板顶部的"全部"按钮。

（3）执行下列操作之一：

● 在"所有规则"窗格中双击某条规则以显示"CSS 规则定义"对话框，然后进行更改。

● 在"所有规则"窗格中选择一条规则，然后在下面的"属性"窗格中对该规则的 CSS 属性进行编辑。

● 在"所有规则"窗格中选择一条规则，然后单击"CSS 样式"面板右下角中的"编辑样式"按钮。

若要更改 CSS 选择器名称，可执行以下操作。

（1）在 CSS 样式面板（"全部"模式）中，选择要更改的选择器。

（2）再次单击该选择器，使名称处于可编辑状态。

（3）进行更改，然后按【Enter】键。

2. 向规则添加属性

若要向规则添加 CSS 样式属性，可执行以下操作。

（1）在 CSS 样式面板的"所有规则"窗格中（"全部"模式）中选择一条规则，或者在"所选内容的摘要"窗格（"正在"模式）中选择一个属性。

（2）执行下列操作之一：

- 如果在"属性"窗格中选择了"只显示设置属性"视图，可单击"添加属性"链接并添加属性。
- 如果在"属性"窗格中选择了"类别"视图或"列表"视图，则为要添加的属性填入一个值。

3. 删除或重命名类样式

类样式是唯一可以应用于文档中任何文本（与哪些标签控制文本无关）的 CSS 样式类型。所有与当前文档关联的类样式都显示在 CSS 样式面板（其名称前带有句点）以及文本属性检查器的"类"下拉列表框中。

若要从选定内容删除类样式，可执行以下操作。

（1）选择要从中删除样式的对象或文本。

（2）在 HTML 属性检查器中，从"类"下拉列表框中选择"无"。

若要重命名类样式，可执行以下操作。

（1）在 CSS 样式面板中，右键单击要重命名的 CSS 类样式，然后选择"重命名类"。

（2）在如图 5.14 所示的"重命名类"对话框中，确保要重命名的类是在"重命名类"下拉列表框中选择的类。

（3）在"新建名称"文本框中，输入新类的新名称。

（4）单击"确定"按钮。

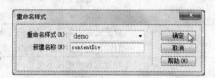

图 5.14 "重命名样式"对话框

如果要重命名的类内置于当前文档首部中，Dreamweaver 将更改类名称以及当前文档中该类名称的所有实例。如果要重命名的类位于外部 CSS 文件中，Dreamweaver 将打开该文件中并在其中更改类名称。Dreamweaver 还启动一个站点范围的"查找和替换"对话框，以便在站点中搜索旧类名称的所有实例。

4. 编辑 CSS 样式表

CSS 样式表通常包含一个或多个规则。在 Dreamweaver CS5 中，可以使用 CSS 样式面板编辑 CSS 样式表中的各个规则，如果愿意，也可以直接在 CSS 样式表中操作。

若要编辑 CSS 样式表，可执行以下操作。

（1）在 CSS 样式面板中，选择"全部"模式。

（2）在"所有规则"窗格中，双击要编辑的样式表的名称。

（3）在文档窗口中，根据需要修改样式表，然后保存样式表。

5.2 设置 CSS 属性

CSS 样式表由一组 CSS 规则组成，一条 CSS 规则由选择器和属性声明组成。创建 CSS 规则时，需要指定一个选择器并设置元素的 CSS 属性，例如文本字体、背景图像、背景颜色、间距和布局属性以及列表元素外观等。

5.2.1 设置字体属性

与元素中文本字体相关的 CSS 属性在表 5.1 中列出。

除了表 5.1 中列出的各个 CSS 属性外，还可以使用 font 属性来设置元素中文本的字体属性，包括字体样式、字体变体、字体粗细、字体大小和字体系列。font 属性是复合属性，其语法格式如下：

表 5.1　CSS 字体属性

属　性	说　明
font-family	设置元素中文本的字体名称序列。取值为一个字体名称列表，字体名称以逗号隔开，并按优先顺序排列。若字体名称包含空格，则应使用引号括起来
font-size	设置元素中的字体大小。取值可以根据元素的字体进行调节，可以是 xx-small（最小）、x-small（较小）、small（小）、medium（正常）、large（大）、x-large（较大）或 xx-large（最大）；也可以按照父元素中字体大小进行相对调节，可以是 larger 或 smaller；还可以是由浮点数字和单位标识符组成的长度值，所用单位可以是 px（像素）、pt（点数）、in（英寸）、cm（厘米）、mm（毫米）、pc（12pt 字）、em（字体高）、ex（字母 x 的高）、%（百分数），若取百分比，则表示基于父元素中字体的大小
color	设置元素的文本颜色。取值可通过#RRGGBB、rgb(R, G, B)或颜色名称指定
font-style	设置元素中的字体样式。有以下取值：normal（默认值，正常字体）；italic（斜体，对于没有斜体的特殊字体将应用 oblique）；oblique（倾斜的字体）
line-height	设置元素的行高，即字体最底端与字体内部顶端之间的距离。取值可以是 normal（默认值，默认行高）、百分比或由浮点数字和单位标识符组成的长度值，百分比取值是基于字体的高度尺寸
font-weight	设置元素中的文本字体的粗细。取值可以是 normal（正常字体）、bold（粗体）、bolder（特粗体）、lighter（细体），也可以是数字 100、200、300、400、500、600、700、800 或 900，数字越大，字体越粗
font-variant	设置元素中的文本是否为小型的大写字母。有以下取值：normal（默认值，正常字体）或 small-caps（小型的大写字母字体）
text-decoration	设置元素中的文本的装饰。有以下取值：none（默认值，无装饰）；blink（闪烁）；underline（下画线）；line-through（删除线）；overline（上画线）。这些取值可同时使用，不同值之间用空格分隔。假如 none 值在属性声明的最后，则先前的所有其他取值都会被清除
text-transform	设置元素中的文本的大小写。有以下取值：none（默认值，不进行转换，保持原样）；capitalize（将每个单词的首字母转换成大写形式，其余字母不进行转换）；uppercase（转换成大写形式）；lowercase（转换成小写形式）

font: font-style||font-variant||font-weight||font-size||line-height||font-family

其中，"||"表示两者可以同时使用。

例如，下面的 CSS 规则定义了 div 元素的字体属性，其中 12pt 为字体大小，18pt 为行高。

div {font: italic small-caps bold 12pt/18pt 宋体;}

在 Dreamweaver CS5 中，可以使用"CSS 规则定义"对话框中的"类型"类别来定义 CSS 样式的基本字体属性设置。

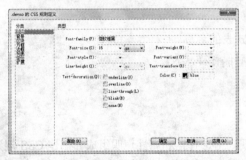

图 5.15　用 CSS 规则定义对话框设置 CSS 字体属性

（1）如果尚未打开 CSS 样式面板，可按 Shift+F11 键打开该面板。

（2）双击 CSS 样式面板顶部窗格中的现有规则或属性。

（3）在如图 5.15 所示的"CSS 规则定义"对话框中，选择"类型"，然后设置以下样式属性。若某个属性对于样式并不重要，可将其保留为空。

● Font-family：为样式设置字体系列（或多组字体系列）。浏览器使用用户系统上安装的字体系列中的第一种字体显示文本。

● Font-size：定义文本大小。可以通过选择数字和度量单位选择特定的大小，也可以选择相对大小。使用像素作为单位可以有效地防止浏览器扭曲文本。

● Font-style：指定"正常"、"斜体"或"偏斜体"作为字体样式。

● Line-height：设置文本所在行的高度。习惯上将该设置称为行高。选择 normal 时自动计算字体大小的行高，或输入一个确切的值并选择一种度量单位。

- Text-decoration：向文本中添加下画线、上画线或删除线，或使文本闪烁。常规文本的默认设置是 none。链接的默认设置是 underline。将链接设置设为 none 时，可以通过定义一个特殊的类去除链接中的下画线。
- Font-weight：对字体应用特定或相对的粗体量。
- Font-variant：设置文本的小型大写字母变体。Dreamweaver 不在文档窗口中显示此属性。Internet Explorer 支持变体属性，但 Navigator 不支持。
- Text-transform：将所选内容中每个单词的首字母大写或将文本设置为全部大写或小写。
- Color：设置文本颜色。

（4）设置完这些选项后，在对话框左侧选择另一个 CSS 类别以设置其他的样式属性，或单击"确定"按钮。

【实战演练】设置 CSS 字体属性，页面效果如图 5.16 所示。

（1）在 DW 站点的 chapter06 文件夹中创建一个空白网页并保存为 page5-04.html。

（2）将该页的标题设置为"设置 CSS 字体属性"。

（3）在该页首部创建一个 CSS 样式表，其源代码如下：

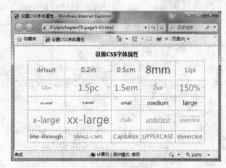

图 5.16　设置 CSS 字体属性

```
<style type="text/css">
caption {font-weight: bold; line-height: 2em;}
#tr1 {color: #930;}
#tr2 {color: #09F;}
#tr3 {color: #009;}
#tr4 {color: #96C;}
#tr5 {color: #363;}
td {text-align: center}
#td2 {font-size: 0.2in;}
#td3 {font-size: 0.5cm;}
#td4 {font-size: 8mm;}
#td5 {font-size: 12pt;}
#td6 {font-size: 12px;}
#td7 {font-size: 1.5pc;}
#td8 {font-size: 1.5em;}
#td9 {font-size: 2ex;}
#td10 {font-size: 150%;}
#td11 {font-size: xx-small;}
#td12 {font-size: x-small;}
#td13 {font-size: small;}
#td14 {font-size: medium;}

#td15 {font-size: large;}
#td16 {font-size: x-large;}
#td17 {font-size: xx-large;}
#td18 {font-style: italic;}
#td19 {text-decoration: underline;}
#td20 {text-decoration: overline;}
#td21 {text-decoration: line-through;}
#td22 {font-variant: small-caps;}
```

```
#td23 {text-transform: capitalize;}
#td24 {text-transform: uppercase;}
#td25 {text-transform: lowercase;}
</style>
```

（4）在该页中插入一个表格并在其单元格中输入文本。

（5）对表格中的行和单元格设置 id 标识符，以应用相应的 CSS 规则。页面正文部分的源代码如下：

```
<table width="500" border="1" align="center" cellpadding="5" cellspacing="0">
  <caption>设置 CSS 字体属性</caption>
  <tr id="tr1">
    <td id="td1">default</td><td id="td2">0.2in</td>
    <td id="td3">0.5cm</td><td id="td4">8mm</td><td id="td5">12pt</td>
  </tr>
  <tr id="tr2">
    <td id="td6">12px</td><td id="td7">1.5pc</td>
    <td id="td8">1.5em</td><td id="td9">2ex</td><td id="td10">150%</td>
  </tr>
  <tr id="tr3">
    <td id="td11">xx-small</td><td id="td12">x-small</td>
    <td id="td13">small</td><td id="td14">medium</td><td id="td15">large</td>
  </tr>
  <tr id="tr4">
    <td id="td16">x-large</td><td id="td17">xx-large</td>
    <td id="td18">italic</td><td id="td19">underline</td><td id="td20">overline</td>
  </tr>
  <tr id="tr5">
    <td id="td21">line-through</td><td id="td22">small-caps</td>
    <td id="td23">capitalize</td><td id="td24">uppercase</td>
    <td id="td25">lowercase</td>
  </tr>
</table>
```

（6）在浏览器中查看该页。

5.2.2　设置背景属性

与元素背景颜色或图像相关的 CSS 属性在表 5.2 中列出。

表 5.2　CSS 背景属性

属　　性	说　　明
background-color	设置元素的背景颜色。取值为 transparent（默认值，背景色透明）或颜色值，颜色值可用#RRGGBB、rgb(R,G,B)或颜色名称来指定。当背景颜色与背景图像都被设置时，背景图像将覆盖于背景颜色上
background-image	设置元素的背景图像。有以下取值：none（默认值，无背景图像）；url(URL)（使用绝对或相对路径指定背景图像）
background-repeat	设置元素的背景图像是否及如何排列。必须先指定元素的背景图像。有以下取值：repeat（默认值，背景图像在纵向和横向平铺）；no-repeat（背景图像不平铺）；repeat-x 背景图像仅在横向平铺；repeat-y（背景图像仅在纵向上平铺）
background-attachment	设置背景图像是随元素内容滚动还是固定的。有以下取值：scroll（默认值，背景图像是随元素内容滚动）；fixed（背景图像固定）
background-position-x	设置元素的背景图像横坐标位置。必须先指定 background-image 属性。取值可以是百分数或由浮点数字和单位标识符组成的长度值，还可以是 left（居左）、center（居中）或 right（居右）
background-position-y	设置元素的背景图像纵坐标位置。必须先指定 background-image 属性。取值可以是百分数或由浮点数字和单位标识符组成的长度值，还可以是 top（居顶）、center（居中）或 bottom（居底）

除了表 5.2 中列出的各个 CSS 背景属性外，还可以使用 background 属性来设置元素的背景样式。语法格式如下：

> background: background-color‖background-image‖background-repeat‖background-attachment‖background-position

background 属性是复合属性，参阅各参数对应的属性。其默认值为 transparent none repeat scroll 0% 0%。background-position 也是复合属性，用于指定元素的背景图像横坐标和纵坐标。

在 Dreamweaver CS5 中，可以使用"CSS 规则定义"对话框的"背景"类别来定义 CSS 样式的背景设置。在网页设计中，可以对页面中的任何元素应用背景属性。例如，创建一个样式，将背景颜色或背景图像添加到任何页面元素中，例如在文本、表格、页面等的后面。此外，还可以对背景图像的位置进行设置。

若要定义 CSS 样式背景属性，可执行以下操作。

（1）双击 CSS 样式面板顶部窗格中的现有规则或属性。

（2）在如图 5.17 所示的"CSS 规则定义"对话框中，选择"背景"类别，然后设置以下样式属性。

● Background-color：设置元素的背景颜色。

● Background-image：设置元素的背景图像。

● Background-repeat：确定是否以及如何重复背景图像。

● Background-attachment：确定背景图像是固定在其原始位置还是随内容一起滚动。

● Background-position（X）和 Background-position（Y）：指定背景图像相对于元素的初始位置。

（3）设置完这些选项后，在对话框左侧选择另一个 CSS 类别以设置其他的样式属性，或单击"确定"按钮。

【实战演练】设置 CSS 背景颜色，页面效果如图 5.18 所示。

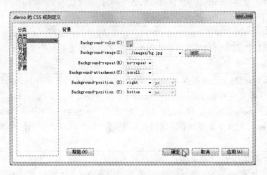

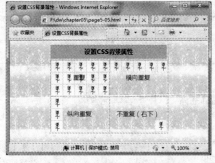

图 5.17　用 CSS 规则定义对话框设置 CSS 背景属性　　　图 5.18　设置 CSS 背景属性

（1）在 DW 站点的 chapter06 文件夹中创建一个空白网页并保存为 page5-05.html。

（2）将该页的标题设置为"设置 CSS 背景属性"。

（3）在该页首部创建一个 CSS 样式表，其源代码如下：

```
<style type="text/css">
body {background-attachment: fixed; background-image: url(../images/bg03.jpg);}
th {background-color: #9C3;}
td {text-align: center; color: #036; width: 50%;}
#td1 {background-image: url(../images/flower.jpg);}
#td2 {background-image: url(../images/flower.jpg); background-repeat: repeat-x;}
#td3 {background-image: url(../images/flower.jpg); background-repeat: repeat-y;}
#td4 {background-image: url(../images/flower.jpg);
   background-repeat: no-repeat; background-position: right bottom;}
</style>
```

（4）在该页中插入一个 3 行 2 列的表格并对表格和单元格的属性进行设置。页面正文部分的源代码如下：

```
<table width="310" border="1" align="center" cellpadding="5">
  <tr>
    <th colspan="2" scope="col">设置 CSS 背景属性</th>
  </tr>
  <tr height="90">
    <td id="td1">重复</td>
    <td id="td2">横向重复</td>
  </tr>
  <tr height="90">
    <td id="td3">纵向重复</td>
    <td id="td4">不重复（右下）</td>
  </tr>
</table>
```

（5）在浏览器中打开该页，然后缩小浏览器窗口，并观察拖动浏览器窗口滚动条时页面背景图像是否滚动。

5.2.3　设置区块属性

区块属性主要用于定义元素的间距和对齐方式。这些属性在表 5.3 中列出。

表 5.3　CSS 区块属性

属　　性	说　　明
word-spacing	设置元素中的单词之间的间隔。有以下取值：normal（默认值，默认间隔）；由浮点数字和单位标识符组成的长度值，允许为负值
letter-spacing	设置元素中的字母或字符之间的间隔。有以下取值：normal（默认值，默认间隔）；由浮点数字和单位标识符组成的长度值，允许为负值。该属性将指定的间隔添加到每个文字之后，但最后一个字将被排除在外。字符间距会受对齐调整影响
vertical-align	设置元素内容的垂直对齐方式。有以下取值：auto（根据 layout-flow 属性的值对齐元素内容）；baseline（元素内容与基线对齐，默认值）；sub（垂直对齐文本的下标）；super（垂直对齐文本的上标）；top（元素内容与元素顶端对齐）；text-top（元素文本与元素顶端对齐）；middle（元素内容与元素中部对齐）；bottom（元素内容与元素底端对齐）；text-bottom（元素文本与元素顶端对齐）；由浮点数字和单位标识符组成的长度值或百分数，并允许为负数
text-align	设置元素中文本的对齐方式。有以下取值：left（默认值，左对齐）；right（右对齐）；center（居中对齐）；justify（两端对齐）。此属性作用于所有块元素。在一个 div 元素里的所有块元素的会继承此属性值
text-indent	用于设置元素中首行文本的缩进量，其值是一个百分比或由浮点数字和单位标识符组成的长度值，并允许为负值。默认值为 0
white-space	设置元素内空格的处理方式，有以下取值：normal（文本自动处理换行，将多个空格折叠成一个，此为默认处理方式）；pre（不折叠空格，换行符和其他空白字符都将受到保护）；nowrap（强制在同一行内显示所有文本，直到文本结束或遇到 标签）
display	设置元素是否及如何显示。有以下取值：block（元素强制作为块级元素呈现并在其后添加新行，这是块级元素的默认值）；inline（元素强制作为行内元素呈现并从其中删除行，这是行内元素的默认值）；list-item（将块级元素指定为列表项目，且可添加项目标记）；none（隐藏元素）

在 Dreamweaver CS5 中，可以使用"CSS 规则定义"对话框的"区块"类别来定义元素的间距和对齐属性设置。

（1）双击 CSS 样式面板顶部窗格中的现有规则或属性。

（2）在如图 5.19 所示的"CSS 规则定义"对话框中，选择"区块"，然后对以下样式属性进行设置。如果某个属性对于样式并不重要，可将其保留为空。

- Word-spacing：设置字词的间距。若要设置特定的值，可在下拉列表框中选择"值"并输入一个数值，然后在第二个下拉列表框中选择所需的度量单位。
- Letter-spacing：增加或减小字母或字符的间距。若要减小字符间距，可指定一个负值。
- Vertical-align：指定元素的垂直对齐方式。
- Text-align：设置文本在元素内的对齐方式。
- Text-indent：指定文本首行缩进量。使用负值可以创建凸出，但显示方式取决于浏览器。
- White-space：确定如何处理元素中的空格。
- Display：指定是否以及如何显示元素。

（3）设置完这些选项后，在对话框左侧选择另一个 CSS 类别以设置其他的样式属性，或单击"确定"按钮。

【实战演练】设置 CSS 区块属性，页面效果如图 5.20 所示。

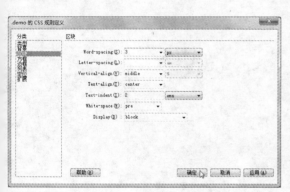

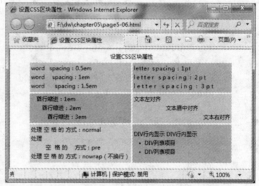

图 5.19　用 CSS 规则定义对话框设置 CSS 区块属性　　　　图 5.20　设置 CSS 区块属性

（1）在 DW 站点的 chapter06 文件夹中创建一个空白网页并保存为 page5-06.html。

（2）将该页的标题设置为"设置 CSS 背景属性"。

（3）在该页首部创建一个 CSS 样式表，其源代码如下：

```
<style type="text/css">
* {font-size: 12px;}
td {width: 50%;}
#div1 {word-spacing: 0.5em;}
#div2 {word-spacing: 1em;}
#div3 {word-spacing: 1.5em;}
#div4 {letter-spacing: 1pt;}
#div5 {letter-spacing: 2pt;}
#div6 {letter-spacing: 3pt;}
#div7 {text-indent: 1em;}
#div8 {text-indent: 2em;}
#div9 {text-indent: 3em;}
#div10 {text-align: left;}
#div11 {text-align: center;}
#div12 {text-align: right;}
#div13 {white-space: normal;}
#div14 {white-space: prc;}
#div15 {white-space: nowrap;}
#div16,#div17 {display: inline;}
```

```
#div18,#div19 {display: list-item; text-indent: 2em;}
</style>
```

（4）在该页中插入一个 3 行 2 列的表格并对表格和单元格的属性进行设置。页面正文部分的源代码如下：

```
<table align="center" cellpadding="3" cellspacing="3">
  <caption>设置 CSS 区块属性</caption>
  <tr>
    <td bgcolor="#FF99FF">
      <div id="div1">word spacing: 0.5em</div>
      <div id="div2">word spacing: 1em</div>
      <div id="div3">word spacing: 1.5em</div></td>
    <td bgcolor="#66CCFF">
      <div id="div4">letter spacing: 1pt</div>
      <div id="div5">letter spacing: 2pt</div>
      <div id="div6">letter spacing: 3pt</div></td>
  </tr>
  <tr>
    <td bgcolor="#99CC33">

      <div id="div7">首行缩进: 1em</div>
      <div id="div8">首行缩进: 2em</div>
      <div id="div9">首行缩进: 3em</div></td>
    <td bgcolor="#FFCC33">
      <div id="div10">文本左对齐</div>
      <div id="div11">文本居中对齐</div>
      <div id="div12">文本右对齐</div></td>
  </tr>
  <tr>
    <td bgcolor="#FFCC99">
      <div id="div13">处理
         空 格 的    方式: normal</div>
      <div id="div14">处理
         空 格 的    方式: pre</div>
      <div id="div15">处理 空  格 的    方式: nowrap（不换行）</div></td>
    <td bgcolor="#CC99FF">
      <div id="div16">DIV 行内显示</div>
      <div id="div17">DIV 行内显示</div>
      <div id="div18">DIV 列表项目</div>
      <div id="div19">DIV 列表项目</div></td>
  </tr>
</table>
```

（5）在浏览器中查看该页。

5.2.4　设置方框属性

页面中的一个元素可看成是一个盒子，它在页面上占据一定的空间，其实际尺寸是由 content（内容）+padding（填充）+border（边框）+margin（边界）组成的。这就是 CSS 中的盒子模型（Box Model），该模型可用一组方框属性来表示，如图 5.21 所示。

盒子本身的宽度和高度可以根据以下公式进行计算：

宽度=width+padding-left+padding-right+border-left+border-right
高度=height+padding-top+padding-bottom+border-top+border-bottom

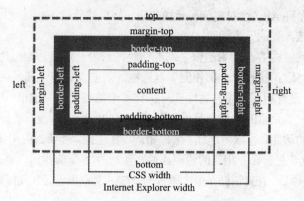

图 5.21　CSS 例子模型与方框属性

CSS 方框属性在表 5.4 中列出。

表 5.4　CSS 方框属性

属　　性	说　　明
width	设置元素的宽度，其值可以是 auto（根据 HTML 定位规则在文档流中分配宽度），也可以是由浮点数字和单位标识符组成的长度值或百分比，百分比是基于父元素的数值。该属性不能是负数
height	设置元素的高度。其值的设置与 width 属性类似
float	设置元素是否以及如何浮动。有以下取值：none（元素不浮动，默认值）；left（元素浮动在左边，文本流向元素的右边）；right（元素浮动在右边，文本流向元素的左边）
clear	设置不允许有浮动元素的边。有以下取值：none（允许两边均可有浮动元素，默认值）；left（不允许左边有浮动元素）；right（不允许右边有浮动元素）；both（不允许有浮动元素）
margin-top、margin-right、margin-bottom 和 margin-left	设置元素的上边距、右边距、下边距和左边距。它们的值可以是 auto（设置为相对边的值），也可以是由浮点数字和单位标识符组成的长度值或百分比（基于父元素的高度）
margin	设置元素四周的边距。这是一个复合属性
padding-top、padding-right、padding-bottom 和 padding-left	设置元素的内容与上边框、与右边框、与下边框或左边框之间的距离，它们的取值是由浮点数字和单位标识符组成的长度值或者百分数，百分数是基于父元素的宽度
padding	设置元素内容与其四周边框之间的距离。这是一个复合属性

设置复合属性 margin 和 padding 时，需要提供 1~4 个值，各个值之间用空格分隔。若只提供一个参数，将用于全部的 4 条边。若提供两个参数，第 1 个用于上边和下边，第 2 个用于左边和右边。若提供 3 个参数，则第 1 个用于上边，第 2 个用于左边和右边，第 3 个用于下边。若提供全部 4 个参数值，则按顺时针方向（上→右→下→左）用于 4 条边。

注意：若要对行内元素设置 margin 和 padding 属性，则必须先设置该元素的 height 或 width 属性，或者将该元素的 position 属性为 absolute。padding 属性不允许取负值。

在 Dreamweaver CS5 中，可以使用 "CSS 规则定义" 对话框的 "方框" 类别对用于控制元素在页面上的放置方式的方框属性进行设置。操作步骤如下。

（1）双击 CSS 样式面板顶部窗格中的现有规则或属性。

（2）在如图 5.22 所示的 "CSS 规则定义" 对话框中，选择 "方框"，然后对以下样式属性进行设置。如果某个属性对于样式并不重要，可将其保留为空。

● Width：设置元素的宽度。

● Height：设置元素的高度。

● Float：设置其他元素在围绕元素的哪个边浮动。

- Clear：定义不允许 AP（绝对定位）元素的边。如果清除边上出现 AP 元素，则带清除设置的元素将移到该元素的下方。
- Padding：指定元素内容与元素边框之间的间距，若没有边框，则为边距。若要设置元素各个边的填充，可取消选择"全部相同"复选框。若要为应用此属性的元素的"上"、"右"、"下"和"左"设置相同的填充属性，可选择"全部相同"复选框。
- Margin：指定一个元素的边框与另一个元素之间的间距。若没有边框，则为填充。若要设置元素各个边的边距，可取消选择"全部相同"复选框。若要为应用此属性的元素的"上"、"右"、"下"和"左"设置相同的边距属性，可选择"全部相同"复选框。

（3）设置完这些选项后，在对话框左侧选择另一个 CSS 类别以设置其他样式属性，或单击"确定"按钮。

【实战演练】设置 CSS 方框属性，页面效果如图 5.23 所示。

图 5.22　用 CSS 规则定义对话框设置 CSS 方框属性　　图 5.23　设置 CSS 方框属性

（1）在 DW 站点的 chapter06 文件夹中创建一个空白网页并保存为 page5-07.html。

（2）将该页的标题设置为"设置 CSS 方框属性"。

（3）在该页首部创建一个 CSS 样式表，其源代码如下：

```
<style type="text/css">
* {font-size: 18px;}
h3 {text-align: center; margin-bottom: 0;}
div {text-align: center; line-height: 80px; margin: 1em;
    padding: 1em; float: left; height: 80px; width: 80px;}
#div1 {background-color: #F00;}
#div2 {background-color: #0F0;}
#div3 {background-color: #00F;}
#p1 {clear: left; text-align: center;}
</style>
```

（4）在该页中插入一个 h3 标题、3 个 div 和一个段落。页面正文部分的源代码如下：

```
<h3>对下列 DIV 元素设置了浮动属性</h3>
<div id="div1">div1</div>
<div id="div2">div2</div>
<div id="div3">div3</div>
<p id="p1">这个段落左边不允许有浮动元素</p>
```

（5）在浏览器中查看该页。

5.2.5　设置边框属性

与边框设置相关的 CSS 属性按用途可分为以下 4 个类别：与边框样式相关的属性；与边框颜色相关的属性；与边框宽度相关的属性；与边框样式、颜色和宽度相关的复合属性。如果要设置与边框相关的属性，必须先设置元素的 height 或 width 属性，或者将其 position 属性设置为 absolute

CSS 边框属性在表 5.5 中列出。

表 5.5　CSS 边框属性

属　　性	说　　明
border-top-width、border-right-width、border-bottom-width 和 border-left-width	设置元素上边框、右边框、下边框和左边框的宽度。取值可以是 medium（默认宽度）、thin（小于默认宽度）或 thick（大于默认宽度），也可以是由浮点数字和单位标识符组成的长度值，不可为负值
border-width	设置元素边框的宽度，设置该属性时，可提供 1~4 个参数值
border-top-style、border-right-style、border-bottom-style 和 border-left-style	设置元素上边框、右边框、下边框和左边框的样式。有以下取值：none（无，默认值）；hidden（隐藏）；dotted（点线）；dashed（虚线）；solid（实线）；double（双线）；groove（槽状）；ridge（脊状）；inset（凹陷）；outset（凸出）
border-style	设置元素边框的样式。可提供 1~4 个参数
border-top-color、border-right-color、border-bottom-color 和 border-left-color	设置元素上边框、右边框、下边框和左边框的颜色。取值可以是#RRGGBB、rgb(R, G, B)或颜色名称
border-color	设置元素四周边框的颜色。可提供 1~4 个参数
border-top、border-right、border-bottom 和 border-left	设置元素上边框、右边框、下边框以及左边框的宽度、样式和颜色。这些属性都是复合属性
border	设置元素四周边框的宽度、样式和颜色。这是一个复合属性，可提供 1~3 个参数，分别用于设置边框的宽度、样式和颜色

　　设置 border-style、border-color 和 border-width 属性时，可提供 1~4 个颜色参数。若只提供一个参数，将用于全部的 4 个边框；若提供两个参数，第 1 个参数用于上边框和下边框，第 2 个参数用于左边框和右边框；若提供 3 个参数，则第 1 个用于上边框，第 2 个用于左边框和右边框，第 3 个用于下边框；若提供全部 4 个参数值，将按顺时针方向（上→右→下→左）依次作用于 4 个边框。

　　如果 border-width 等于 0 或 border-style 设置为 none，则 border-color 属性将失去作用。如果 border-width 不大于 0，则 border-style 属性将失去作用。如果 border-style 设置为 none，则 border-width 属性将失去作用。

　　在 Dreamweaver CS5 中，可以使用"CSS 规则定义"对话框的"边框"类别来设置元素周围的边框的设置（如宽度、颜色和样式）。操作步骤如下。

　　（1）双击 CSS 样式面板顶部窗格中的现有规则或属性。

　　（2）在如图 5.24 所示的"CSS 规则定义"对话框中，选择"边框"，然后对以下样式属性进行设置。如果某个属性对于样式并不重要，可将其保留为空。

　　● Style：设置边框的样式外观。样式的显示方式取决于浏览器。若要设置元素各个边的边框样式，可取消选择"全部相同"复选框。若要为元素的"上"、"右"、"下"和"左"设置相同的边框样式属性，可选择"全部相同"复选框。

　　● Width：设置元素边框的粗细。若要设置元素各个边的边框宽度，可取消选择"全部相同"复选框。若要为元素的"上"、"右"、"下"和"左"设置相同的边框宽度，可选择"全部相同"复选框。

　　● Color：设置边框的颜色。可以分别设置每条边的颜色，但显示方式取决于浏览器。若要设置元素各个边的边框颜色，可取消选择"全部相同"复选框。若要为元素的"上"、"右"、"下"和"左"设置相同的边框颜色，可选择"全部相同"复选框。

　　（3）设置完这些选项后，在对话框左侧选择另一个 CSS 类别以设置其他样式属性，或单击"确定"按钮。

　　【实战演练】设置 CSS 边框属性，页面效果如图 5.25 所示。

　　（1）在 DW 站点的 chapter06 文件夹中创建一个空白网页并保存为 page5-08.html。

（2）将该页的标题设置为"设置 CSS 边框属性"。

图 5.24　用 CSS 规则定义对话框设置 CSS 边框属性

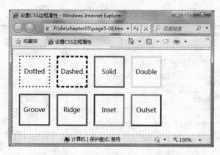

图 5.25　设置 CSS 边框属性

（3）在该页首部创建一个 CSS 样式表，其源代码如下：

```
<style type="text/css">
div {line-height: 60px; text-align: center; text-transform: capitalize;
    float: left; height: 60px; width: 60px; margin: 0.5em; padding: 6px;}
#div1 {border: 4px dotted #F00;}
#div2 {border: 4px dashed #00F;}
#div3 {border: 4px solid #F0F;}
#div4 {border: 4px double #9C3;}
#div5 {border: 4px groove #C6C; clear: left;}
#div6 {border: 4px ridge #0CF;}
#div7 {border: 4px inset #3F0;}
#div8 {border: 4px outset #C90}
</style>
```

（4）在该页中插入 8 个 div 元素，然后分别设置它们的 id 属性。页面正文部分的源代码如下：

```
<div id="div1">dotted</div>
<div id="div2">dashed</div>
<div id="div3">solid</div>
<div id="div4">double</div>
<div id="div5">groove</div>
<div id="div6">ridge</div>
<div id="div7">inset</div>
<div id="div8">outset</div>
```

（5）在浏览器中查看该页。

5.2.6　设置列表属性

CSS 列表属性用于设置列表项的预设标记、图像和位置。这些属性在表 5.6 中列出。

表 5.6　CSS 列表属性

属　　性	说　　明
list-style-type	设置列表项所使用的预设标记。有以下取值：disc（实心圆●，默认值）；circle（空心圆○）；square（实心矩形■）；decimal（阿拉伯数字 1，2，3，4…）；lower-roman（小写罗马数字（i，ii，iii，iv…）；upper-roman（大写罗马数字 I，II，III，IV…）；lower-alpha（小写英文字母（a，b，c，d…），upper-alpha（大写英文字母 A，B，C，D…），none（不使用项目符号）
list-style-image	设置列表项标记的图像。该属性值为使用 url(URL)形式表示的绝对或相对路径。默认值为 none，表示不指定图像
list-style-position	设置列表项标记如何根据文本排列，有以下取值：outside（列表项目标记放置在文本以外，且环绕文本不根据标记对齐，此为默认值），inside（列表项目标记放置在文本以内，且环绕文本根据标记对齐）
list-style	设置列表项目的相关样式。这是一个复合属性，可以设置列表项所使用的预设标记、列表项标记的图像以及列表项标记如何根据文本排列。该属性的默认值为 disc outside none。请参阅各个属性的说明

如果将 list-style-image 属性值设置为 none，或者指定 URL 地址的图片不能被显示，则 list-style-type 属性将发生作用。

在 Dreamweaver CS5 中，可以使用"CSS 规则定义"对话框的"列表"类别来设置 CSS 样式列表属性（例如项目符号大小和类型等）。操作步骤如下。

（1）双击 CSS 样式面板顶部窗格中的现有规则或属性。

（2）在如图 5.28 所示的"CSS 规则定义"对话框中，选择"列表"，然后对以下样式属性进行设置。如果某个属性对于样式并不重要，可将其保留为空。

● List style type：设置项目符号或编号的外观。

● List style image：为项目符号指定自定义图像。可单击"浏览"按钮通过浏览选择图像，或输入图像的路径。

● List style position：设置列表项文本是否换行并缩进（外部）或者文本是否换行到左边距（内部）。

（3）设置完这些选项后，在对话框左侧选择另一个 CSS 类别以设置其他样式属性，或单击"确定"按钮。

【实战演练】设置 CSS 列表属性，页面效果如图 5.27 所示。

图 5.26　用 CSS 规则定义对话框设置 CSS 边框属性　　　图 5.27　设置 CSS 列表属性

（1）在 DW 站点的 chapter06 文件夹中创建一个空白网页并保存为 page5-09.html。

（2）将该页的标题设置为"设置 CSS 列表属性"。

（3）在该页首部创建一个 CSS 样式表，其源代码如下：

```
<style type="text/css">
ul {float: left; margin: 0.5em 1em;}
#list1 {list-style-type: disc;}
#list2 {list-style-type: circle;}
#list3 {list-style-type: square;}
#list4 {list-style-type: decimal;}
#list5 {list-style-type: lower-roman;}
#list6 {list-style-type: upper-roman; clear: left;}
#list7 {list-style-type: lower-alpha;}
#list8 {list-style-type: upper-alpha;}
#list9 {list-style-type: none;}
#list10 {list-style-image: url(../images/bird.png);}
</style>
```

（4）在该页中插入一个 h3 标题和 10 个 ul 列表，每个列表包含 3 个列表项，然后对 ul 元素设置 id 属性。页面正文部分的源代码如下：

```
<h3 align="center">设置 CSS 列表属性</h3>
<ul id="list1"><li>项目 1</li><li>项目 2</li><li>项目 3</li></ul>
<ul id="list2"><li>项目 1</li><li>项目 2</li><li>项目 3</li></ul>
```

```
<ul id="list3"><li>项目 1</li><li>项目 2</li><li>项目 3</li></ul>
<ul id="list4"><li>项目 1</li><li>项目 2</li><li>项目 3</li></ul>
<ul id="list5"><li>项目 1</li><li>项目 2</li><li>项目 3</li></ul>
<ul id="list6"><li>项目 1</li><li>项目 2</li><li>项目 3</li></ul>
<ul id="list7"><li>项目 1</li><li>项目 2</li><li>项目 3</li></ul>
<ul id="list8"><li>项目 1</li><li>项目 2</li><li>项目 3</li></ul>
<ul id="list9"><li>项目 1</li><li>项目 2</li><li>项目 3</li></ul>
<ul id="list10"><li>项目 1</li><li>项目 2</li><li>项目 3</li></ul>
```

（5）在浏览器中查看该页。

5.2.7　设置定位属性

与元素定位相关的 CSS 属性在表 5.7 中列出。

表 5.7　CSS 定位属性

属　性	说　明
position	设置元素在页面上的定位方式。有以下取值：static（无特殊定位，元素遵循 HTML 定位规则，这是默认值）；absolute（将元素从正常文档流中拖出，并使用 left、right、top 和 bottom 等属性相对于其最接近的一个有定位设置的父元素进行绝对定位。若不存在这样的父元素，则依据 body 元素进行定位）；relative（对象不可层叠，但可依据 left、right、top 和 bottom 等属性在正常的 HTML 文档流中实现偏移的位置）
top、left、bottom 和 right	设置元素与其最近一个具有定位设置的父元素顶边、左边、底边和右边相关的位置，它们的默认值是 auto，表示无特殊定位，即根据 HTML 定位规则在文档流中分配；也可以设置为由浮点数字和单位标识符组成的长度值或百分比。必须将 position 属性设置为 absolute 或 relative，长度值或百分比才能生效
z-index	设置元素的堆叠顺序，其默认值为 auto，表示遵从其父元素的定位；也可以将该属性设置为一个无单位的整数值，并允许为负数
visibility	设置元素是否可见，其取值可以是：inherit（继承父元素的可见性，默认值），visible（可见），hidden（隐藏）。与 display 属性不同的是，visibility 属性为隐藏的对象保留其占据的物理空间
clip	设置绝对定位元素的可视区域（此区域外的部分是透明的），其默认值为 auto 表示对象无剪切。也可以使用 rect(number number number number)形式，按照上、右、下、左的顺序提供自对象左上角为(0, 0)坐标计算的 4 个偏移数值，其中任何一个数值均可用 auto 替换，即此边不剪切
overflow	设置当元素的内容超过其指定高度和宽度时如何管理内容。有以下取值：visible（向右下方扩展元素，将增加元素的大小，以使其所有内容都可见）；auto（必要时显示滚动条）；hidden（保持容器的大小并剪切任何超出的内容，不提供任何滚动条）；scroll（总是显示滚动条）

使用 CSS 定位属性时，应注意以下几点。

- 若要激活对象的绝对定位方式，除了将 position 属性设置为 absolute 之外，还必须至少指定 left、right、top 和 bottom 属性中的一个。
- z-index 属性仅作用于 position 属性值为 relative 或 absolute 的元素。z-index 属性值较大的元素会覆盖在该属性值较小的元素上方。如果两个绝对定位元素的 z-index 属性具有相同的值，则依据它们在 HTML 文档中声明的顺序堆叠。对于未指定此属性的绝对定位元素，z-index 为正数的元素会在其上方，而 z-index 为负数的元素在其下方。
- clip 属性仅用于设置绝对定位元素的可视区域。必须将对象的 position 属性的值设置为 absolute，才能使用此属性。
- 在不同元素中，overflow 属性具有不同的默认值。对于 body 和 textarea 元素而言，其 overflow 属性的默认值均为 auto；对于所有其他元素而言，其 overflow 属性的默认值都是 visible。若将 textarea 元素的 overflow 属性设置为 hidden，则将隐藏其滚动条。

在 Dreamweaver CS5 中，可以使用"CSS 规则定义"对话框的"定位"类别来设置 CSS 样式定位属性。操作步骤如下。

（1）双击 CSS 样式面板顶部窗格中的现有规则或属性。

（2）在如图 5.28 所示的"CSS 规则定义"对话框中，选择"定位"，然后对所需的样式属性进行设置。如果某个属性对于样式并不重要，可将其保留为空。

图 5.28　用 CSS 规则定义对话框设置 CSS 定位属性

- Position：确定浏览器应如何来定位选定的元素。
- Visibility：确定内容的初始显示条件。如果不指定可见性属性，则默认情况下内容将继承父级标签的值。
- Z-index：确定内容的堆叠顺序。
- Overflow：确定当容器（如 DIV 或 P）的内容超出容器的显示范围时的处理方式。
- Placement：指定内容块的位置和大小。
- Clip：定义内容的可见部分。

（3）设置完这些选项后，在对话框左侧选择另一个 CSS 类别以设置其他样式属性，或单击"确定"按钮。

【实战演练】设置 CSS 定位属性，页面效果如图 5.29 所示。

图 5.29　设置 CSS 定位属性

（1）在 DW 站点的 chapter06 文件夹中创建一个空白网页并保存为 page5-10.html。

（2）将该页的标题设置为"设置 CSS 定位属性"。

（3）在该页首部创建一个 CSS 样式表，其源代码如下：

```
<style type="text/css">
#container1 {position: absolute; height: 150px; width: 200px;
```

```
    overflow: auto; left: 68px; top: 36px;}
#container2 {position: absolute; clip: rect(50px,268px,200px,80px);
    left: 230px; top: -14px;}
.text {font-size: 30px; font-weight: bold; position: absolute; height: 22px; width: 396px;}
#text1 {left: 98px; top: 210px; color: #CCC;}
#text2 {left: 94px; top: 208px; color: #999;}
#text3 {left: 92px; top: 206px; color: #666;}
#text4 {left: 90px; top: 204px; color: #333;}
#text5 {left: 88px; top: 202px; color: #000;}
#text6 {left: 86px; top: 200px; color: #F00;}
</style>
```

（4）在该页中插入 6 个 div 元素，然后在前面两个 div 元素中分别插入图片，在后面 4 个 div 元素中输入相同的文本内容。页面正文部分的源代码如下：

```
<div id="container1"><img src="../images/image01.jpg" width="300" height="225" /></div>
<div id="container2"><img src="../images/image01.jpg" width="300" height="225" /></div>
<div id="text1" class="text">Dreamweaver CS5 网页设计</div>
<div id="text2" class="text">Dreamweaver CS5 网页设计</div>
<div id="text3" class="text">Dreamweaver CS5 网页设计</div>
<div id="text4" class="text">Dreamweaver CS5 网页设计</div>
<div id="text5" class="text">Dreamweaver CS5 网页设计</div>
<div id="text6" class="text">Dreamweaver CS5 网页设计</div>
```

（5）在浏览器中查看该页。

5.2.8　设置扩展属性

CSS 扩展样式属性包括滤镜、分页和鼠标光标形状等，这些属性在表 5.8 中列出。

表 5.8　CSS 扩展属性

属　　性	说　　明
page-break-before 和 page-break-after	设置元素之前或之后出现的分页符。这些属性在打　文档时发生作用。有以下取值：auto（需要时插入分页符）；always（始终插入分页符）；avoid（避免插入分页符）；left（插入分页符直至到达一个空白的左页边）；right（插入分页符直到至到达一个空白的右页边）；null（取消分页符设置）
cursor	设置移动到元素上方的鼠标指针采用的光标形状。有以下取值：auto（视当前情况自动确定鼠标光标类型，默认值）；crosshair（十字线光标十）；default（客户端平台的默认光标，通常为箭头）；hand（　起一只手指的手形光标）；move（十字箭头光标）；help（带有问号标记的箭头）；no-drop（带有一个被斜线　的圆　的手形光标）；not-allowed（禁止标记光标）；pointer（与 hand 相同）；progress（带有　漏标记的箭头光标）；row-resize（带有上下两个箭头，中间由横线分隔开的光标）；text（表示可编辑的水平文本的光标，通常为大写字母 I 形状）；vertical-text（表示编辑的垂直文本的光标，通常是大写字母 I　转 90 度的形状）；wait（指示程序　用户需要等待的光标，通常是　漏形状）；*-resize（表示对象可被改变尺寸方向的箭头光标，包括 w-resize、s-resize、n-resize、e-resize、ne-resize、sw-resize、se-resize、nw-resize）；url(URL)（用户自定义光标，光标文件的文件扩展名为.cur 或.ani）
filter	设置元素所应用的滤镜或滤镜集合。使用此属性可以生成各种特殊效果，例如渐变、模　、透明、阴影、水平翻转、垂直翻转以及遮罩等
border-collapse	设置表格的行和单元格的边是合并在一起还是按照标准的 HTML 样式分开。有以下取值：separate（边框分开），collapse（相邻边框折叠在一起）

cursor 属性的值可以是多个，这些值之间用逗号分隔。若第一个值不可以被客户端系统理解或所指定的光标无法找到和显示，则第二个值将被尝试使用，以此类推。例如：

```
body {cursor: url("butterfly.gif"),url("images/cursors/bird.jpg"),default;}
```

filter 属性仅作用于具有布局的元素（例如块级元素）。也可以通过 filter 属性设置元素所应用的一组滤镜，此时可使用空格来分隔不同滤镜。下面列出一些常用的滤镜。

- Alpha：调整元素内容的透明度，可用于设置元素的整体透明度，或线性渐变和放射渐变的透明度。
- BleandTrans：用渐隐效果转换元素内容。
- Blur：制作元素内容的模　效果。
- Chroma：将元素中指定的颜色显示为透明。
- DropShadow：制作元素的阴影效果。
- FlipH：水平翻转元素内容。
- FlipV：垂直翻转元素内容。
- Invert：反相显示元素内容。
- Light：为元素内容建立光照效果。
- Mask：将元素中的透明像素用指定颜色显示出来，并将元素中的不透明像素转为透明。
- RevealTrans：提供多种转换元素内容的效果。
- Shadow：为元素内容建立阴影效果。
- Wave：为元素内容建立波　扭曲效果。
- Xray：以 X 光效果显示元素内容。

若要对一个行内元素使用 filter 属性，则必须先设置该元素的 height 或 width 属性，或设置 position 属性为 absolute，或设置 display 属性为 block。

在 Dreamweaver CS5 中，可以使用“CSS 规则定义”对话框的“扩展”类别来设置 CSS 样式扩展属性。操作步骤如下。

（1）双击 CSS 样式面板顶部窗格中的现有规则或属性。

（2）在如图 5.30 所示的“CSS 规则定义”对话框中，选择“扩展”，然后对以下样式属性进行设置。如果某个属性对于样式并不重要，可将其保留为空。

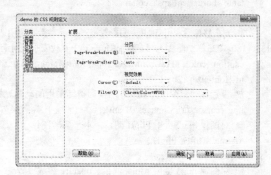

图 5.30　用 CSS 规则定义对话框设置 CSS 扩展属

- Page-break-before 和 Page-break-after：设置在打　期间在样式所控制的对象之前或者之后强行分页。
- Cursor：设置当指针位于样式所控制的对象上时改变指针图像。
- Filter：设置对样式所控制的对象应用特殊效果。可从下拉列表框中选择一种效果。

（3）设置完这些选项后，在对话框左侧选择另一个 CSS 类别以设置其他的样式属性，或单击“确定”按钮。

提示：Dreamweaver CS5 提供了许多其他扩展属性，但是必须使用 CSS 样式面板才能访问这些属性。若要查看提供的扩展属性的列表，可单击 CSS 样式面板底部的“显示类别视图”按钮，然后展开“扩展”类别，如图 5.31 所示。

【实战演练】设置 CSS 扩展属性，页面效果如图 5.32 所示。

（1）在 DW 站点的 chapter06 文件夹中创建一个空白网页并保存为 page5-11.html。

（2）将该页的标题设置为“设置 CSS 扩展属性”。

图 5.31 查看 CSS 扩展属性 　　　　　　　图 5.32 设置 CSS 扩展属性

（3）在该页首部创建一个 CSS 样式表，其源代码如下：

```
<style type="text/css">
/* 将表格相邻边框折叠起来 */
table {border-collapse: collapse;}
table,td {border: 1px solid #39F;}
/* 对表格标题应用 shadow 阴影滤镜。color 参数指定阴影颜色；direction 参数指定　影的方向，取值可以是 0、45、90、
135、180、225、270、315，以度为单位，其中 0 代表垂直向上，按顺时针方向增加。 */
caption {color: #F00; font-size: 26px; font-weight: bold; filter: shadow(color=#666,direction=135);}
td {font-size: 12px;}
/* 设置移动到图像元素上方的鼠标指针采用的动画光标 */
img {cursor: url(../images/01.ani);}
/* 对图像 img2 应用 FlipH 滤镜，水平翻转图像 */
td#img2 {filter: FlipH;}
tr {text-align: center;}
/* 对图像 img3 应用 Alpha 滤镜。opacity 参数设置透明渐变的开始透明度，取值范围为 0~100；其中 0 表示完全透
明（默认值），100 为完全不透明。style 参数设置或检索透明渐变的样式，取值为 0、1、2、3，0 表示设置整体透明度（默
认值）；1 表示设置线性渐变透明度；2 表示设置圆形放射渐变透明度；3 表示设置矩形放射渐变透明度 */
td#img3 {filter: alpha(opacity=100,style=2);}
/* 对图像 img4 应用 Invert 滤镜，反相显示图像内容 */
td#img4 {filter: invert;}
</style>
```

（4）在该页中插入一个 4 行 2 列的表格，然后在单元格中分别插入相同的图片或输入文本。
页面正文部分的源代码如下：

```
<table width="300" border="1" align="center" cellpadding="5">
  <caption>设置 CSS 扩展属性</caption>
  <tr>
    <td><img src="../images/xihu05.jpg" width="200" /></td>
    <td><img id="img2" src="../images/xihu05.jpg" width="200" /></td>
  </tr>
  <tr>
    <td>原图</td>
    <td>FlipH 滤镜效果</td>
```

```
  </tr>
  <tr>
    <td><img id="img3" src="../images/xihu05.jpg" width="200" /></td>
    <td><img id="img4" src="../images/xihu05.jpg" width="200" /></td>
  </tr>
  <tr>
    <td>alpha 滤镜效果</td>
    <td>Invert 滤镜效果</td>
  </tr>
</table>
```

（5）在浏览器中查看该页。

习题 5

一、填空题

1. CSS 样式表由一组 CSS 规则组成，每个 CSS 规则由_____和_____两个部分组成；在 HTML 文档中定义 CSS 规则时，应将其包含在_____块中。

2. CSS 属性声明由一些属性-值（attribute-value）对组成，属性名称与属性值用____分隔；若属性值包含空格，则用____括起来；不同属性-对用____分隔。

3. 类选择器用于选择具有特定____属性的页面元素；id选择器用于选择具有特定____属性的页面元素。

4. 使用_____声明提升指定 CSS 样式规则的应用优先权。

5. 若要删除链接文本中的下画线，可将 CSS 属性_____设置为_____。

6. 若要将英文单词的首字母转换为大写形式，可将 CSS 属性_____设置为_____。

7. 若要让背景图像显示在元素的右下方，可将 background-repeat 属性设置为_____，并将 background-position 属性设置为_____。

8. word-spacing 属性设置元素中的_____之间的间隔；letter-spacing 属性设置元素中的_____之间的间隔。

9. 若要使用图像作为列表项标记，可对 CSS 属性_____进行设置。

10. 绝对定位是将 CSS 属性_____设置为_____。

11. _____滤镜用于调整元素内容的透明度；_____滤镜用于水平翻转元素内容。

12. 若要制作细线表格，可将 CSS 属性_____设置为_____。

二、选择题

1. 若要设置用鼠标指针指向链接时链接文本的样式，可使用伪类选择器（　）。

　　A. a: link　　　　　　　　　　　　B. a: visited

　　C. a: hover　　　　　　　　　　　　D. a: active

2. 对于同一个页面元素，如果同时通过 id、class 和 style 属性应用了不同的 CSS 样式规则，则作用的优先顺序是（　）。

　　A. style→id→class　　　　　　　　B. style→class→id

　　C. id→style→class　　　　　　　　D. class→id→style

3. 若要将元素中的文本设置为斜体，可对 CSS 属性（　）进行设置。

　　A. font-family　　　　　　　　　　B. font-size

    C. font-style   D. font-weight

4. 若要设置元素中首行文本的缩进量，可对 CSS 属性（　　）进行设置。

    A. text-align   B. text-indent

    C. white-space   D. display

5. 设置复合属性 margin 和 padding 时，若提供了全部 4 个参数值，则按（　　）顺序用于 4 条边。

    A. 上、下、左、右   B. 左、右、上、下

    C. 上、左、下、右   D. 上、右、下、左

6. 若要在元素的内容超过其指定高度和宽度时显示滚动条，可将 overflow 属性设置为（　　）。

    A. visible   B. auto

    C. hidden   D. scroll

三、简答题

1. CSS 的主要优点是什么？

2. CSS 选择器主要有哪些类型？

3. 在网页或样式表文件中，可以使用哪两种方式来包含外部样式表？

 上机实验 5

1. 创建一个网页，通过 CSS 规则对文本颜色、字体大小、文本修饰等属性进行设置，然后将这些规则应用于表格的不同单元格。

2. 创建一个网页，通过 CSS 规则对各种背景图像、背景重复方式、背景图像是固定还是随内容滚动等属性进行设置，然后将这些规则应用于表格的不同单元格。

3. 创建一个网页，通过 CSS 规则对字间距、字母间距、首行缩进、文本对齐方式以及处理空格的方式等属性进行设置，然后将这些规则应用于表格的不同单元格。

4. 创建一个网页，通过 CSS 规则对 div 元素的高度、宽度、背景颜色以及浮动属性进行设置，然后将这些规则应用于不同的 div 元素，使它们沿水平方向排列（向左浮动），并在这些 div 元素下方插入一个段落，要求这个段落两侧不允许出现浮动元素。

5. 创建一个网页，通过 CSS 规则对边框宽度、边框样式以及边框颜色进行设置，然后将这些规则应用于表格的不同单元格。

6. 创建一个网页，通过 CSS 规则对列表样式类型进行设置，然后将这些规则应用于各个项目列表。

7. 创建一个网页，通过 CSS 规则对定位方式（position）、　出（overflow）以及剪切（clip）等属性进行设置，然后将这些规则应用于图片或文本，以便对图片添加上滚动条、对图片进行剪切或生成阴影字效果。

8. 创建一个网页，通过 CSS 规则设置 FlipH、Alpha 以及 Invert 滤镜效果，然后将这些规则应用于不同的图片。

第6章 CSS+DIV 页面布局

上一章介绍了如何创建和管理 CSS 样式表，并通过 CSS 样式属性来设置 HTML 页面元素的外观。在这个基础上，本章将进一步讨论如何使用 CSS+DIV 来进行网页排版，首先介绍 div 标签与 AP 元素在网页设计中的应用，然后讲解如何结合 CSS 样式表和 div 布局块来创建各种常用的页面布局。

6.1 div 标签与 AP 元素

HTML div 标签可用来定义网页内容中的逻辑区域。使用 div 元素可将内容块居中，创建多列效果以及创建不同的颜色区域等。插入 div 元素并对其应用 CSS 定位样式是创建页面布局的常用方法。在 Dreamweaver CS5 中，将 position 属性为 absolute（即采用绝对定位方式）的所有 div 元素视为 AP 元素，即使未使用 AP Div 绘制工具创建那些 div 元素也是如此。

6.1.1 插入和编辑 div 标签

使用 div 标签可创建 CSS 布局块并在文档中对它们进行定位。如果已将包含定位样式的现有 CSS 样式表附加到文档，则可以在插入 div 元素后对其应用现有样式。

若要在页面中插入 div 元素，可执行以下操作。

（1）在文档窗口中，将插入点放置在要显示 div 元素的位置。

（2）执行下列操作之一：

● 选择"插入"→"布局对象"→"Div 标签"命令。

● 在"插入"面板的"布局"类别中，单击"插入 Div 标签"按钮，如图 6.1 所示。

（3）在如图 6.2 所示的"插入 Div 标签"对话框中，对以下选项进行设置。

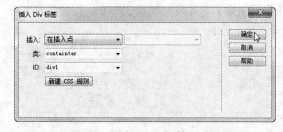

图 6.1 单击"插入 Div 标签"　　　　图 6.2 "插入 Div 标签"对话框

● 插入：选择 div 元素的位置以及标签名称（如果不是新标签的话）。

● 类：选择应用于 div 元素的类样式。如果附加了样式表，则该样式表中定义的类将出现在列表中，可从此列表中选择要应用于 div 元素的样式。

- ID：指定用于标识 div 元素的名称。如果附加了 CSS 样式表，则该样式表中定义的 ID 将出现在列表中，但不会列出文档中已存在的块的 ID。如果输入了与其他标签相同的 ID，则 Dreamweaver 将弹出对话框加以提醒。
- 新建 CSS 规则：单击此按钮，可打开"新建 CSS 规则"对话框，以定义应用于 div 元素的 CSS 规则。

（4）单击"确定"按钮。

此时，div 元素将以一个虚线框的形式出现文档中，并包含占位符文本，如图 6.3 所示。当将鼠标指针移到该框的边缘上时，Dreamweaver 会高亮显示该框，如图 6.4 所示。如果将 div 元素的定位方式设置为绝对定位，则它将变成 AP 元素。

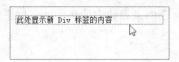

图 6.3 div 标签框	图 6.4 高亮显示 div 标签框

在页面中插入 div 元素之后，可以在 CSS 样式面板中查看和编辑它的规则，也可以向 div 元素中添加内容（如文本、图像等）。

若要查看和编辑应用于 div 元素的规则，可执行以下操作。

（1）执行以下操作之一以选择 div 元素：

- 单击 div 元素的边框。
- 在 div 元素内单击，然后按两次【Ctrl+A】组合键。
- 在 div 元素内单击，然后从文档窗口底部的标签选择器中选择 div 元素。

（2）如果 CSS 样式面板尚未打开，可选择"窗口"→"CSS 样式"命令，以打开 CSS 样式面板。应用于 div 元素的规则将显示在面板中，如图 6.5 所示。

（3）根据需要，对现有属性进行更改或添加新的属性。

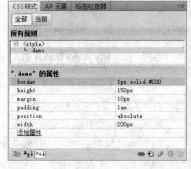

图 6.5 查看应用于 div 元素的规则

若要在 div 元素中添加内容，可在该元素边框内的任意位置单击，以放置插入点，然后在 div 元素中添加内容，就像在页面中添加内容一样。

若要更改 div 元素中的占位符文本，可选择该文本，然后输入新内容或按【Delete】键。

【实战演练】在页面中插入 3 个 div 元素作为布局块，并对其浮动和清除属性进行设置，页面效果如图 6.6 所示。

图 6.6 div 元素应用示例

（1）在 DW 站点根文件夹中创建一个新文件夹并命名为 chapter06。

（2）在 chapter06 文件夹中创建一个空白网页并命名为 page6-01.html。

（3）将该页的标题设置为"用 div 元素创建布局块"。

（4）在该页首部创建一个 CSS 样式表，源代码如下：

```
<style type="text/css">
body {padding: 0; margin: 0;}
div {padding: 10px; margin: 10px15px; border: 1px solid #09F; text-align: center;}
#div1,#div2 {width: 200px; float: left;}          /* 对#div1 和#div2 设置浮动属性 */
#div3 {width: 452px; clear: both;}               /* 对#div 元素设置清除属性 */
</style>
```

（5）在该页中插入 3 个 div 标签并设置其 id 属性，然后在这些标签中分别输入不同的文本内容。页面正文部分源代码如下：

```
<div id="div1">div1 元素的内容</div>
<div id="div2">div2 元素的内容</div>
<div id="div3">div3 元素的内容</div>
```

（6）在浏览器中查看该页。

6.1.2　插入 AP Div 元素

AP 元素即绝对定位元素，也就是分配有绝对位置的 HTML 页面元素，它可以是 div 元素或其他任何元素。AP 元素可以包含文本、图像或其他任何内容。既可以将 AP 元素放置到其他 AP元素的前后，隐藏某些 AP 元素而显示其他 AP 元素，以及在屏幕上移动 AP 元素，也可以在一个AP 元素中放置背景图像，然后在该 AP 元素的前面放置另一个包含带有透明背景的文本的 AP 元素。在 Dreamweaver 中，可以使用 AP 元素来设计页面布局。

AP 元素通常是绝对定位的 div 元素，这是默认插入的 AP 元素类型。不过，也可以将任何HTML 元素（例如图像）设置为 AP 元素，方法是为其分配一个绝对位置。所有 AP 元素（不仅仅是 AP Div）都将在 AP 元素面板中列出。

若要连续绘制一个或多个 AP Div，可执行以下操作。

（1）在插入面板的"布局"类别中，单击"绘制 AP Div"按钮，如图 6.7 所示。

（2）在文档窗口的设计视图中，执行下列操作之一：

● 拖动鼠标以绘制一个 AP Div。

● 按住 Ctrl 键拖动以连续绘制多个 AP Div。

此时，将使用 div 标签创建 AP 元素。如果使用"绘制AP Div"工具绘制 AP 元素，则会在文档中插入一个 div 标签

图 6.7　单击"绘制 AP Div"

并为其分配一个 ID 值。接着，可使用 AP 元素面板或属性检查器对 AP Div 进行重命名，并使用文档首部的嵌入式 CSS 样式表来设置 AP Div 的位置和尺寸。

若要在文档中的特定位置插入 AP Div，可将插入点放置在文档窗口中，然后选择"插入"→"布局对象"→"AP Div"命令。此时会将 AP Div 标签放置到在文档窗口中单击的任何位置。因此，AP Div 的可视化呈现可能会影响其周围的其他页面元素。

当插入 AP Div 时，默认情况下将在设计视图中显示 AP Div 的外框，当将鼠标指针移到块上面时将会高亮显示该块。在设计时，还会启用 AP 元素的背景和框模型作为可视化助理。

若要在 AP Div 中放置一个插入点，可在 AP Div 边框内的任意位置单击。此时，将高亮显示AP Div 的边框并显示选择柄，但是 AP Div 自身未选定。

若要显示 AP Div 边框，可选择"查看"→"可视化助理"命令，然后选择"AP Div 外框"

或"CSS 布局外框"。同时选择这两个选项可获得同样的效果。若要隐藏 AP Div 边框，可选择"查看"→"可视化助理"，然后取消选择"AP Div 外框"和"CSS 布局外框"。

创建 AP Div 后，只需将插入点放置于该 AP Div 中，就可以在 AP Div 中添加内容（如文本、表格和图像等），如同在页面中添加内容一样。

【实战演练】将 AP Div 元素放置在图像之上并对该元素应用 Mask 滤镜，页面效果如图 6.8 所示。

（1）在 DW 站点的 chapter06 文件夹中创建一个空白网页并保存为 page6-02.html。

（2）将该页的标题设置为"MASK 滤镜效果"。

（3）在该页中插入一个图像。

（4）在该页中插入一个 AP Div 元素，然后调整其位置和大小，使其刚好覆盖在图像上。

（5）对文档首部中的#apDiv1 规则进行修改，对该元素应用 Mask 滤镜。代码如下：

图 6.8　Mask 滤镜效果

```
<style type="text/css">
body {margin: 0; padding: 0;}          /* 将 body 元素的边距和填充均设置为 0 */
#apDiv1 {position: absolute; width: 651px; height: 214px; z-index: 1;
    left: 0px; top: 0px; font-family: "ArialBlack",Gadget,sans-serif;
    font-size: 112px; text-align: center; font-weight: bold; line-height: 214px;
    filter: Mask(Color=#FFFFFF);              /* 对 div 元素应用 Mask 滤镜 */
}
</style>
```

页面正文部分代码如下：

```
<!-- 图像为静态定位元素 -->
<img src="../images/bg06.png" width="651" />
<!-- div 为 AP 元素，将透明的 div 覆盖在图像上形成遮罩效果，透过文字可看到图像 -->
<div id="apDiv1">MASK 滤镜</div>
```

（6）在浏览器中查看该页。

6.1.3　设置 AP 元素的首选参数

在 Dreamweaver CS5 中，可以使用"首选参数"对话框中的"AP 元素"类别来指定新建 AP 元素的默认属性设置。设置方法如下。

（1）选择"编辑"→"首选参数"命令。

（2）在如图 6.9 所示的"首选参数"对话框中，从左侧的"分类"列表中选择"AP 元素"，然后对以下首选参数进行设置。

- 可见性：确定 AP 元素在默认情况下是否可见。其选项为 default、inherit、visible 和 hidden。
- 宽和高：指定使用"插入"→"布局对象"→"AP Div"命令创建的 AP 元素的默认宽度和高度，以像素为单位。
- 背景颜色：指定一种默认背景颜色。可从颜色选择器中选择颜色。
- 背景图像：指定默认背景图像。单击"浏览"按钮并在计算机上查找图像文件。
- 嵌套：在 AP Div 内创建时嵌套指定从现有 AP Div 边界内的某点开始绘制的 AP Div 是否应该是嵌套的 AP Div。当绘制 AP Div 时，按住【Alt】键可临时更改此设置。

（3）单击"确定"按钮。

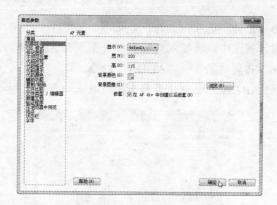

图 6.9　设置 AP 元素的首选参数

6.1.4　使用嵌套的 AP Div

嵌套的 AP Div 是指其 HTML 代码包含在另一个 AP Div 的标签内的 AP Div，外层 AP Div 称为内层 AP Div 的父元素。嵌套 AP Div 将随其父 AP Div 一起移动，并且可以设置为继承其父元素的可见性。通过嵌套可将多个 AP Div 组合在一起。

例如，下面的 HTML 代码显示了两个未嵌套的 AP Div 和两个嵌套的 AP Div：

```
<div id="apDiv1"></div>
<div id="apDiv2"></div>
<div id="apDiv3">              <!-- 外层 AP Div -->
<div id="apDiv4"></div>       <!-- 内层 AP Div -->
</div>
```

上述两组 AP Div 的图形都有可能像图 6.10 中描述的那样。对于第一组未嵌套的 div 元素而言，一个 div 位于页面上另一个 div 的上方；对于第二组嵌套的 div 元素而言，apDiv4 div 实际上位于 apDiv3 div 的内部。

若要绘制嵌套的 AP Div，可执行以下操作。

（1）确保在 AP 元素面板中取消"防止重叠"选项，如图 6.11 所示。

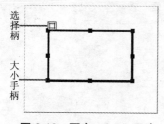

图 6.10　两个 AP Div 元素

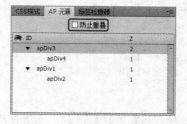

图 6.11　取消"防止重叠"

注意：若要在一个 AP Div 的内部或上方进行绘制另一个 AP Div，就必须在 AP 元素面板中取消"防止重叠"选项。也可以选择"修改"→"排列顺序"→"防止 AP 元素重叠"。

（2）在插入面板的"布局"类别中，单击"绘制 AP Div"按钮。

（3）在文档窗口的设计视图中拖动鼠标，在现有 AP Div 内部绘制新的 AP Div。

注意：如果已经在"AP 元素"首选参数中禁用了"嵌套"功能，则应该通过按住 Alt 键拖动鼠标。在不同的浏览器中，嵌套 AP Div 的外观可能会有所不同。当创建嵌套 AP Div 时，应在设计过程中时常检查它们在不同浏览器中的外观。

若要插入嵌套 AP Div，可执行以下操作。

（1）确保已取消"防止重叠"选项。

（2）在文档窗口的设计视图中，将插入点放置在一个现有 AP Div 的内部。

（3）选择"插入"→"布局对象"→"AP Div"命令。

【实战演练】用嵌套的 AP Div 元素创建页面布局，效果如图 6.12 所示。

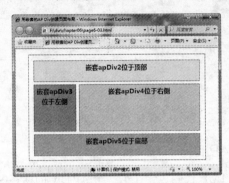

图 6.12　用嵌套的 AP Div 元素创建页面布局

（1）在 DW 站点的 chapter06 文件夹中创建一个空白网页并命名为 page6-03.html。

（2）将该页的标题设置为"用嵌套的 AP Div 元素创建页面布局"。

（3）在该页中绘制一个 AP Div 元素 apDiv1。

（4）在 apDiv1 中绘制 4 个 AP Div 元素，分别命名为 apDiv2、apDiv3、apDiv4 和 apDiv5，设置这些嵌套 AP Div 元素的背景颜色并对它们应用 demoDiv 类，然后在这些 div 元素中输入三级标题文本。

文档正文部分的代码如下：

```
<div class="demoDiv" id="apDiv1">
   <div class="demoDiv" id="apDiv2">
     <h3>嵌套 apDiv2 位于顶部</h3>
   </div>
   <div class="demoDiv" id="apDiv3">
     <h3>嵌套 apDiv3 位于左侧</h3>
   </div>
   <div class="demoDiv" id="apDiv4">
     <h3>嵌套 apDiv4 位于右侧</h3>
   </div>
   <div class="demoDiv" id="apDiv5">
     <h3>嵌套 apDiv5 位于底部</h3>
   </div>
</div>
```

（5）对文档首部的 CSS 样式表进行修改，代码如下：

```
<style type="text/css">
#apDiv1 {position: absolute; left: 39px; top: 17px; width: 508px;
   height: 291px; z-index: 1;}
#apDiv2 {position: absolute; left: 15px; top: 16px; width: 476px;
   height: 47px; z-index: 1; background-color: #FFCCFF;}
#apDiv3 {position: absolute; left: 15px; top: 85px; width: 111px;
   height: 121px; z-index: 2; background-color: #00CCFF;}
#apDiv4 {position: absolute; left: 149px; top: 85px; width: 342px;
   height: 121px; z-index: 3; background-color: #FFCC33;}
#apDiv5 {position: absolute; left: 15px; top: 228px; width: 476px;
   height: 48px; z-index: 4; background-color: #99CC33;}
```

```
.demoDiv {border: 1px solid #90C; text-align: center; padding: 6px;}        /* 创建 CSS 类样式 */
h3 {margin-top: 0; color: #333;}                                            /* 设置 h3 标签的外观 */
</style>
```

（6）在浏览器中查看该页。

6.1.5　AP 元素基本操作

在文档中创建 AP 元素之后，还可以选择该元素并对它进行各种各样的操作，例如调整大小、移动位置、更改堆叠顺序、对齐元素以及显示或隐藏元素等。

1. 选择 AP 元素

若要选择单个 AP 元素，可执行下列操作之一：

- 单击 AP 元素的边框。
- 单击 AP 元素的选择柄。如果选择柄不可见，可在 AP 元素内部的任意位置单击以显示该选择柄。
- 按住【Ctrl+Shift】组合键在 AP 元素内部单击。
- 在 AP 元素内部单击，并按【Ctrl+A】组合键以选择 AP 元素的内容，再次按【Ctrl+A】组合键以选择 AP 元素本身。
- 在 AP 元素内部单击并在标签选择器中选择其标签。

若要选择多个 AP 元素，可执行下列操作之一：

- 在 AP 元素面板中，按住【Shift】键单击两个或更多个 AP 元素名称，如图 6.13 所示。
- 在文档窗口中，按住【Shift】键并在两个或更多个 AP 元素的边框内（或边框上）单击，如图 6.14 所示。

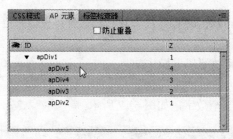

图 6.13　在 AP 元素面板中选择多个 AP 元素

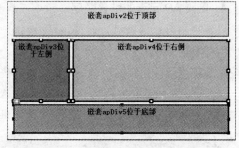

图 6.14　在文档窗口中选择多个 AP 元素

2. 调整 AP 元素大小

若要调整单个 AP 元素的大小，可执行以下操作。

（1）在设计视图中，选择一个 AP 元素。

（2）执行下列操作之一：

- 若要通过拖动来调整大小，可拖动 AP 元素的任一调整大小手柄，如图 6.15 所示。

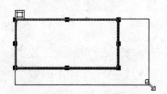

图 6.15　通过拖动调整大小

- 使用箭头键调整大小。按住【Ctrl】键的情况下每按一次箭头键，可使用宽度或高度增加或减小 1 个像素；按住【Ctrl+Shift】组合键的情况下每按一次箭头键，可使用宽度或高度增加或减小 10 个像素。
- 在属性检查器中，输入宽度和高度的值。
- 在代码视图中，修改规则中的 width 和 height 属性值。

若要同时调整多个 AP 元素的大小，可执行以下操作。

（1）在文档窗口的设计视图中，选择两个多个 AP 元素。

（2）执行下列操作之一：

- 在属性检查器中的"多个 CSS-P 元素"下输入宽度和高度值。这些值将应用于所有选定的 AP 元素。

图 6.16 用菜单命令将多个 AP 元素设成相同大小

- 从"修改"→"排列顺序"菜单中选择"设成宽度相同"或"设成高度相同"，如图 6.16 所示。最先选定的 AP 元素将与最后选定的一个 AP 元素的宽度或高度一致。

3. 移动 AP 元素

若要移动 AP 元素，可执行以下操作。

（1）在设计视图中，选择一个或多个 AP 元素。

（2）执行下列操作之一：

- 若要通过鼠标拖动来移动，可拖动最后一个选定的 AP 元素（以黑色高亮显示）的选择控点。
- 使用箭头键移动。每按一次箭头键，可使位置坐标增加或减少 1 个像素；按住【Shift】键的情况下每按一次箭头键，可使位置坐标增加或减少 10 个像素。
- 在属性检查器中，输入"左"和"上"的值。
- 在代码视图中，修改 CSS 规则中的 left 和 top 属性值。

如果已启用"防止重叠"选项，那么在移动 AP 元素时将无法使该 AP 元素与另一个 AP 元素重叠。

4. 更改 AP 元素的堆叠顺序

堆叠顺序由 CSS 样式属性 z-index 决定。在 Dreamweaver CS5 中，可使用属性检查器来更改 AP 元素的堆叠顺序。

若要使用属性检查器更改 AP 元素的堆叠顺序，可执行以下操作。

（1）在 AP 元素面板或文档窗口中选择 AP 元素。

（2）在属性检查器中，在"Z 轴"文本框中输入一个数字，如图 6.17 所示。

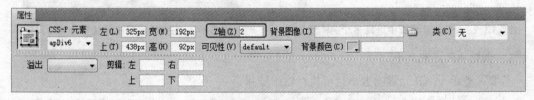

图 6.17 用属性检查器更改 AP 元素的堆叠顺序

- 输入一个较大的数字，可将 AP 元素在堆叠顺序中上移。
- 输入一个较小的数字，可将 AP 元素在堆叠顺序中下移。

5. 对齐 AP 元素

若要对齐 AP 元素，可执行以下操作。

（1）在设计视图中，选择要对齐的 AP 元素。

（2）选择"修改"→"排列顺序"命令，然后选择一个对齐选项（如"左对齐"或"右对齐"）。例如，如果选择"上对齐"，所有 AP 元素都会移动以使其上边框与最后一个选定的 AP 元素

（黑色高亮显示）的上边框处于同一垂直位置。使用 AP 元素对齐命令可将一个或多个 AP 元素与最后一个选定的 AP 元素的边框对齐。

注意：当对齐 AP 元素时，未选定的子 AP 元素可能会因为其父 AP 元素已被选定并移动而发生移动。若要避免这种情况，请不要使用嵌套的 AP 元素。

6. 显示和隐藏 AP 元素

AP 元素的可见性由 CSS 属性 visibility 决定。当处理文档时，也可以使用 AP 元素面板手动显示或隐藏 AP 元素，以查看页面在不同条件下的显示方式。

若要更改 AP 元素的可见性，可执行以下操作。

（1）选择"窗口"→"AP 元素"命令，以打开"AP 元素"面板。

（2）在 AP 元素的眼形图标列内单击，以更改其可见性（如图 6.18 所示）。

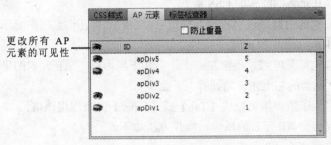

图 6.18　用 AP 元素面板设置 AP 元素的可见性

- 眼睛　开（👁）表示 AP 元素是可见的。
- 眼睛闭合（👁）表示 AP 元素是不可见的。
- 如果没有眼形图标，AP 元素通常会继承其父级的可见性。如果 AP 元素没有嵌套，父级就是文档正文，而文档正文始终是可见的。

（3）若要同时更改所有 AP 元素的可见性，可在 AP 元素面板中单击列顶部的标题眼形图标。此操作可以将所有 AP 元素设置为"可见"或"隐藏"，但不能设置为"继承"。

注意：如果未指定可见性，则不会显示眼形图标。这在属性检查器中表示为"default"可见性。

6.1.6　设置 AP 元素的属性

在 Dreamweaver CS5 中，使用属性检查器可以查看或设置单个 AP 元素的属性，也可以查看或设置多个 AP 元素的属性。

若要查看或设置单个 AP 元素的属性，可执行以下操作。

（1）在文档窗口中，选择一个 AP 元素。

（2）在属性检查器中，如果所有属性尚未展开，可单击右下角的展开箭头，此时属性检查器将显示 AP 元素的所有属性。如图 6.19 所示。

图 6.19　用属性检查器设置单个 AP 元素的属性

（3）对以下选项进行设置。

- **CSS-P 元素**：为选定的 AP 元素指定一个 ID。此 ID 用于在 AP 元素面板和 JavaScript 代码中标识 AP 元素。只应使用标准的字母数字字符，而不要使用空格、连字符、斜杠或句号等特殊字符。每个 AP 元素都必须有各自的唯一 ID。

- 左和上：指定 AP 元素的左上角相对于页面（如果嵌套，则为父 AP 元素）左上角的位置。
- 宽和高：指定 AP 元素的宽度和高度。
- Z 轴：确定 AP 元素的 Z 轴或堆叠顺序。
- 可见性：指定 AP 元素最初是否是可见的。选项为 default、inherit、visible 和 hidden。使用脚本语言 JavaScript 可以控制可见性属性并动态地显示 AP 元素的内容。
- 背景图像：指定 AP 元素的背景图像。可通过单击文件夹图标浏览到一个图像文件并选择它。
- 背景颜色：指定 AP 元素的背景颜色。将此选项留为空白意味着指定透明的背景。
- 类：指定用于设置 AP 元素的样式的 CSS 类。
- 出：控制当 AP 元素的内容超过 AP 元素的指定大小时如何在浏览器中显示 AP 元素。选项为 visible、hidden、scroll 和 auto。
- 剪辑：定义 AP 元素的可见区域。指定左、上、右和下坐标以在 AP 元素的坐标空间中定义一个矩形（从 AP 元素的左上角开始计算）。

（4）如果在文本框中输入了值，则可以按【Tab】或【Enter】键来应用该值。

也可以同时查看或设置多个 AP 元素的属性，操作方法如下。

（1）在文档窗口中，选择多个 AP 元素。

（2）在属性检查器中，单击右下角的展开箭头查看所有属性（如果这些属性尚未展开）。当选择两个或更多个 AP 元素时，属性检查器将会显示文本属性以及全部 AP 元素属性的一个子集，从而允许同时修改多个 AP 元素，如图 6.20 所示。

图 6.20　用属性检查器设置多个 AP 元素的属性

（3）对多个 AP 元素的以下属性进行设置。

- 左和上：指定 AP 元素的左上角相对于页面或父 AP 元素左上角的位置。
- 宽和高：指定 AP 元素的宽度和高度。
- 显示：指定这些 AP 元素最初是否是可见的。
- 标签：指定用于定义 AP 元素的 HTML 标签。
- 背景图像：指定 AP 元素的背景图像。
- 背景颜色：指定 AP 元素的背景颜色。将此选项留为空白意味着指定透明的背景。

（4）如果在文本框中输入了值，则可以按【Tab】或【Enter】键来应用该值。

6.1.7　将 AP 元素转换为表格

在 Dreamweaver CS5 中，可以方便地使用 AP 元素来创建页面布局。不过，在某些情况下，可能需要将 AP 元素转换为表格。例如，如果需要支持 4.0 版之前的浏览器，则可能需要将 AP 元素转换为表格。根据设计需要，可以在 AP 元素和表格之间进行相互转换，以调整布局并优化网页设计。

注意：必须将整个页面上的 AP 元素转换为表格或将表格转换为 AP Div，而不能转换页面上的特定表格或 AP 元素。强烈建议不要将 AP 元素转换为表格，因为这样做会产生带有大量空白单元格的表格，并使页面的代码量急剧增加。如果需要一个使用表格的页面布局，最好使用 Dreamweaver 提供的标准表格布局工具来创建该页面布局。

在转换为表格之前，应确保 AP 元素没有重叠，还要确保工作在标准模式（"视图"→"表格模式"→"标准模式"）中。

若要将 AP 元素转换为表格，可执行以下操作。

（1）选择"修改"→"转换"→"将 AP Div 转换为表格"。

（2）在如图 6.21 所示的"将 AP Div 转换为表格"对话框中，对以下选项进行设置。

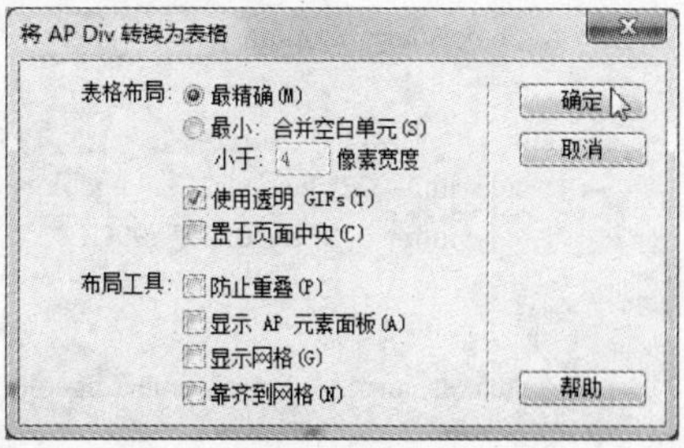

- 最精确：为每个 AP 元素创建一个单元格以及保留 AP 元素之间的空间所必需的任何附加单元格。

图 6.21　"将 AP Div 转换为表格"对话框

- 最小：折叠空白单元格指定若 AP 元素位于指定的像素数内则应对齐 AP 元素的边缘。如果选择此选项，结果表将包含较少的空行和空列，但可能不与布局精确匹配。
- 使用透明 GIF：使用透明的 GIF 填充表格的最后一行。这将确保该表在所有浏览器中以相同的列宽显示。当启用此选项后，不能通过拖动表列来编辑结果表。当禁用此选项后，结果表将不包含透明 GIF，但在不同的浏览器中可能会具有不同的列宽。
- 置于页面中央：将结果表格放置在页面的中央。如果禁用此选项，表格将在页面的左边缘开始。

（3）单击"确定"按钮。

若要将表格转换为 AP Div，可执行以下操作。

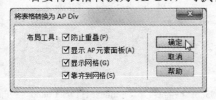

（1）选择"修改"→"转换"→"将表格转换为 AP Div"。

（2）在如图 6.22 所示的"将表格转换为 AP Div"对话框中，对下列选项进行设置。

图 6.22　"将表格转换为 AP Div"对话框

- 防止 AP 元素重叠：在创建、移动和调整 AP 元素大小时　束 AP 元素的位置，使 AP 元素不会重叠。
- 显示 AP 元素面板：使 AP 元素面板显示出来。
- 显示网格和　齐到网格：使用网格来帮助定位 AP 元素。

（3）单击"确定"按钮。

此时，页面中的表格将转换为 AP Div，将在 div 标签中通过 style 属性对 AP Div 的位置和尺寸等进行设置，不会在页面首部生成 CSS 规则。在这个转换过程中，空白单元格将不会转换为 AP 元素，除非它们具有背景颜色。位于表格外的页面元素也会放入 AP Div 中。

【实战演练】在页面上插入一个表格，然后将该表格转换为 AP Div 元素。

（1）在 DW 站点的 chapter06 文件夹中创建一个空白网页并保存为 page6-03.html。

（2）将该页的标题设置为"将表格转换为 AP Div"。

图 6.23　用表格创建页面布局

（3）在该页上插入一个 3 行 2 列的表格，然后分别将第一行和第三行合并为一个单元格，设置各个单元格的背景颜色，并在各个单元格中输入文字，布局效果如图 6.23 所示。

表格元素的代码如下：

```
<table width="368" border="1">
  <tr>
    <th colspan="2" align="center" bgcolor="#3399FF">页面顶部</th>
  </tr>
  <tr>
    <td width="72" height="137" bgcolor="#CC99CC">页面左侧</td>
    <td width="212" bgcolor="#99CC33">页面右侧</td>
  </tr>
  <tr>
    <td colspan="2" align="center" bgcolor="#99CCCC">页面底部</td>
  </tr>
</table>
```

（4）选择"修改"→"转换"→"将表格转换为 AP Div"，将表格转换为 AP Div，页面布局效果如图 6.24 所示。

图 6.24　用 AP Div 创建页面布局

此时的页面布局由 4 个 AP Div 布局块组成，代码如下：

```
<div id="apDiv1" style="position: absolute; left: 15px; top: 18px; width: 358px; height: 17px; z-index: 1; background: #39F; text-align: center; vertical-align: middle; font-weight: bold">页面顶部</div>

<div id="apDiv2" style="position: absolute; left: 15px; top: 37px; width: 89px; height: 137px; z-index: 2; background: #C9C; vertical-align: middle">页面左侧</div>

<div id="apDiv3" style="position: absolute; left: 110px; top: 37px; width: 263px; height: 137px; z-index: 3; background: #9C3; vertical-align: middle">页面右侧</div>

<div id="apDiv4" style="position: absolute; left: 15px; top: 176px; width: 358px; height: 17px; z-index: 4; background: #9CC; text-align: center; vertical-align: middle">页面底部</div>
```

6.2　CSS 页面布局

创建 CSS 页面布局时，可将 div 元素放在页面上并向其中添加内容，然后使用绝对方式或相对方式来定位，或通过设置浮动、填充、边距和其他 CSS 属性的组合将 div 元素放置在网页上的不同位置，这也是当今 Web 标准的首选方法。Dreamweaver CS5 提供了一些可在不同浏览器中工作的预设计 CSS 布局，使用这些布局可以轻松地基于 div 元素构建页面。此外，也可以手动插入 div 标签并将 CSS 定位样式应用于这些标签，以创建页面布局。

6.2.1　使用 CSS 布局创建页面

在 Dreamweaver CS5 中，可以使用预设计 CSS 布局来创建页面。操作步骤如下。

（1）选择"文件"→"新建"。

（2）在如图 6.25 所示的"新建文档"对话框中，选择"空白页"类别。

（3）在"页面类型"列表中，选择要创建的页面类型。必须为布局选择 HTML 页面类型。例如，可以选择 HTML、ColdFusion、PHP 等等。但不能使用 CSS 布局创建 ActionScript、CSS、库项目、JavaScript、XML、XSLT 或 ColdFusion 组件页面。

（4）在"布局"列表中，选择要使用的 CSS 布局。可从 Dreamweaver CS5 提供的各种预设计布局中进行选择。"预览"窗口显示该布局，并给出所选布局的简短说明。预设计 CSS 布局提供了下列类型的列。

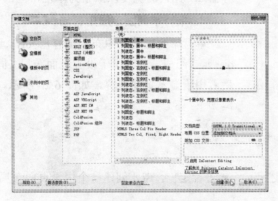

图 6.25　使用 CSS 布局创建页面

- 固定：列宽是以像素指定的。列的大小不会根据浏览器的大小或站点访问者的文本设置来调整。
-   态：列宽是以站点访问者的浏览器宽度的百分比形式指定的。如果站点访问者将浏览器变宽或变窄，该设计将会进行调整，但不会基于站点访问者的文本设置来更改列宽度。

（5）从"文档类型"下拉列表框中选择文档类型。

（6）从"布局 CSS 位置"下拉列表框中选择布局 CSS 的位置。

- 添加到文档头：将布局的 CSS 添加到要创建的页面首部。
- 新建文件：将布局的 CSS 添加到新的外部 CSS 样式表文件夹，并将这一新样式表添加到要创建的页面。
- 链接到现有文件：通过此选项可指定已包含布局所需的 CSS 规则的现有 CSS 文件。当希望在多个文档上使用相同的 CSS 布局（CSS 布局的 CSS 规则包含在一个文件中）时，此选项特别有用。

（7）执行下列操作之一：

- 如果从"布局 CSS 位置"下拉列表框中选择了"添加到文档头"，可单击"创建"按钮。
- 如果从"布局 CSS 位置"下拉列表框中选择了"新建文件"，可单击"创建"按钮，然后在"将样式表文件另存为"对话框中指定新外部样式表文件的名称。
- 如果从"布局 CSS 位置"下拉列表框选择了"链接到现有文件"，可将外部文件添加到"附加 CSS 文件"文本框中，具体方法是：单击"添加样式表"图标，完成"附加外部样式表"对话框，然后单击"确定"按钮。完成之后，在"新建文档"对话框中单击"创建"按钮。

注意：当选择"链接到现有文件"选项时，所指定的文件必须已经有其中包含的 CSS 文件的规则。当将布局 CSS 放在新文件中或现有文件的链接中时，Dreamweaver 自动将文件链接到要创建的 HTML 页面。Internet Explorer 条件注释（CC）可以帮助解决 IE 呈现问题，它一直嵌入在新 CSS 布局文档的头中，即使选择"新建外部文件"或"现有外部文件"作为布局 CSS 的位置也是如此。

（8）创建页面时，还可以将 CSS 样式表附加到新页面（与 CSS 布局无关）。为此，可单击"附加 CSS 文件"窗格上方的"附加样式表"图标 并选择一个 CSS 样式表。

下面将对各种常用 CSS 页面布局的特点和实现方法进行讨论。

6.2.2 单列固定布局

单列固定布局由一个外层容器 div 元素和位于其内部的一个或多个 div 元素组成，其中外层容器 div 元素的宽度以像素为单位，内部 div 元素不是浮动的。

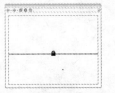

图 6.26 单行单列固定居中布局示意

1. 单行单列固定居中布局

单行单列固定居中布局由容器 div 元素和它所包含的内容 div 元素组成，前者用于设置页面布局（固定宽度，居中对齐），后者用于显示页面内容，如图 6.26 所示。该布局的文档结构代码如下：

```
<div class="container">
  <div class="content">内容</div>
</div>
```

为了使用 CSS 对上述 div 元素进行定位，需要创建一个用于页面布局的 CSS 样式表，其主要内容如下。

（1）对 body 元素样式进行设置，包括字体大小、背景颜色、文本颜色、边距以及填充。CSS 规则如下：

```
body {font-size: 12px; background: #42413C; color: #000; margin: 0; padding: 0;}
```

（2）设置容器 div 的样式，包括宽度，背景颜色和边距。将该 div 的宽度设置为固定的像素值，并将其边距属性设置为"0 auto"，以实现该布局块的居中对齐。CSS 规则如下：

```
.container {width: 960px; background: #FFF; margin: 0 auto;}
```

（3）设置内容 div 的样式，为其四周指定一个填充量。CSS 规则如下：

```
.content {padding: 10px;}
```

【实战演练】使用单行单列固定居中布局创建页面，效果如图 6.27 所示。

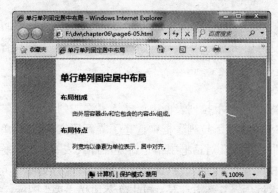

图 6.27 单行单列固定居中布局页面

（1）在 DW 站点的 chapter06 文件夹中创建一个空白网页并保存为 page6-05.html。

（2）将该页的标题设置为"单行单列固定居中布局"。

（3）在文档首部创建布局 CSS 样式表，代码如下：

```
<style type="text/css">
 body {font-size: 12px; background: #909090; color: #000; margin: 0; padding: 0;}
 .container {width: 360px; background: #FFF; margin: 0 auto;}
 .content {padding: 10px;}
 .content p {text-indent: 2em;}
</style>
```

（4）在文档正文部分插入两个嵌套的 div 元素，并对它们应用布局 CSS 样式表中的类，HTML 代码如下：

```
<div class="container">
  <div class="content">
     <h2>单行单列固定居中布局</h2>
     <h3>布局组成</h3>
     <p>由外层容器 div 和它包含的内容 div 组成。
     <h3>布局特点</h3>
     <p>列宽均以像素为单位表示，居中对齐。</p>
  </div>
</div>
```

（5）在浏览器中查看该页。

2. 三行单列固定居中布局

三行单列固定居中布局由一个外层容器 div 元素和 3 个内部 div 元素组成，其中外层 div 元素具有固定宽度（以像素为单位）且居中对齐，内部的 3 个 div 元素分别用于显示标题、内容和脚注，如图 6.28 所示。该布局的文档正文结构代码如下：

图 6.28　三行单列固定居中布局示意

```
<div class="container">
  <div class="header">标题</div>
  <div class="content">内容</div>
  <div class="footer">脚注</div>
</div>
```

为了使用 CSS 对上述 div 块进行布局，需要创建一个 CSS 样式表，对各个布局块的外观进行设置。该样式表主要包括以下内容。

（1）设置 body 元素的外观。CSS 规则如下：

```
body {font-size: 12px; background: #42413C; margin: 0; padding: 0; color: #000;}
```

（2）设置固定宽度容器的外观。CSS 规则如下：

```
.container {width: 960px; background: #FFF; margin: 0 auto;}
```

（3）设置标题 div 元素的外观。设置其背景颜色，但没有对它指定宽度，它将扩展到布局的完整宽度。CSS 规则如下：

```
.header {background: #ADB96E;}
```

（4）设置内容 div 元素的外观。对其四周填充进行设置，CSS 规则如下：

```
.content {padding: 10px;}
```

（5）设置脚注 div 元素的外观。对其四周填充和背景颜色进行设置，CSS 规则如下：

```
.footer {padding: 10px; background: #CCC49F;}
```

【实战演练】使用三行单列固定居中布局创建页面，效果如图 6.29 所示。

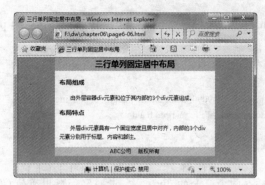

图 6.29   三行单列固定居中布局页面

（1）在 DW 站点的 chapter06 文件夹中创建一个空白网页并保存为 page6-06.html。

（2）将该页的标题设置为"三行单列固定居中布局"。

（3）在文档首部创建布局 CSS 样式表，代码如下：

```
<style type="text/css">
body {font-size: 12px; background: #8F8F8F; color: #000; margin: 0; padding: 0;}
.container {width: 360px; background: #FFF; margin: 0 auto;}
.header {background: #ADB96E;}
.header h2 {text-align: center;}
h1, h2, h3, h4, h5, h6, p {margin-top: 0;}
.content {padding: 0 10px;}
.content p {text-indent: 2em;}
.footer {padding: 0 10px; background: #CCC49F;}
.footer p {text-align: center;}
</style>
```

（4）在该页中插入 4 个嵌套的 div 元素并分别应用 container、header、content 和 footer 类，然后在内部的 div 元素中分别添加文本，代码如下：

```
<div class="container">
  <div class="header">
    <h2>三行单列固定居中布局</h2>
  </div>
  <div class="content">
    <h3>布局组成</h3>
    <p>由外层容器 div 元素和位于其内部的 3 个 div 元素组成。</p>
    <h3>布局特点</h3>
    <p>外层 div 元素具有一个固定宽度且居中对齐，内部的 3 个 div 元素分别用丁标题、内容和脚注。</p>
  </div>
  <div class="footer">
    <p>ABC 公司    版权所有</p>
  </div>
</div>
```

（5）在浏览器中查看该页。

6.2.3　单列液态布局

与单列固定布局一样，单列 态布局也是由一个外层容器 div 和位于其内部的一个或多个组成的。但是，对于单列 态布局而言，外层容器 div 的宽度并不是以像素为单位的固定值，而是以百分比为单位的相对值。因此，当浏览器窗口大小发生变化时，将自动调整外层容器 div 的宽度。为了避免这种布局过宽或过窄，可通过设置最大宽度和最小宽度对外层容器 div 指定一个变化范围。

1. 单行单列液态居中布局

单行单列　态居中布局由两个 div 布局块组成，外层容器 div 元素内部仅包含一个 div 元素，前者用于设置页面布局（宽度以百分比为单位并指定有最大值和最小值，居中对齐），后者则用于显示页面内容，如图 6.30 所示。该布局的文档正文结构代码如下：

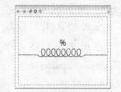

图 6.30　单行单列液态居中布局示意

```
<div class="container">
    <div class="content"></div>
</div>
```

为了实现单行单列　态居中布局，需要在布局 CSS 样式表中对 body、.container div 和.content div 的外观进行设置。

（1）设置 body 元素的样式属性，包括字体大小、背景颜色、文本颜色、边距和填充。CSS 规则如下：

```
body {font-size: 12px; background: #4E5869; color: #000; margin: 0; padding: 0;}
```

（2）设置容器 div 的样式属性，以百分比为单位设定其宽度并指定最大宽度和最小宽度，此外还要设置一个不同于 body 元素的背景颜色，并通过将两侧边距设置为自动来实现布局居中对齐。CSS 规则如下：

```
.container {width: 80%; max-width: 1260px; min-width: 780px; background: #FFF; margin: 0 auto;}
```

（3）设置内容 div 的样式属性，对其四周填充量进行设置。CSS 规则如下：

```
.content {padding: 10px}
```

【实战演练】使用单行单列液态居中布局创建页面。在浏览器中查看该页时，列的宽度将随浏览器窗口大小变化而自动调整，效果如图 6.31 和图 6.32 所示。

（1）在 DW 站点的 chapter06 文件夹中创建一个空白网页并保存为 page6-07.html。

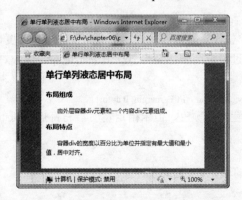

图 6.31　浏览器窗口较窄时的情形

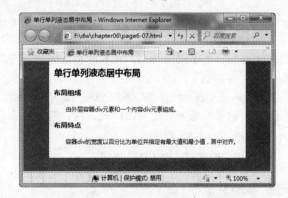

图 6.32　浏览器窗口较宽时的情形

（2）将该页的标题设置为"单行单列液态居中布局"。

（3）在文档首部创建布局 CSS 样式表，代码如下：

```
<style type="text/css">
body {font-size: 12px; background: url(../images/bg07.png); color: #000; margin: 0; padding: 0;}
.container {width: 80%; max-width: 1260px; min-width: 180px; background: #FFF; margin: 0 auto;}
.content {padding: 10px}
.content p {text-indent: 2em;}
```

```
h1, h2, h3, h4, h5, h6, p{margin-top: 0;}
</style>
```

（4）在文档正文部分插入两个嵌套的 div 元素，然后在内部的 div 元素中分别添加文本内容，并对它们应用布局 CSS 样式表中的类，代码如下：

```
<div class="container">
  <div class="content">
    <h2>单行单列　态居中布局</h2>
    <h3>布局组成</h3>
    <p>由外层容器 div 元素和一个内容 div 元素组成。</p>
    <h3>布局特点</h3>
    <p>容器 div 的宽度以百分比为单位并指定有最大值和最小值，居中对齐。</p>
  </div>
</div>
```

图 6.33　三行单列液态居中布局示意

（5）在浏览器中查看该页。

2. 三行单列液态居中布局

三行单列　态居中布局如图 6.33 所示。该布局由 4 个 div 布局块组成，外层容器 div 的宽度以百分比为单位并设置了最大宽度和最小宽度，此块采取居中对齐；内部的 3 个 div 都是不浮动的，它们分别用于显示标题、内容和脚注。文档正文结构代码如下：

```
<div class="container">
  <div class="header">标题</div>
  <div class="content">内容</div>
  <div class="footer">脚注</div>
</div>
```

为了实现三行单列　态居中布局效果，需要对 body 元素以及 4 个 div 元素的 CSS 样式进行以下设置。

（1）设置 body 元素的样式属性。CSS 规则如下：

```
body {font-size: 12px; background: #4E5869; color: #000; margin: 0; padding: 0;}
```

（2）设置容器 div 元素的样式属性，以百分比为单位设定其宽度并设置最大宽度和最小宽度，此外还设置一个不同于 body 元素的背景颜色，并通过设置两侧边距为自动值来实现布局居中对齐。CSS 规则如下：

```
.container {width: 80%; max-width: 1260px; min-width: 780px; background: #FFF; margin: 0 auto;}
```

（3）设置标题 div 元素的样式属性，对该元素设置背景颜色，但未指定宽度，它将扩展到布局的完整宽度。CSS 规则如下：

```
.header {background: #6F7D94;}
```

（4）设置内容 div 元素的样式属性，设置其四周的填充量。CSS 规则如下：

```
.content {padding: 10px;}
```

（5）设置脚注 div 元素的样式属性，设置其四周的填充量，并指定所用的背景颜色。CSS 规则如下：

```
.footer {padding: 10px; background: #6F7D94;}
```

【实战演练】使用三行单列液态居中布局创建页面。在浏览器中查看该页时，列的宽度将随浏览器窗口大小变化而自动调整，如图 6.34 和图 6.35 所示。

（1）在 DW 站点的 chapter06 文件夹中创建一个空白网页并保存为 page6-08.html。

（2）将该页的标题设置为"三行单列液态居中布局"。

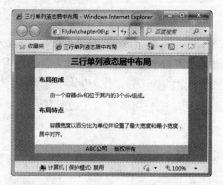

图 6.34　浏览器窗口较窄时的情形

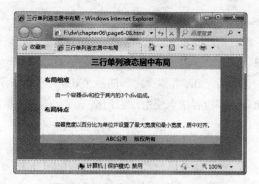

图 6.35　浏览器窗口较宽时的情形

（3）在文档首部创建布局 CSS 样式表，代码如下：

```
<style type="text/css">
body {font-size: 12px; background: #5E7B8D; color: #000; margin: 0; padding: 0;}
.container {width: 80%; max-width: 1260px; min-width: 180px; background: #FFF; margin: 0 auto;}

.header {background-color: #8DB9D4;}
.header h2 {text-align: center;}
.content {padding: 0 10px;}
.content p {text-indent: 2em;}
.footer {padding: 0 10px; background-color: #8DB9D4;}
.footer p {text-align: center;}
h1, h2, h3, h4, h5, h6, p {margin-top: 0;}
</style>
```

（4）在文档正文部分插入一个 div 元素并对其应用 container 类，然后在此 div 元素中插入 3 个 div 元素并分别对它们应用 header、content 和 footer 类，接着在内部 div 元素分别输入文字。页面正文部分代码如下：

```
<div class="container">
  <div class="header">
    <h2>三行单列　态居中布局</h2>
  </div>
  <div class="content">
  <h3>布局组成</h3>
    <p>由一个容器 div 和位于其内的 3 个 div 组成。</p>
    <h3>布局特点</h3>
    <p>容器宽度以百分比为单位并设置了最大宽度和最小宽度，居中对齐。</p>
  </div>
  <div class="footer">
    <p>ABC 公司    版权所有</p>
  </div>
</div>
```

（5）在浏览器中查看该页。

6.2.4　两列固定布局

在两列固定布局中，所有宽度均以像素为单位来表示。在单行形式的两列固定布局中，内部的两列都是浮动的，较窄的侧栏位于较宽的内容列的左侧或右侧，内容列和侧栏的宽度加起来等于外层容器的宽度。在三行形式的两列固定布局中，第一行为单列的标题行，其宽度等于外层容器的宽度；第二行由浮动的侧栏和内容列组成，两者宽度之和等于外层容器的宽度；第三行为脚注行，其宽度与外层容器的宽度相等。

1. 单行两列固定侧栏布局

单行两列固定侧栏布局如图 6.36 所示。该布局由 3 个 div 布局块组成，这些 div 的宽度均以像素为单位来表示，内部两个 div 元素宽度加起来等于外层 div 元素的宽度。外层 div 作为容器，用于包含内部的两个 div 元素；内部的两个 div 元素构成两个宽度固定的列，分别作为侧栏（通常用于放置导航条）和内容块来使用，它们都是浮动的。根据浮动的方向，侧栏可以位于左边或右边。

图 6.36　单行两列固定侧栏布局示意

使用单行两列固定侧栏布局时，文档正文结构如下：

```
<div class="container">
    <div class="sidebar">侧栏</div>
    <div class="content">内容</div>
</div>
```

为了实现单行两列固定侧栏布局，需要对 body 元素和上述 3 个 div 元素的样式属性进行以下设置。

（1）设置 body 元素的样式属性，包括字体大小、背景颜色、文本颜色、边距以及填充等。CSS 规则如下：

```
body {font-size: 12px; background: #42413C; color: #000; margin: 0; padding: 0;}
```

（2）设置容器 div 的样式属性，包括宽度、背景颜色、边距以及　出等属性。相应的 CSS 规则如下：

```
.container {
    width: 960px;          /* 以像素为单位，为容器设置固定宽度*/
    background: #FFF;      /* 为容器指定一个不同于 body 元素的背景颜色 */
    margin: 0 auto;       /* 实现容器在页面中居中对齐 */
    overflow: hidden;     /* 将内部浮动列超出容器的部分隐藏起来 */
}
```

（3）设置侧栏 div 的样式属性，包括浮动、宽度、背景颜色以及底部填充等。相应的 CSS 规则如下：

```
.sidebar {
    float: left;            /* 使侧边栏在容器中向左浮动，若要使其向右浮动，可设置为 right */
    width: 180px;           /* 以像素为单位，对侧栏设定宽度 */
    background: #EADCAE;
    padding-bottom: 10px;
}
```

（4）设置内容 div 的样式属性，包括填充、宽度和浮动。CSS 规则如下：

```
.content {
    padding: 10px 0;
    width: 780px;           /* 内容 div 宽度+侧边栏 div 宽度=容器 div 宽度（应考虑左右填充） */
    float: left;            /* 内容 div 也向左浮动，与侧边栏一致 */
}
```

除了上述 CSS 规则之外，还需要对侧边栏和内容 div 中的各种元素（例如各级标题、段落、项目列表等）的样式进行设置。此外，为了使侧边栏向右浮动，可将.sidebar 规则中的 float 属性设置为 right，或者在 HTML 代码中将.content div 元素放置到.sidebar div 元素之前。

【实战演练】使用单行两列固定侧栏布局创建页面，效果如图 6.37 所示。

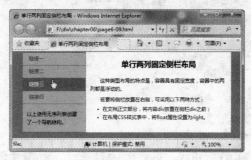

图 6.37　单行两列固定侧栏布局页面

（1）在 DW 站点的 chapter06 文件夹中创建一个空白网页并保存为 page6-09.html。

（2）将该页的标题设置为"单行两列固定侧栏布局"。

（3）在文档首部创建布局 CSS 样式表，代码如下：

```
<style type="text/css">
body {font-size: 12px; background: #5E7B8D; color: #000; margin: 0; padding: 0;}
.container {width: 502px; background: #FFF; margin: 0 auto; overflow: hidden;}
.sidebar {float: left; width: 150px; background: #8DB9D4; border: solid #666 1px;}
.sidebar p {padding-left: 10px; padding-right: 10px;}
.content {padding: 10px 0; width: 350px; float: left;}
h1, h2, h3, h4, h5, h6, p {margin-top: 6px; padding: 0 10px;}
ul {margin: 0; padding: 0;}
.content ul, .content ol {padding: 0 15px 15px 40px;}
.content h2 {text-align: center;}
.content p {text-indent: 2em; margin-bottom: 3px;}
ul.nav {list-style: none; border-top: 1px solid #666; margin-bottom: 15px;}
ul.nav li {border-bottom: 1px solid #666;}
ul.nav a, ul.nav a:visited {padding: 5px 5px 5px 15px; display: block;
    width: 130px; text-decoration: none; background: #8DB9D4;}
ul.nav a:hover, ul.nav a:active, ul.nav a:focus {color: #FFF; background-color: #36F;}
a:link {color: #42413C;}
a:visited {color: #6E6C64;}
a:hover, a:active, a:focus {text-decoration: none;}
</style>
```

（4）在文档正文部分插入一个 div 元素并对其应用 container 类，然后在此 div 元素中插入两个 div 元素并分别对它们应用 sidebar 和 content 类，接着在内部 div 元素中分别添加内容。页面正文部分代码如下：

```
<div class="container">
    <div class="sidebar">
      <ul class="nav">
        <li><a href="#">链接一</a></li>
        <li><a href="#">链接二</a></li>
        <li><a href="#">链接三</a></li>
        <li><a href="#">链接四</a></li>
      </ul>
      <p>以上使用无序列表创建了一个基本的导航结构。</p>
    </div>
    <div class="content">
```

```
<h2>单行两列固定侧栏布局</h2>
<p>这种类型布局的特点是，容器具有固定宽度，容器中的两列都是浮动的。</p>
<p>如果要将侧栏放置在内容列的右侧，可以采用以下两种方式：</p>
<ul>
    <li>在文档正文部分，将内容 div 放置在侧栏 div 之前；</li>
    <li>在布局 CSS 样式表中，将 float 属性设置为 right。</li>
</ul>
  </div>
</div>
```

（5）在浏览器中查看该页。

2. 三行两列固定侧栏布局

三行两列固定侧栏布局由 3 行组成，第一行为标题行，第二行由两个浮动列（侧栏和内容）组成，第三行为脚注行，如图 6.38 所示。这种布局具有以下特点：所有宽度均以像素为单位，容器 div 元素具有固定宽度且在页面上居中对齐；标题行未指定宽度，它将扩展到布局的完整宽度；在第二行中较窄的列是侧栏（通常用于放置导航条），较宽的列用于显示内容，侧栏可位于内容的左侧或右侧；对脚注行设置了清除属性，其两侧都不允许出现浮动元素。

图 6.38 三行两列固定侧栏布局示意图

使用三行两列固定侧栏布局时，文档正文结构如下：

```
<div class="container">
  <div class="header">标题</div>
  <div class="sidebar">侧栏</div>
  <div class="content">内容</div>
  <div class="footer">脚注</div>
</div>
```

为了实现单行两列固定侧栏布局，应在 CSS 样式表中对 body 元素以及上述 5 个 div 元素的样式进行设置。

（1）设置 body 元素的样式。CSS 规则如下：

```
body {font-size: 12px; background: #42413C; color: #000; margin: 0; padding: 0;}
```

（2）设置容器 div 元素的样式，使其具有固定宽度且居中对齐。CSS 规则如下：

```
.container {width: 960px; background: #FFF; margin: 0 auto;}
```

（3）设置标题 div 元素的样式，未指定宽度，使其扩展到布局的总宽度。CSS 规则如下：

```
.header {background: #ADB96E;}
```

（4）设置侧边 div 元素的样式，使该列在容器中向左侧浮动。若要使侧边栏向右侧浮动，可将 float 属性设置为 right。CSS 规则如下：

```
.sidebar {float: left; width: 180px; background: #EADCAE; padding-bottom: 10px;}
```

（5）设置内容 div 元素的样式，使该列在容器中向左侧浮动。若要使内容块向右侧浮动，可将 float 属性设置为 right。CSS 规则如下：

```
.content {float: left; padding: 10px 0; width: 780px;}
```

（6）设置脚注 div 元素的样式，通过设置清除属性，禁止在其两侧出现浮动元素。CSS 规则如下：

```
.footer {
    padding: 10px 0;                /* 设置上下边填充 */
    background: #CCC49F;
    position: relative;             /* 使 IE6 以正确方式进行清除 */
    clear: both;                    /* 设置清除属性，不允许脚注块两侧出现浮动元素 */
}
```

　　除了上述 CSS 规则之外，还应当对各种页面元素（如各级标题、段落、列表以及链接等）的样式进行设置，以确保这些元素能放置在适当的位置。

　　【实战演练】使用三行两列固定侧栏布局创建页面，效果如图 6.39 所示。

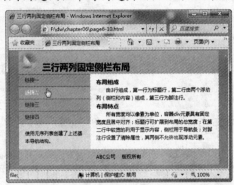

图 6.39　三行两列固定侧栏布局页面

　　（1）在 DW 站点的 chapter06 文件夹中创建一个空白网页并保存为 page6-10.html。

　　（2）将该页的标题设置为"三行两列固定侧栏布局"。

　　（3）在文档首部创建布局 CSS 样式表，代码如下：

```
<style type="text/css">
body {font-size: 12px; color: #000; margin: 0; padding: 0; background-color: #999;}
.container {width: 500px; background: #FFF; margin: 0 auto;}
.header {background-color: #87CEEB;}
.header span {margin-left: 12px; font-size: 22px; font-weight: bold;}
.header img {filter: alpha(opacity=100, style=2);}
.sidebar {float: left; width: 180px; padding-bottom: 10px; background-color:   #FFED95;}
.content {float: left; padding: 10px 0; width: 320px;}
.footer {padding: 10px 0; position: relative; clear: both; background-color: #87CEEB;}
ul, ol, dl {padding: 0; margin: 0;}
h1, h2, h3, h4, h5, h6, p {margin-top: 0px; margin-bottom: 0px; padding-right: 15px; padding-left: 15px;}
a img {border: none;}
a:link {color: #42413C; text-decoration: underline;}
a:visited {color: #6E6C64; text-decoration: underline;}
a:hover, a:active, a:focus {text-decoration: none;}
.content ul, .content ol {padding: 0 15px 15px 40px;}
.content p {text-indent: 2em;}
.footer p {text-align: center;}
ul.nav {list-style: none; border-top: 1px solid #666; margin-bottom: 15px;}
ul.nav li {border-bottom: 1px solid #666;}
ul.nav a, ul.nav a:visited {padding: 5px 5px 5px 15px;
    display: block; width: 160px; text-decoration: none; background-color: #6CF;}
ul.nav a:hover, ul.nav a:active, ul.nav a:focus {color: #FFF; background-color: #87CEEB;}
</style>
```

（4）在文档正文部分插入一个 div 元素并对其应用 container 类，然后在此 div 元素中插入 4 个 div 元素并分别对它们应用 header、sidebar、content 和 footer 类，接着在各个布局 div 元素中分别添加内容。页面正文部分代码如下：

```
<div class="container">
    <div class="header"><a href="#"><img src="../images/logo.png" width="47" height="48" /></a><span>三行两列固定侧栏布局</span> </div>
    <div class="sidebar">
      <ul class="nav">
        <li><a href="#">链接一</a></li>
        <li><a href="#">链接二</a></li>
        <li><a href="#">链接三</a></li>
        <li><a href="#">链接四</a></li>
      </ul>
      <p>使用无序列表创建了上述基本导航结构。</p>
    </div>
    <div class="content">
      <h3>布局组成</h3>
      <p>由 3 行组成，第一行为标题行，第二行由两个浮动列（侧栏和内容）组成，第三行为脚注行。</p>
      <h3>布局特点</h3>
      <p>所有宽度均以像素为单位，容器 div 元素具有固定宽度且居中对齐；标题行可扩展到布局的总宽度；在第二行中较宽的列用于显示内容，侧栏用于导航条；对脚注行设置了清除属性，其两侧不允许出现浮动元素。</p>
    </div>
    <div class="footer">
      <p>ABC 公司    版权所有</p>
    </div>
  </div>
```

（5）在浏览器中查看该页。

6.2.5 两列液态布局

在两列 态布局中，所有宽度均以百分比为单位来表示，因此当浏览器窗口缩放时将自动调整列宽。在单行形式的两列 态布局中，容器内部包含两个浮动列，侧栏位于内容列的左侧或右侧，内容列和侧栏的宽度之和等于外层容器的宽度。在三行形式的两列 态布局中，第一行为单列的标题行，其宽度等于外层容器的宽度；第二行由浮动的侧栏和内容列组成，两者宽度之和等于 100%；第三行为脚注行，其宽度与外层容器的宽度相等。

1. 单行两列液态侧栏布局

单行两列固定侧栏布局如图 6.40 所示。该布局由 3 个 div 布局块组成，即外层容器 div、侧栏 div 和内容 div，这些 div 的宽度均以百分比为单位来表示，内部两个 div 元素的宽度相加刚好等于 100%。外层 div 作为容器，用于包含内部的两个 div 元素；内部的两个浮动 div 元素分别作为侧栏和内容块来使用，侧栏可位于内容块的左边或右边。

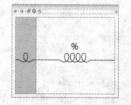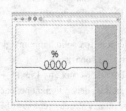

图 6.40 单行两列液态侧栏布局示意图

使用单行两列　态侧栏布局时，文档正文结构如下。

```
<div class="container">
    <div class="sidebar">侧栏</div>
    <div class="content">内容</div>
</div>
```

布局 CSS 样式表主要包括以下内容。

（1）设置 body 元素的样式。CSS 规则如下：

```
body {font: 12px; background: #4E5869; margin: 0; padding: 0; color: #000;}
```

（2）设置容器 div 元素的外观。CSS 规则如下：

```
.container {width: 80%; max-width: 1260px; min-width: 780px;
    background: #FFF; margin: 0 auto; overflow: hidden;}
```

（3）设置侧边 div 元素的外观。CSS 规则如下：

```
.sidebar {float: left; width: 20%; background: #93A5C4; padding-bottom: 10px;}
```

（4）设置内容 div 元素的外观。CSS 规则如下：

```
.content {float: left; width: 80%; padding: 10px 0;}
```

除了上述 CSS 规则之外，还应当对布局块中包含的各种页面元素（如标题、段落、链接、列表等）的样式进行设置。

【实战演练】使用单行两列液态侧栏布局创建页面，效果如图 6.41 所示。

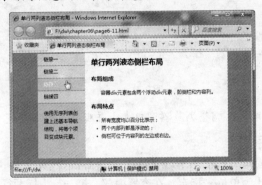

图 6.41　单行两列液态侧栏布局页面

（1）在 DW 站点的 chapter06 文件夹中创建一个空白网页并保存为 page6-11.html。

（2）将该页的标题设置为"单行两列液态侧栏布局"。

（3）在文档首部创建布局 CSS 样式表，代码如下：

```
<style type="text/css">
body {font-size: 12px; background: #7389A6; margin: 0; padding: 0; color: #000;}
.container {width: 80%; max-width: 1260px; min-width: 180px; background: #FFF; margin: 0 auto; overflow: hidden;}
.sidebar {float: left; width: 25%; background: #ADCEF9; padding-bottom: 10px;}
.content {float: left; width: 75%; padding: 10px 0;}
.content ul, .content ol {padding: 0 15px 15px 40px;}
.content p {text-indent: 2em;}
ul, ol, dl {padding: 0; margin: 0;}
h1, h2, h3, h4, h5, h6, p {margin-top: 0; padding-right: 15px; padding-left: 15px;}
a:link {color:#414958; text-decoration: underline;}
a:visited {color: #4E5869; text-decoration: underline;}
a:hover, a:active, a:focus {text-decoration: none;}

ul.nav {list-style: none; border-top: 1px solid #666; margin-bottom: 15px;}
ul.nav li {border-bottom: 1px solid #666;}
ul.nav a, ul.nav a:visited {padding: 5px 5px 5px 15px; display: block;
```

```
    text-decoration: none; background: #C8DEFB; color: #000;}
    ul.nav a:hover, ul.nav a:active, ul.nav a:focus {background: #ADCEF9; color: #FFF;}
    </style>
```

（4）在该页中插入一个 div 元素并对其应用 container 类，然后在此容器中插入两个 div 元素并分别应用 sidebar 和 content 类，然后在各个布局块中分别添加内容。页面正文部分代码如下：

```
<div class="container">
    <div class="sidebar">
        <ul class="nav">
            <li><a href="#">链接一</a></li>
            <li><a href="#">链接二</a></li>
            <li><a href="#">链接三</a></li>
            <li><a href="#">链接四</a></li>
        </ul>
        <p>使用无序列表创建上述基本导航结构，将每个项目变成块元素。</p><br />
    </div>
    <div class="content">
        <h2>单行两列  态侧栏布局</h2>
        <h3>布局组成</h3>
        <p>容器 div 元素包含两个浮动 div 元素，即侧栏和内容列。</p>
        <h3>布局特点</h3>
        <ul>
            <li>所有宽度均以百分比表示；</li>
            <li>两个内部列都是浮动的；</li>
            <li>侧栏可位于内容列的左边或右边。</li>
        </ul>
    </div>
</div>
```

（5）在浏览器中查看该页，调整浏览器窗口大小并观察页面布局变化。

2. 三行两列液态侧栏布局

三行两列 态侧栏布局如图 6.42 所示。该布局由一个容器 div 元素和其内部包含的 4 个 div 元素组成，所有宽度均以百分比为单位来指定。在容器内部，第一行为标题行，第三行为脚注行，这两行未指定宽度；第二行由两个浮动列组成，这两列的宽度相加等于 100%。通过设置浮动属性可使侧栏位于内容列的左边或右边；通过对脚注行设置清除属性，可禁止在其两侧出现浮动元素。

三行两列 态侧栏布局与三行两列固定侧栏布局的文档结构相同，HTML 代码如下：

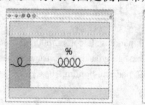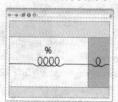

图 6.42　三行两列液态侧栏布局示意

```
<div class="container">
    <div class="header">标题</div>
    <div class="sidebar">侧栏</div>
    <div class="content">内容</div>
    <div class="footer">脚注</div>
</div>
```

布局 CSS 样式表主要包括以下内容。

```
/* 设置 body 元素的样式 */
body {font-size: 12px; background: #4E5869; color: #000; margin: 0; padding: 0;}
/* 设置容器 div 元素的样式，以百分比为单位设置宽度，通过两侧自动值实现居中对齐 */
.container {width: 80%; max-width: 1260px; min-width: 780px; background: #FFF; margin: 0 auto;}
/* 设置标题 div 元素的样式，未指定宽度，它扩展到布局的总宽度 */
.header {background: #6F7D94;}
/* 设置侧栏 div 元素的样式，在容器中向左浮动（也改为向右），以百分比为单位指定宽度 */
.sidebar {float: left; width: 20%; background: #93A5C4; padding-bottom: 10px;}
/* 设置内容 div 元素的样式，以百分比为单位指定宽度，侧栏和内容宽度之和等于 100% */
.content {float: left; padding: 10px 0; width: 80%;}
/* 设置脚注 div 元素的样式，禁止在其两侧出现浮动元素 */
.footer {padding: 10px 0; background: #6F7D94; position: relative; clear: both;}
```

此外，还应当对各种页面元素（如标题、段落、列表、链接等）的样式进行设置。

【实战演练】使用三行两列液态侧栏布局创建页面，效果如图 6.43 所示。

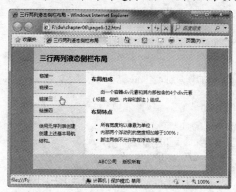

图 6.43　三行两列液态侧栏布局页面

（1）在 DW 站点的 chapter06 文件夹中创建一个空白网页并保存为 page6-12.html。

（2）将该页的标题设置为"三行两列液态侧栏布局"。

（3）在文档首部创建布局 CSS 样式表，代码如下：

```
<style type="text/css">
body {font-size: 12px; background: #6F92A8; color: #000; margin: 0; padding: 0;}
.container {width: 80%; max-width: 1260px; min-width: 180px; background: #FFF; margin: 0 auto;}
.header {padding: 15px 0 1px 0; background: #A7DCFD;}
.sidebar {float: left; width: 30%; background: #FDE7C4; padding-bottom: 12px;}
.content {float: left; padding: 12px 0; width: 70%;}
.content ul, .content ol {padding: 0 15px 15px 40px;}
.content p {text-indent: 2em;}
.footer {background: #A7DCFD; position: relative; clear: both;}
.footer p {text-align: center; padding: 10px 0;}
ul, ol, dl {padding: 0; margin: 0;}
h1, h2, h3, h4, h5, h6, p {margin-top: 0; padding-right: 15px; padding-left: 15px;}
a:link {color:#414958; text-decoration: underline;}
a:visited {color: #4E5869; text-decoration: underline;}
a:hover, a:active, a:focus {text-decoration: none;}
ul.nav {list-style: none; border-top: 1px solid #666; margin-bottom: 15px;}
ul.nav li {border-bottom: 1px solid #666;}
ul.nav a, ul.nav a:visited {padding: 5px 5px 5px 15px; display: block;
    text-decoration: none; background: #FDE7C4; color: #000;}
ul.nav a:hover, ul.nav a:active, ul.nav a:focus {background: #FEF3E1;}
</style>
```

（4）在该页中插入一个 div 元素并对其应用 container 类，然后在此容器中插入 4 个 div 元素并分别应用 header、sidebar、content 和 footer 类，然后在各个布局块中分别添加内容。页面正文部分代码如下：

```
<div class="container">
  <div class="header">
    <h2>三行两列　态侧栏布局</h2>
  </div>
  <div class="sidebar">
    <ul class="nav">
      <li><a href="#">链接一</a></li>
      <li><a href="#">链接二</a></li>
      <li><a href="#">链接三</a></li>
      <li><a href="#">链接四</a></li>
    </ul>
    <p>使用无序列表创建创建上述基本导航结构。</p>
  </div>
  <div class="content">
    <h3>布局组成</h3>
    <p>由一个容器 div 元素和其内部包含的 4 个 div 元素（标题、侧栏、内容和脚注）组成。</p>
    <h3>布局特点</h3>
    <ul>
      <li>所有宽度均以像素为单位；</li>
      <li>内部两个浮动列的宽度相加等于 100%；</li>
      <li>脚注两侧不允许存在浮动元素。</li>
    </ul>
  </div>
  <div class="footer">
    <p>ABC 公司    版权所有</p>
  </div>
</div>
```

（5）在浏览器中查看该页，调整浏览器窗口大小并观察页面布局变化。

6.2.6　三列固定布局

三列固定布局由一个外层容器 div 元素和位于其内部的 3 个浮动 div 元素组成，这些 div 元素的宽度均以像素为单位。当调整浏览器窗口大小时，各列宽度保持不变。必要时还可以添加标题和脚注行。

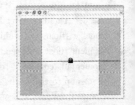

图 6.44　单行三列
固定布局示意

1. 单行三列固定布局

单行三列固定布局如图 6.44 所示。该布局由一个外层容器 div 元素和位于其中的 3 个浮动 div 元素组成，所有这些 div 元素的宽度均以像素为单位，内部的 3 个 div 元素的宽度之和刚好等于外层容器 div 元素的宽度。该布局的 HTML 代码如下：

```
<div class="container">
  <div class=" sidebar1">左侧栏</div>
  <div class="content">内容</div>
  <div class="sidebar2">右侧栏</div>
</div>
```

布局 CSS 样式表主要包括以下内容。

```
/* 设置 body 元素的样式 */
```

```
body {font-size: 12px; background: #42413C; color: #000; margin: 0; padding: 0;}
/* 设置容器 div 元素的样式，固定宽度，居中对齐，隐藏内部元素超出的部分 */
.container {width: 960px; background: #FFF; margin: 0 auto; overflow: hidden;}
/* 设置第一个侧栏的样式，向左浮动，固定宽度 */
.sidebar1 {float: left; width: 180px; background: #EADCAE; padding-bottom: 10px;}
/* 设置内容 div 的样式，向左浮动，固定宽度 */
.content {float: left; padding: 10px 0; width: 600px;}
/* 设置第二个侧栏的样式，向左浮动，固定宽度；两个侧栏和内容宽度之和等于容器宽度 */

.sidebar2 {float: left; width: 180px; background: #EADCAE; padding: 10px 0;}
```

除了上述 CSS 规则之外，还需要对各种页面元素的样式进行设置。

【实战演练】使用单行三列固定布局创建页面，效果如图 6.45 所示。

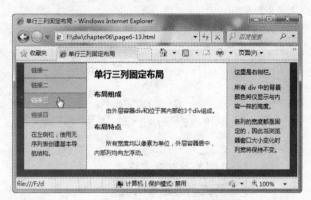

图 6.45　单行三列固定布局页面

（1）在 DW 站点的 chapter06 文件夹中创建一个空白网页并保存为 page6-13.html。

（2）将该页的标题设置为"单行三列固定布局"。

（3）在文档首部创建布局 CSS 样式表，代码如下：

```
<style type="text/css">
body {font-size: 12px; background: #42413C; color: #000; margin: 0; padding: 0;}
.container {width: 552px; background: #FFF; margin: 0 auto; overflow: hidden;}
.sidebar1 {float: left; width: 130px; background: #EADCAE; padding: 10px 0;}
.content {float: left; padding: 10px 0; width: 290px; border-left: solid #666 1px; border-right: solid #666 1px;}
.sidebar2 {float: left; width: 130px; background: #EADCAE; padding: 10px 0 17px 0;}
ul, ol, dl {padding: 0; margin: 0;}
h1, h2, h3, h4, h5, h6, p {margin-top: 0; padding-right: 15px; padding-left: 15px;}
a:link {color: #42413C; text-decoration: underline;}
a:visited {color: #6E6C64; text-decoration: underline;}
a:hover, a:active, a:focus {text-decoration: none;}
.content ul, .content ol {padding: 0 15px 15px 40px;}
.content p {text-indent: 2em;}
ul.nav {list-style: none; border-top: 1px solid #666; margin-top: -10px; margin-bottom: 15px;}
ul.nav li {border-bottom: 1px solid #666;}
ul.nav a, ul.nav a:visited {padding: 5px 5px 5px 15px; display: block;
    width: 110px; text-decoration: none; background: #C6D580;}
ul.nav a:hover, ul.nav a:active, ul.nav a:focus {background: #ADB96E; color: #FFF;}
</style>
```

（4）在该页中插入一个 div 元素并对其应用 container 类，然后在此容器中插入 3 个 div 元素并分别应用 sidebar1、content 和 sidebar2 类，然后在各个布局块中分别添加内容。页面正文部分代码如下：

```
<div class="container">
```

```
    <div class="sidebar1">
      <ul class="nav">
        <li><a href="#">链接一</a></li>
        <li><a href="#">链接二</a></li>
        <li><a href="#">链接三</a></li>
        <li><a href="#">链接四</a></li>
      </ul>
      <p>在左侧栏，使用无序列表创建基本导航结构。</p>
    </div>
    <div class="content">
      <h2>单行三列固定布局</h2>
      <h3>布局组成</h3>
      <p>由外层容器 div 和位于其内部的 3 个 div 组成。</p>
      <h3>布局特点</h3>
      <p>所有宽度均以像素为单位，外层容器居中，内部列均向左浮动。</p>
    </div>
    <div class="sidebar2">
      <p>这里是右侧栏。</p>
      <p>所有 div 中的背景颜色将仅显示与内容一样的高度。</p>
      <p>各列的宽度都是固定的，因此当浏览器窗口大小变化时列宽将保持不变。</p>
    </div>
  </div>
```

（5）在浏览器中查看该页。

2. 三行三列固定布局

图 6.46　三行三列
固定布局示意

三行三列固定布局如图 6.46 所示。该布局的特点是，所有宽度均以像素为单位，容器内包含的 5 个 div 元素分成三行：第一行为标题行，未指定宽度，它扩展到布局的总宽度；第二行由左右侧栏和内容块组成，它们均向左浮动，三者宽度之和刚好等于容器的宽度；第三行为脚注行，其两侧不允许存在浮动元素。该布局的 HTML 代码如下：

```
<div class="container">
  <div class="header">标题</div>
  <div class="sidebar1">左侧栏</div>
  <div class="content">内容</div>
  <div class="sidebar2">右侧栏</div>
  <div class="footer">脚注</div>
</div>
```

布局 CSS 样式表主要包括以下内容。

```
body {font-size: 12px; background: #42413C; margin: 0; padding: 0; color: #000;}

.container {width: 960px; background: #FFFFFF; margin: 0 auto;}
.header {background: #ADB96E;}
.sidebar1 {float: left; width: 180px; background: #EADCAE; padding-bottom: 10px;}
.content {float: left; padding: 10px 0; width: 600px;}
.sidebar2 {float: left; width: 180px; background: #EADCAE; padding: 10px 0;}
.footer {padding: 10px 0; background: #CCC49F; position: relative; clear: both;}
```

【实战演练】使用三行三列固定布局创建页面，效果如图 6.47 所示。

（1）在 DW 站点的 chapter06 文件夹中创建一个空白网页并保存为 page6-14.html。

（2）将该页的标题设置为"三行三列固定布局"。

（3）在文档首部创建布局 CSS 样式表，代码如下：

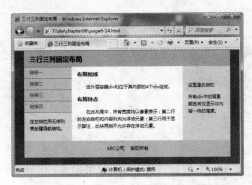

图6.47　三行三列固定布局页面

```
<style type="text/css">
body {font-size: 12px; background: #42413C; margin: 0; padding: 0; color: #000;}
.container {width: 560px; background: #FFFFFF; margin: 0 auto;}
.header {padding: 10px 0 5px 0; background: #ADB96E;}
.header h2 {margin-bottom: 0;}
.sidebar1 {float: left; width: 130px; background: #EADCAE; padding-bottom: 10px;}
.content {float: left; padding: 10px 0; width: 300px;}
.sidebar2 {float: left; width: 130px; background: #EADCAE; padding: 10px 0 24px 0;}
.footer {padding: 12px 0 1px 0; background: #CCC49F; position: relative; clear: both;}
.footer p {text-align: center;}
ul, ol, dl {padding: 0; margin: 0;}
h1, h2, h3, h4, h5, h6, p {margin-top: 0; padding-right: 15px; padding-left: 15px;}
a:link {color: #42413C; text-decoration: underline;}
a:visited {color: #6E6C64; text-decoration: underline;}
a:hover, a:active, a:focus {text-decoration: none;}
.content ul, .content ol {padding: 0 15px 15px 40px;}
.content p { text-indent: 2em;}

ul.nav {list-style: none; border-top: 1px solid #666; margin-bottom: 15px;}
ul.nav li {border-bottom: 1px solid #666;}
ul.nav a, ul.nav a:visited {padding: 5px 5px 5px 15px; display: block;
    width: 110px; text-decoration: none; background: #C6D580;}
ul.nav a:hover, ul.nav a:active, ul.nav a:focus {background: #ADB96E; color: #FFF;}
</style>
```

（4）在该页中插入一个 div 元素并对其应用 container 类，然后在此容器中插入 5 个 div 元素并分别应用 header、sidebar1、content、sidebar2 和 footer 类，然后在各个布局块中分别添加内容。页面正文部分代码如下：

```
<div class="container">
  <div class="header">
    <h2>三行三列固定布局</h2>
  </div>
  <div class="sidebar1">
    <ul class="nav">
      <li><a href="#">链接一</a></li>
      <li><a href="#">链接二</a></li>
      <li><a href="#">链接三</a></li>
      <li><a href="#">链接四</a></li>
    </ul>
    <p>在左侧栏用无序列表创建导航结构。</p>
  </div>
```

```
<div class="content">
    <h3>布局组成</h3>
    <p>由外层容器 div 和位于其内部的 4 个 div 组成。</p>
    <h3>布局特点</h3>
    <p>在此布局中，所有宽度均以像素表示；第二行的左右侧栏和内容列均为浮动元素；第三行用于显示脚注，
此块两侧不允许存在浮动元素。</p>
</div>
<div class="sidebar2">
    <p> </p>
    <p>这里是右侧栏</p>
    <p>所有 div 中的背景颜色将仅显示与内容一样的高度。</p>
    <p> </p>
</div>
<div class="footer">
    <p>ABC 公司    版权所有</p>
</div>
</div>
```

（5）在浏览器中查看该页。

6.2.7　三列液态布局

三列　态布局由一个外层容器 div 元素和位于其内部的 3 个浮动 div 元素组成，这些 div 元素的宽度均以百分比为单位。当改变浏览器窗口大小发生变化时，将自动调整各列的宽度。如果需要，还可以添加不指定宽度的标题行和脚注行，后者的两侧不允许有浮动元素。

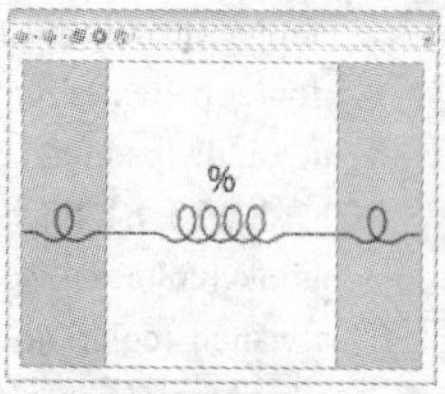

图 6.48　单行三列
液态布局示意

1．单行三列液态布局

单行三列　态布局如图 6.48 所示。该布局由一个外层容器 div 元素和位于其内部的左侧栏 div 元素、内容 div 和右侧栏 div 组成，这些 div 元素的宽度均以百分比表示，而且内部 3 个 div 元素的宽度相加刚好等于 100%。该布局的 HTML 代码如下：

```
<div class="container">
    <div class=" sidebar1">左侧栏</div>
    <div class="content">内容</div>
    <div class="sidebar2">右侧栏</div>
</div>
```

布局 CSS 样式表主要包括以下内容。

```
body {font-size: 12px; background: #4E5869; margin: 0; padding: 0; color: #000;}
.container { width: 80%; max-width: 1260px; min-width: 780px; background: #FFF; margin: 0 auto; overflow: hidden;}
.sidebar1 {float: left; width: 20%; background: #93A5C4; padding-bottom: 10px;}
.content {float: left; padding: 10px 0; width: 60%;}
.sidebar2 {float: left; width: 20%; background: #93A5C4; padding: 10px 0;}
```

【实战演练】使用单行三列液态布局创建页面，效果如图 6.49 所示。

（1）在 DW 站点的 chapter06 文件夹中创建一个空白网页并保存为 page6-15.html。

（2）将该页的标题设置为"单行三列液态布局"。

（3）在文档首部创建布局 CSS 样式表，代码如下：

```
<style type="text/css">
body {font-size: 12px; background: #5E7B8D; color: #000; margin: 0; padding: 0;}

.container {width: 80%; max-width: 1260px; min-width: 180px; background: #FFF; margin: 0 auto; overflow: hidden;}
.sidebar1 {float: left; width: 20%; background: #B3D0E2; padding-bottom: 10px;}
.content {float: left; padding: 10px 0; width: 60%;}
```

```
.sidebar2 {float: left; width: 20%; background: #B3D0E2; padding: 10px 0;}
ul, ol, dl {padding: 0; margin: 0;}
h1, h2, h3, h4, h5, h6, p {margin-top: 0; padding-right: 15px; padding-left: 15px;}
a:link {color:#414958; text-decoration: underline;}
a:visited {color: #4E5869; text-decoration: underline;}
a:hover, a:active, a:focus {text-decoration: none;}
.content ul, .content ol {padding: 0 15px 15px 40px;}
.content p {text-indent: 2em;}
ul.nav {list-style: none; border-top: 1px solid #666; margin-bottom: 15px;}
ul.nav li {border-bottom: 1px solid #666;}
ul.nav a, ul.nav a:visited {padding: 5px 5px 5px 15px; display: block;
  text-decoration: none; background: #B3D0E2; color: #000;}
ul.nav a:hover, ul.nav a:active, ul.nav a:focus {background: #8DB9D4; color: #FFF;}
</style>
```

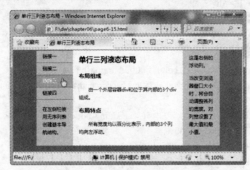

图 6.49　单行三列液态布局页面

（4）在该页中插入一个 div 元素并对其应用 container 类，然后在此容器中插入 3 个 div 元素并分别应用 sidebar1、content 和 sidebar2 类，然后在各个布局块中分别添加内容。页面正文部分代码如下：

```
<div class="container">
  <div class=" sidebar1">
  <ul class="nav">
      <li><a href="#">链接一</a></li>
      <li><a href="#">链接二</a></li>
      <li><a href="#">链接三</a></li>
      <li><a href="#">链接四</a></li>
    </ul>
    <p>在左侧栏使用无序列表创建基本导航结构。</p>
  </div>
  <div class="content">
    <h2>单行三列　态布局</h2>
    <h3>布局组成</h3>
    <p>由一个外层容器 div 和位于其内部的 3 个 div 组成。</p>
    <h3>布局特点</h3>
    <p>所有宽度均以百分比表示，内部的 3 个列均向左浮动。</p>
  </div>
  <div class="sidebar2">
    <p>这是右侧的浮动列。</p>
    <p>当改变浏览器窗口大小时，将会自动调整各列的宽度。对列宽设置了最大值和最小值。</p>
  </div>
</div>
```

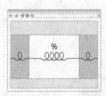

图 6.50 三行三列
液态布局示意

（5）在浏览器中查看该页，调整浏览器窗口大小并查看布局列宽变化情况。

2. 三行三列液态布局

三行三列态布局如图 6.50 所示。该布局由一个外层容器 div 和位于其内部的 5 个 div 组成，外层容器的宽度为一个相对于其父元素的百分比，内部的 5 个 div 分成三行：第一行为标题行，未指定宽度，它扩展到布局的总宽度；第二行由 3 个浮动 div 列组成，这些列的宽度之和刚好等于 100%；第三行为脚注行，其两侧不允许存在浮动元素。该布局的 HTML 代码如下：

```
<div class="container">
    <div class="header">标题</div>
    <div class="sidebar1">左侧栏</div>
    <div class="content">内容</div>
    <div class="sidebar2">右侧栏</div>
    <div class="footer">脚注</div>
</div>
```

布局 CSS 样式表主要包括以下内容。

```
body {font-size: 12px; background: #4E5869; color: #000; margin: 0; padding: 0;}
.container {width: 80%; max-width: 1260px; min-width: 780px; background: #FFF; margin: 0 auto; overflow: hidden;}
.header {background: #6F7D94;}
.sidebar1 {float: left; width: 20%; background: #93A5C4; padding-bottom: 10px;}
.content {float: left; padding: 10px 0; width: 60%;}
.sidebar2 {float: left; width: 20%; background: #93A5C4; padding: 10px 0;}
.footer {padding: 10px 0; background: #6F7D94; position: relative; clear: both;}
```

【实战演练】使用三行三列液态布局创建页面，效果如图 6.51 所示。

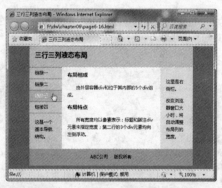

图 6.51　三行三列液态布局页面

（1）在 DW 站点的 chapter06 文件夹中创建一个空白网页并保存为 page6-16.html。

（2）将该页的标题设置为"三行三列液态布局"。

（3）在文档首部创建布局 CSS 样式表，代码如下：

```
<style type="text/css">
body {font-size: 12px; background: #5E7B8D; color: #000; margin: 0; padding: 0;}
.container {width: 80%; max-width: 1260px; min-width: 180px; background: #FFF; margin: 0 auto; overflow: hidden;}
.header {background: #B3D0E2; padding: 10px 0 2px 0;}
.sidebar1 {float: left; width: 20%; background: #E2D0B3; padding-bottom: 10px;}
.content {float: left; padding: 10px 0; width: 60%;}
.sidebar2 {float: left; width: 20%; background: #F0E7D9; padding: 10px 0;}
.footer {padding: 12px 0 1px 0; background: #93A7B3; position: relative; clear: both;}
ul, ol, dl {padding: 0; margin: 0;}
```

```
h1, h2, h3, h4, h5, h6, p {margin-top: 0; padding-right: 15px; padding-left: 15px;}
a:link {color:#414958; text-decoration: underline;}
a:visited {color: #4E5869; text-decoration: underline;}
a:hover, a:active, a:focus {text-decoration: none;}
.content ul, .content ol {padding: 0 15px 15px 40px;}
.content p {text-indent: 2em;}
.footer p {text-align: center;}
ul.nav {list-style: none; border-top: 1px solid #666; margin-bottom: 15px;}
ul.nav li {border-bottom: 1px solid #666;}
ul.nav a, ul.nav a:visited {padding: 5px 5px 5px 15px; display: block; text-decoration: none; color: #000;}
ul.nav a:hover, ul.nav a:active, ul.nav a:focus {background: #D4B98D; color: #FFF;}
</style>
```

（4）在该页中插入一个 div 元素并对其应用 container 类，然后在此容器中插入 5 个 div 元素并分别应用 header、sidebar1、content、sidebar2 和 footer 类，然后在各个布局块中分别添加内容。页面正文部分代码如下：

```
<div class="container">
  <div class="header">
    <h2>三行三列　态布局</h2>
  </div>
  <div class="sidebar1">
    <ul class="nav">
      <li><a href="#">链接一</a></li>
      <li><a href="#">链接二</a></li>
      <li><a href="#">链接三</a></li>
      <li><a href="#">链接四</a></li>
    </ul>
    <p>这是一个基本导航结构。</p>
  </div>
  <div class="content">
    <h3>布局组成</h3>
    <p>由外层容器 div 和位于其内部的 5 个 div 组成。</p>
    <h3>布局特点</h3>
    <p>所有宽度均以像素表示；标题和脚注 div 元素未指定宽度；第二行的 3 个 div 元素均向左侧浮动。</p>
  </div>
  <div class="sidebar2">
    <br /><p>这里是右侧栏。</p>
    <p>改变浏览器窗口大小时，将自动调整布局列的宽度。</p>
  </div>
  <div class="footer">
    <p>ABC 公司    版权所有</p>
  </div>
</div>
```

（5）在浏览器中查看该页，调整浏览器窗口大小并查看布局列宽变化情况。

习题 6

一、填空题

1. AP 元素是_____属性设置为_____的元素。

2. 使用 CSS 布局创建页面时，"固定"是指列宽以_____为单位指定的，"　态"是指列宽以_____的百分比形式指定的。

3. 若要使一个 div 元素在页面上居中对齐，应将其_____属性设置为_____。

4. 在三行单列固定居中布局中，没有对标题 div 元素指定宽度，该元素将扩展到_____。

5. 为了避免单行单列 态居中布局过宽或过窄，可通过设置_____和_____属性对外层容器 div 指定一个变化范围。

6. 在单行两列固定侧栏布局中，为了将内部浮动列超出容器的部分隐藏起来，可将该容器的_____属性设置为_____。

7. 在三行两列固定侧栏布局中，不允许在脚注 div 两侧出现浮动元素，为此可将该 div 的_____属性设置为_____。

8. 在两列 态布局中，两个浮动列的宽度相加应当等于_____。

二、选择题

1. 如果未指定 AP 元素的背景颜色，则意味着对其设定（　　）背景。

    A. 白色   B. 透明   C. 不透明   D. 黑色

2. 在 Dreamweaver CS5 中，若要临时更改嵌套 AP 元素的默认设置，可按住（　　）键。

    A. Ctrl   B. Shift   C. Alt   D. Ctrl+Shift

3. 使用箭头键调整 AP 元素大小时，按住（　　）键的情况下每按一次箭头键，可使用宽度或高度增加或减小 10 个像素。

    A. Ctrl   B. Shift   C. Alt   D. Ctrl+Shift

4. 在两列 态布局中，所有宽度均以（　　）来表示。

    A. 像素   B. 厘米   C. 英寸   D. 百分比

三、简答题

1. 在 Dreamweaver CS5 中如何创建 AP Div？

2. 在 Dreamweaver CS5 中基于 CSS+DIV 创建页面布局有哪两种方法？

3. 在单行两列固定侧栏布局中，如何将侧栏放置在内容列的右侧？

 上机实验 6

1. 创建一个网页，要求在其中插入 4 个 div 元素并分成两行放置，其中 3 个元素位于第一行，另一个元素放在第二行。

2. 创建一个网页，要求插入一个图像并在其上方插入一个 AP Div，在该 AP Div 元素中添加文字并应用 Mask 滤镜，以形成遮罩效果。

3. 使用表格创建页面布局，然后将表格转换为 AP Div 元素。

4. 使用 CSS+DIV 创建 4 个网页，要求这些网页分别具有如图 6.52 所示的单列布局。

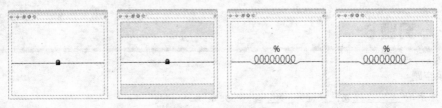

图 6.52 单列布局

5. 使用 CSS+DIV 创建 8 个网页，要求这些网页分别具有如图 6.53 所示的双列布局。

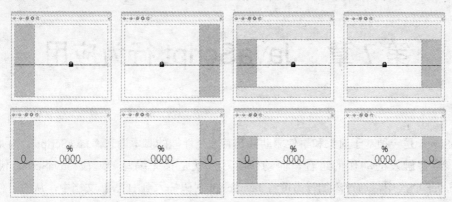

图 6.53　双列布局

6. 使用 CSS+DIV 创建 4 个网页，要求这些网页分别具有如图 6.54 所示的三列布局。

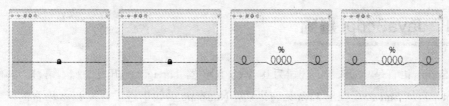

图 6.54　三列布局

第 7 章　JavaScript 行为应用

JavaScript 是一种基于对象和事件驱动并具有安全性能的脚本语言，JavaScript 行为是某个事件和由该事件触发的动作的组合，而动作实际上就是预先编写的一段 JavaScript 代码。在 Dreamweaver CS5 中，通过添加行为可将 JavaScript 代码插入到 HTML 文档中，从而可使访问者通过多种方式来更改网页外观或执行一些常用任务。本章首先介绍 JavaScript 基础知识，然后讨述如何在网页中添加 JavaScript 行为，最后讨论 Dreamweaver 提供的一些 JavaScript 行为的应用。

7.1　JavaScript 基础

JavaScript 语言是 NetScape 公司为其 Web 浏览器 Navigator 开发的脚本语言，其前身称为 LiveScript。自从 Sun 公司推出 Java 语言之后，Netscape 公司引进了有关 Java 语言的概念，对原有的 LiveScript 重新进行设计并重命名为 JavaScript。

7.1.1　JavaScript 概述

JavaScript 是 Internet 上最流行的脚本语言，它可通过嵌入或导入到 HTML 文档来实现，并在客户端浏览器上解析和执行。通过将 JavaScript 与 HTML、CSS 结合起来，可以动态更改网页的外观并对用户操作做出响应。

从名称上看，JavaScript 似乎与 Java 语言有很密切的关系。的确，JavaScript 与 Java 存在着一定的联系，但两者之间的联系并不是想象中的那样紧密。JavaScript 与 Java 的区别体现在以下两个方面。

（1）JavaScript 和 Java 分别是不同公司的产品。JavaScript 是 Netscape 公司推出的网页脚本语言，其设计目的旨在扩展 Netscape Navigator 浏览器的功能；而 Java 则是 Sun 公司推出的新一代面向对象的程序设计语言，特别适合于 Internet 应用程序开发。

（2）JavaScript 是一种基于对象的脚本语言，它可以嵌入 HTML 文档中，用来实现用户与浏览器的交互。Java 则是一种真正的面向对象的程序设计语言，即使是开发简单的应用程序，也必须基于类来创建对象。

当 NetScape 公司把 JavaScript 成功地应用于 Navigator 浏览器之后，Microsoft 公司推出了应用于 Internet Explorer 浏览器的脚本语言并将其命名为 JScript。JScript 与 JavaScript 的大部分功能是相同的，不过也有个别内容是不一样的。ECMA（欧洲计算机制造协会）于 1999 年在 JavaScript 1.5 的基础上制定了 ECMAScript 程序语言规范（ECMA-262 标准），该规范被 ISO（国际标准化组织）采纳并作为浏览器使用的脚本程序的统一标准。

7.1.2　JavaScript 的特点

JavaScript 主要用于在 HTML 文档中编写客户端脚本代码。当用户在客户端浏览器中打开

HTML 网页时，浏览器就会执行该网页内嵌或导入的 JavaScript 代码，用户通过交互式操作更改网页的内容和外观，实现了仅用 HTML 和 CSS 所不能实现的效果。

概括地讲，JavaScript 具有以下特点。

（1）简单性。JavaScript 是一种脚本编写语言，它采用小程序段的方式实现程序设计。与其他脚本语言一样，JavaScript 也是一种解释性语言，它提供了一个简单、方便的开发过程。JavaScript 的基本结构形式与 C、C++、Visual Basic、Delphi 十分类似，但不像这些语言一样需要事先进行编译，而是在程序运行中一边解释一边执行。JavaScript 与 HTML、CSS 结合在一起，可以实现用户的交互式操作。JavaScript 脚本语句的解释执行由 Web 浏览器负责，不需要额外的开发环境。

（2）动态性。JavaScript 是动态的，它可以直接对用户操作做出响应，不需要经过 Web 服务器程序处理。

（3）跨平台性。JavaScript 语言依赖于 Web 浏览器本身，而与操作环境无关，只要在计算机上能运行支持 JavaScript 的浏览器，就可以正确地执行 JavaScript 程序。

（4）基于对象。在 JavaScript 脚本代码中，可以调用其自身提供的对象或其他语言创建的对象，并采用面向对象的编程方法来设置对象的属性、调用对象的方法，以完成所需功能。

（5）事件驱动。事件是浏览器生成的消息，它指示该页的访问者已执行了某种操作。例如，单击鼠标、移动窗口等都可以视为事件。当发生某个事件之后，浏览器检查是否应该调用一段 JavaScript 代码进行响应。

7.1.3 编写 JavaScript 代码

在 HTML 文档中，可以使用 script 标签提供一个容器，用于包含使用任何可由浏览器解释的客户端 JavaScript 代码，语法格式如下。

```
<script type="text/javascript">
    //在此处编写 JavaScript 代码
</script>
```

其中，type 属性指定脚本的 MIME 类型，以通知浏览器使用哪个脚本引擎来解释脚本语句。

JavaScript 代码也可以保存在一个外部脚本文件（.js）中，此时语句不需要包含在 script 块中。在网页中，可通过添加 script 标签并将 src 属性设置为脚本文件的路径来导入其中的语句：

```
<script type="text/javascript" src="URL">
</script>
```

其中，src 属性指定外部 JavaScript 脚本文件的 URL。一旦加载外部脚本文件，浏览器便对该文件中的语句进行解析并加以执行，就像处理嵌入到 HTML 文档中的语句一样。

根据需要，可将 script 标签放在 HTML 文档中的任何位置，既可以放在 head 部分，也可以放在 body 部分，而且在一个文档中允许使用多个 script 标签。

【实战演练】在网页中编写 JavaScript 语句并导入外部脚本文件中的 JavaScript 语句，执行结果如图 7.1 所示。

图 7.1 在网页中编写和执行 JavaScript 语句

（1）在 DW 站点的根文件夹中创建一个新文件夹并命名为 chapter07。

（2）在 chapter07 文件夹中创建一个新文件并保存为 demo.js，然后在文档窗口打开该文件，并输入以下 JavaScript 语句。

```
// 使用 document 对象的 write 方法向文档中写入一行 HTML 代码，以插入一个段落
document.write("<p>Hello, JavaScript!</p>");
```

（3）在 chapter07 文件夹中创建空白网页并保存为 page7-01.html。

（4）将该页的标题设置为"在网页中执行 JavaScript 代码"。

（5）在该页正文部分添加两个 script 标签，代码如下：

```
<script type="text/javascript">
document.write("<h3>执行 JavaScript 代码</h3>");
</script>
<script src="demo.js" type="text/javascript">
</script>
```

（6）在浏览器中打开该页，以查看 JavaScript 代码的运行结果。

7.1.4　JavaScript 语法规则

使用 JavaScript 语言编写代码时，应遵循以下语法规则。

（1）区分大小写。在 JavaScript 中，变量名、函数名、运算符以及其他标识符都是区分大小写的。例如，变量 username 不同于变量 Username 和 UserName，关键字 while 不能写成 While 或 WHILE。在 HTML 语言中，事件属性 ONCLICK 可以写成 onClick 或 OnClick，在 JavaScript 中只能写成 onclick。

（2）空白符和换行符。在 JavaScript 中，忽略变量名、数字、函数名或其他元素实体之间的空格、制表符或换行符，除非空格也是字符串常量的组成部分。

（3）可选的分号。在 JavaScript 中，半角分号（;）表示一个语句的结束。如果一行中只包含单个语句，则可以省略分号结束符。如果一行中包含多个语句，则必须在语句之间添加分号，最后一个语句后面可以省略分号，JavaScript 会自动插入。建议在每个语句后面都添加分号，以免出现不可预期的错误。

（4）复合语句。在 JavaScript 中，可以使用花括号"{}"封装一组语句来组成代码块，代码块表示一系列按顺序执行的语句，称为复合语句。例如，在循环语句中，花括号"{}"表示循环体的开始和结束，在函数定义中，花括号"{}"表示函数体的开始和结束，等等。

（5）注释。在 JavaScript 中，有以下两种形式的注释。

● 单行注释，以双斜线"//"开头。

● 多行注释，以"/*"开始，以"*/"结束。

（6）标识符。标识符用于表示变量名、函数名等名称，命名标识符时应遵循以下规则。

● 首字符必须是字母、下画线（_）或美元符号（$）。

● 后续字符可以是下画线、美元符号、英文字母或数字字符。

● 不能使用 JavaScript 中的关键字和保留字。

7.1.5　数据类型和变量

JavaScript 提供了以下 6 种数据类型。

（1）字符串类型（String）：是用双引号（"）或单引号（'）括起来的 Unicode 字符序列。例如，"Dreamweaver CS5 网页设计"，'JavaScript 动态网页编程' 等。在应用开发中，可以使用单引号来

输入包含双引号的字符串，反之亦然。

（2）数值类型（Number）：包括整数和浮点数，所有数值均以双精度浮点数来表示。整数可以用十进制、十六进制（以前缀 0X 或 0x 开头）或八进制（以数字 0 作为前缀）表示，浮点数可以用小数或科学计数法（指数形式）表示。例如，123，12.36，3E6（表示 $3×10^6$）。

（3）布尔类型（Boolean）：其取值为 true 或 false，这两个值不能使用数值 1 或 0 来表示。

（4）未定义类型（Undefined）：其值用 undefined 表示。当声明一个变量而未对其赋值时，该变量的默认值为 undefined。

（5）空类型（Null）：其值用 null 表示，表示不存在的对象。

（6）对象类型（Object）：提供对象的最基本的功能，这些功能构成所有其他对象的基础。使用这种数据类型可以简单地创建自定义对象，而不需要自己定义构造函数。

变量与计算机内存中的存储单元相对应，用来存储程序运行期间的中间结果和最终结果。在 JavaScript 中，可以在变量中存放任何类型的数据，这是弱类型变量的优势。在程序中可以通过变量名实现对变量值的存取和处理，并在这个基础上进行比较和判断，以决定程序的运行方向。

在 JavaScript 中，可以使用 var 语句来声明一个或多个变量，语法如下：

```
var variable1[=value2][, variable2[=value2], ...]
```

其中，variable1、variable2 是被声明的变量的名称；value1、value2 是赋给这些变量的初始值。初始值的数据类型决定变量的数据类型，以后还可以把不同数据类型的值赋给变量，不过建议使用变量时始终存放相同数据类型的值。

如果在 var 语句中未指定变量的初始值，则该变量的初始值为 undefined，可以在后面的代码中对其赋值。

下面给出一些声明变量的例子。

```
var temp;                        //未定义类型
var username = "张三";           //字符串类型
var counter = 10;                //数值类型
var visible = false;             //布尔类型
```

在 JavaScript 中，可使用 typeof 运算符来测试变量的类型，语法形式为"typeof 变量名"，返回值为 string、number、undefined 或 object 等。

7.1.6　运算符和表达式

在 JavaScript 中，常量、变量和运算符组成了表达式，表达式的值可以作为函数的参数或通过赋值语句赋给变量。运算符是表示各种运算的符号或关键字，JavaScript 提供了各种类型的运算符，例如算术运算符、比较运算符、逻辑运算符以及赋值运算符等。根据运算对象的数目，运算符可以分为单目运算符、双目运算符和三目运算符。

（1）算术运算符：用于执行加法、减法、递增、递减、乘法和除法等运算。算术运算符分为单目运算符和双目运算符，其中双目运算符包括+（加）、−（减）、*（乘）、/（除）、%（取模）等，单目运算符包括++（变量递增）、−−（变量递减）。加法运算符+也可以用于连接两个字符串。

（2）比较运算符：用于比较两个表达式的大小关系，其运算结果是一个布尔值，可以是 true 或 false。常用的比较运算符包括<（小于）、>（大于）、<=（小于等于）、>=（大于等于）、==（等于）以及!=（不等于）。

（3）逻辑运算符：用于对布尔值进行运算，其结果为 true、false、null 或 undefined 等。常用的逻辑运算符包括!（逻辑非）、&&（逻辑与）以及||（逻辑或）。

（4）按位运算符：将操作数视为一个二进制位（0 和 1）的序列，而不是十进制数、十六进制数或八进制数，逐位进行运算后返回一个十进制数。按位运算符包括~（按位取非）、<<（按位左移）、>>（按位右移）、>>>（无符号右移）、&（按位与）、|（按位或）以及^（按位异或）。

（5）赋值运算符：分为简单赋值运算符（=）和复合赋值运算符，前者用于给变量或属性赋值，后者由某个算术运算符或按位运算符与简单赋值运算符组合而成，复合赋值运算符先进行某种运算，然后把运算结果赋给左边的操作数。例如，加法赋值运算符+=的作用是将变量的值与表达式的值相加并将所得到的和赋给该变量。常用的复合赋值运算符包括+=、-=、*=、/=、%=、&=、^=、|=、<<=、>>=以及>>>=。

（5）其他运算符：用于执行除上述运算符之外的各种运算，主要包括：()（圆括号运算符，用于函数调用或更改运算符优先级）、,（逗号运算符，使其两侧的表达式以从左到右的顺序被执行，并获得右边表达式的值）、?:（条件运算符，根据条件执行两个表达式中的其中一个）、new（创建新对象）、.（点运算符，用于连接对象和它的属性或方法）、[]（方括号运算符，用于引用数组元素）、typeof（返回表达式的数据类型）。

【实战演练】在网页中演示部分运算符的应用，执行结果如图 7.2 所示。

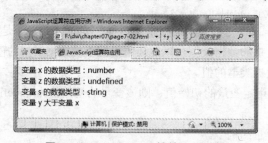

图 7.2　JavaScript 运算符应用示例

（1）在 DW 站点的 chapter07 文件夹中创建一个空白网页并保存为 page7-02.html。

（2）将该页的标题设置为 "JavaScript 运算符应用示例"。

（3）在页面正文部分添加以下 JavaScript 脚本块：

```javascript
<script type="text/javascript">
var x=3, y=6, z;
var s="<br />";
document.write("变量 x 的数据类型：" + typeof x +s);
document.write("变量 z 的数据类型：" + typeof z + s);
document.write("变量 s 的数据类型：" + typeof s + s);
z=x > y ? "变量 x 大于变量 y" : "变量 y 大于变量 x";
document.write(z);
</script>
```

（4）在浏览器中查看该页的运行结果。

7.1.7　流程控制语句

顺序结构程序是最简单的程序，其特点是从头到尾依次执行每个语句。为了实现更复杂的功能，就需要使用流程控制语句对程序执行流程进行控制，以便根据条件执行不同的语句或者重复执行某些语句。流程控制语句主要包括条件语句和循环语句，下面分别加以介绍。

在 JavaScript 中，条件语句包括 if 语句和 switch 语句，使用这些语句可以实现单向分支结构、双向选择分支结构和多路分支结构。

if 语句根据一个表达式的值，有条件地执行不同的语句。语法如下：

```
if (condition)
    statement1;
[else
    statement2;]
```

其中，condition 是一个布尔表达式，若其值为 null 或 undefined，则作为 false 处理。statement1 是当 condition 为 true 时要执行的语句。statement2 是 condition 为 false 时要执行的语句。statement1 和 statement2 可以是单个语句或复合语句。

根据需要，还可以对 if 语句进行扩展，以形成多路分支结构。语法如下：

```
if (condition1)
    statement1;
else if (condition2)
    statement2;
else if (condition3)
    statement3;
else
    elsestatement;
```

switch 语句当指定表达式的值与某个值匹配时，执行相应的语句。语法如下：

```
switch (expr) {
case value1:

    statement1;
    break;
case value2:
    statement2;
    break;
. . .
default:
    defaultstatement;
}
```

其中，expr 为要求值的表达式；如果 expr 与 value1 相等，则执行语句 statement1；如果 expr 与 value2 相等，则执行语句 statement2，以此类推；如果没有任何 value 与 expr 相匹配，则执行语句 defaultstatement。statement1、statement2 和 defaultstatement 可以是单个语句，也可以是复合语句。break 语句与 value 一起使用，用于中断相关联的语句，跳到 switch 代码块末尾的语句继续执行。

循环语句用于重复执行一组语句。在 JavaScript 中，循环语句包括 do…while 语句、while 语句、for 语句和 for…in 语句。

do…while 语句首先执行一次一个语句块，然后重复执行该语句块，直到条件表达式等于 false。语法如下：

```
do {
    statement
} while(condition);
```

其中，statements 是 condition 为 true 时要执行的语句，可以是复合语句，称为循环体。condition 是一个布尔表达式。如果 condition 为 true，则再执行一次循环。如果 condition 为 false，则结束循环。

while 语句重复执行一个或多个语句，直到指定的条件为 false。语法如下：

```
while (condition){
    statement
}
```

其中，参数 condition 是一个布尔表达式，在循环的每次迭代前被检查；如果 condition 为 true，则执行循环，如果 condition 为 false，则结束循环。statement 是当 condition 为 true 时要执行的语句，可以是复合语句。

for 语句在当指定条件为 true 时执行一个语句块。语法如下：

```
for(initialization; condition; increment){
    statement
}
```

其中，initialization 是一个表达式，它只在执行循环前被执行一次。condition 是一个布尔表达式，如果 condition 为 true，则执行 statement，如果 condition 为 false，则结束循环。increment 是一个递增表达式，每次执行循环之后执行该表达式。statement 是当 condition 为 true 时要执行的语句，可以是复合语句。

for…in 语句针对对象的每个属性或数组的每个元素，执行一个或多个语句。语法如下：

```
for (variable in obj) {
    statement
}
```

其中，variable 是一个变量，用于访问对象的任一属性或数组的任一元素。obj 指定要在其上遍历的对象或数组。statement 是相对于对象的每个属性或数组的每个元素都要被执行的语句，可以是复合语句。

【实战演练】在网页上演示条件语句和循环语句的用法，生成隔行变色的表格，执行结果如图 7.3 所示。

图 7.3　流程控制语句应用示例

（1）在 DW 站点的 chapter07 文件夹中创建一个空白网页并保存为 page7-03.html。

（2）将该页的标题设置为"流程控制语句应用示例"。

（3）在文档首部创建 CSS 样式表，代码如下：

```
<style type="text/css">
table {border-collapse: collapse; margin: 0 auto;}
table, td {font-size: 12px; border: 1px dotted #969;}
td {padding: 5px;}
tr.odd {background-color: #FFC;}
tr.even {background-color:#6CF;}
</style>
```

（4）在文档正文部分插入以下 JavaScript 脚本块：

```
<script type="text/javascript">
document.write("<table>");
for (i = 1; i <= 6; i++) {
    if (i % 2 != 0) {
```

```
        document.write("<tr class='odd'>");
    } else {
        document.write("<tr class='even'>");
    }
    for (j = 1; j <= 10; j++) {
        document.write("<td>" + "R" + i + "C" + j + "</td>");

    }
    document.write("<tr />");
}
document.write("</table>");
</script>
```

（5）在浏览器中查看该页的执行结果。

7.1.8　使用函数

函数是拥有名称的一组语句，可以通过该名称来调用函数并向它传递一些参数，当函数执行完毕后还可以向调用代码返回一个值。使用函数可以封装在程序中多次用到的一组语句，以便简化应用程序结构，并使程序代码更容易维护。

在 JavaScript 中，可使用 function 语句来声明一个新的函数。语法如下：

```
function functionName ([arg1, arg2, ..., argN]) {
    statements
    return [expr];
}
```

其中，functionName 为函数名，其命名规则与变量名基本相同。arg1…argN 是函数的参数列表，各个参数之间用逗号分开，这些参数称为形式参数，简称形参。

statements 是用于实现函数功能的一个或多个语句，称为函数体。函数体也可以为空。在脚本的其他地方调用该函数前，statements 中包含的代码不被执行。

return 语句从当前函数退出并返回一个值。return 语句之后的代码不会被执行。如果在 return 语句中省略了表达式 expr，或没有在函数内执行 return 语句，则把 undefined 值赋给调用当前函数的表达式。如果函数没有返回值，则可以使用 return 语句随时退出函数。

通常将函数定义放在文档首部，以便在加载页面正文之前预先加载函数定义。

定义一个函数后，可以通过以下语法来调用它：

```
functionName ([arg1, arg2, ..., argN])
```

其中，functionName 表示要调用函数的名称，该函数必须已经定义。arg1…argN 给出要传递给函数的参数，这些参数称为实际参数，简称实参。

【实战演练】在网页上演示如何创建和调用函数，分别画出 3 个不同颜色的正方形，执行结果如图 7.4 所示。

图 7.4　函数应用示例

（1）在 DW 站点的 chapter07 文件夹中创建一个空白网页并保存为 page7-04.html。

（2）将该页的标题设置为"函数应用示例"。

（3）在文档首部插入以下 JavaScript 脚本块，以定义函数 box：

```
<script type="text/javascript">
function box(id, x, y, w, h, bgcolor) {                  //声明函数 box
    document.write("<div id='" + id + "'></div>");       //在页面上绘制一个 div 元素
    //使用 document 对象的 getElementById 方法获取具有指定 id 的元素
    var style = document.getElementById(id).style;       //获取该元素的样式属性
    style.position="absolute";                           //设置绝对定位方式
    style.left = x + "px";                               //设置 left 属性
    style.top = y + "px";                                //设置 top 属性
    style.width = w + "px";                              //设置宽度
    style.height = h + "px";                             //设置高度
    style.backgroundColor = bgcolor;                     //设置背景颜色
}
</script>
```

（4）在文档正文部分插入以下 JavaScript 脚本块，通过调用函数 box 画出 3 个不同颜色的矩形：

```
<script type="text/javascript">
box("div1", 120, 20, 100, 100, "red");                   //绘制红色正方形
box("div2", 180, 50, 100, 100, "green");                 //绘制绿色正方形
box("div3", 240, 80, 100, 100, "blue");                  //绘制蓝色正方形
</script>
```

（5）在浏览器中查看该页的执行结果。

7.1.9 使用对象

在 JavaScript 中，对象是一种复合数据类型，使用对象可以把相关信息封装起来，并允许通过对象名来存取这些信息。JavaScript 具有面向对象编程的基本特征，不仅可以使用由脚本引擎和宿主环境实现的对象，也可以根据需要创建自己的对象并实现继承机制。

在 JavaScript 中，对象是一组名称-值对，可将对象视为包含字符串关键字的词典。换言之，对象只是一些属性的集合，每个属性用于存储一个基本数据、对象或函数。如果属性存储的是函数，则该函数称为对象的方法。

对象的属性和方法都可以通过构造函数进行封装。定义构造函数的语法如下：

```
function constructorName(argList){
    this.propertyName = value;                           //设置对象的属性
    this.methodName = function(argList){                 //为对象定义方法
        statements
    };
}
```

其中，constructorName 表示构造函数的名称，相当于类的名称，按照惯例，此名称通常以大写字母开头；this 为关键字，通常用在构造函数中，表示当前对象；propertyName 表示属性名称；methodName 表示方法名称。在构造函数中可以定义多个属性和方法。

定义一个构造函数之后，就可以利用 new 运算符和该构造函数来创建新的对象实例，语法如下：

```
var obj = new constructor[(args)];
```

其中，constructor 为对象的构造函数。变量 obj 用于引用新创建的对象。如果构造函数没有参数，也可以省略圆括号。

new 运算符执行下面的任务：首先创建一个没有成员的对象，然后为这个对象调用构造函数，传递一个指针给新创建的对象作为 this 指针，接着构造函数根据传递给它的参数初始化该对象。

创建一个对象之后，即可访问该对象的属性，调用该对象的方法。语法如下：

```
obj.propertyName = value;              //设置对象的属性
obj.methodName(argList);               //调用对象的方法
```

除了使用构造函数创建对象外，也可以在脚本中使用对象直接量，即通过花括号把属性和属性值括起来，属性名与属性值用冒号分隔，属性-值对用逗号分隔，属性值既可以是简单数据类型、对象，也可以是函数。例如：

```
var obj = {propertyName: value, methodName: function(args){statements}};
```

在 JavaScript 中，可以使用以下几种类型的对象。

（1）内置对象。内置对象是指在 JavaScript 脚本程序开始执行时出现的所有本地对象，它在脚本引擎初始化时创建，不能用 new 运算符创建，可直接使用其方法和属性。JavaScript 提供了两个内置对象：Global 和 Math。

（2）本地对象。本地对象是指由 JavaScript 实现提供的、独立于宿主环境的对象。在脚本中可以用 new 运算符来创建这种对象。JavaScript 中的本地对象主要包括：Number、String、Boolean、Function、Array、Date、Object、RegExp 等。

（3）宿主对象。宿主对象是指由 JavaScript 实现的宿主环境提供的对象。所有非本地对象都是宿主对象，例如，各种 BOM 对象和 DOM 对象都属于宿主对象。此处的 BOM 意即浏览器对象模型，DOM 则为文档对象模型。

（4）用户自定义对象。这是由开发者自己定义类并基于类创建的对象。使用各种预定义对象只是 JavaScript 面向对象语言功能的一部分，允许开发者根据需要创建自己的类和对象才是 JavaScript 的真正强大之处。

【实战演练】使用对象计算矩形和圆的面积，执行结果如图 7.5 所示。

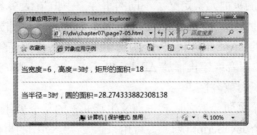

当宽度＝6，高度＝3时，矩形的面积＝18

当半径＝3时，圆的面积＝28.274333882308138

图 7.5　对象应用示例

（1）在 DW 站点的 chapter07 文件夹中创建一个空白网页并保存为 page7-05.html。

（2）将该页的标题设置为"对象应用示例"。

（3）在文档首部插入以下 JavaScript 脚本块，以定义 Circle 对象的构造函数：

```
<script type="text/javascript">
function Circle(value) {
    this.radius = value;               //设置 radius 属性
    this.getArea = function() {        //设置 getArea 方法
        return Math.PI * value * value;
    };
}
</script>
```

（4）在文档正文部分插入以下 JavaScript 脚本块：

```
<script type="text/javascript">
//使用对象直接量创建对象
var rect = {width:6, height:3, getArea:function(){return (this.width * this.height);}};
document.write("<p>当宽度="+rect.width+", 高度="+rect.height+"时，矩形的面积="+rect.getArea()+"</p>");
document.write("<hr />");
var c = new Circle(3);                    //使用 new 运算符创建对象
document.write("<p>当半径=" + c.radius + "时，圆的面积=" + c.getArea() + "</p>");
</script>
```

（5）在浏览器中查看该页的执行结果。

7.2 应用 JavaScript 行为

在 Dreamweaver CS5 中，通过对指定元素附加某个 JavaScript 行为可将一段预定义的 JavaScript 代码放置到文档中，并在发生该元素的某个事件时执行这段代码，以更改网页外观或执行某些任务。

7.2.1 JavaScript 行为概述

JavaScript 行为是某个事件和由该事件触发的动作的组合。在 Dreamweaver CS5 中，可在行为面板中先指定一个动作，然后指定触发该动作的事件，从而将该行为添加到页面中。行为是客户端 JavaScript 代码，它运行在客户端浏览器中，而不是运行在 Web 服务器上。

"行为"和"动作"都是 Dreamweaver 中的术语，而不是 HTML 术语。从浏览器的角度看，动作与其他任何一段 JavaScript 代码没有什么区别。事件是浏览器生成的消息，它指示该页面的访问者已执行了某种操作。例如，当访问者将鼠标指针移到某个链接上时，浏览器将为该链接生成一个 onMouseOver 事件，然后浏览器检查是否应该调用某段 JavaScript 代码（在当前查看的页面中指定）进行响应。不同的页面元素定义了不同的事件。例如，在大多数浏览器中，onMouseOver 和 onClick 是与链接关联的事件，而 onLoad 是与图像和文档的 body 部分关联的事件。

动作是一段预先编写的 JavaScript 代码，可用于执行各种各样的任务，诸如打开浏览器窗口、显示或隐藏 AP 元素、播放声音或停止播放 Adobe Shockwave 影片等。Dreamweaver 所提供的动作提供了最大程度的跨浏览器兼容性。

将指定行为附加到某个页面元素之后，每当发生该元素的某个事件时，行为就会调用与该事件关联的动作（通常是一个 JavaScript 函数）。可用来触发给定动作的事件随浏览器的不同而有所不同。单个事件可触发多个不同的动作，并可指定发生这些动作的顺序。

例如，如果将"弹出消息"动作附加到一个链接上，并指定它将由 onMouseOver 事件触发，则只要将鼠标指针放在该链接上，就会弹出消息框。此过程需要以下两个步骤来实现：

首先，在文档首部定义一个 JavaScript 函数（表示 JavaScript 动作）：

```
function MM_popupMsg(msg) {              //定义函数
    alert(msg);                         //弹出消息框并显示字符串 msg
}
```

然后，在 HTML 代码中将该链接元素的事件属性 onmouseover 设置为对上述 JavaScript 函数的调用：

```
<a href="#" onmouseover="MM_popupMsg('hello')">单击这里</a>
```

Dreamweaver 提供了 20 多个动作，可以直接在网页中应用。也可以在 Adobe Exchange Web 站点以及第三方开发商的站点上找到更多的动作实例。如果熟悉 JavaScript 脚本语言，还可以自已动手来编写动作。

7.2.2　添加 JavaScript 行为

在 Dreamweaver CS5 中，可以将行为附加到整个文档（即附加到<body>标签），也可以附加到链接、图像和其他 HTML 元素，还可以为一个事件指定多个动作，这些动作将按照它们在行为面板中的顺序发生（可根据需要更改此顺序）。所选择的目标浏览器确定对于给定的元素支持哪些事件，不同的元素支持的事件也有所不同。常用的事件在表 7.1 中列出。

表 7.1　常用事件

事　件	说　明
onBlur	当一个元素失去焦点时，将向该元素发送此事件
onClick	当鼠标指针位于一个元素上时，如果按下并释放鼠标按钮，则会向该元素发送此事件
onDblClick	当双击一个元素时，将向该元素发送在此事件
onFocus	当一个元素获得焦点时，将向该元素发送此事件
onKeyDown	当用户在键盘上按下一个键时，将向元素发送此事件。此事件只能发送到具有焦点的元素
onKeyPress	当浏览器在注册键盘输入时，将向元素发送此事件。此事件只发送到具有焦点的元素
onKeyUp	当用户在键盘上释放一个键时，将向元素发送此事件
onLoad	当某个元素及其所有子元素已经完全加载时，将向该元素发送此事件
onMouseDown	当鼠标指针位于一个元素上时，如果按下鼠标按钮，则会向该元素发送此事件
onMouseMove	当鼠标指针在某个元素内移动时，就会向该元素发送此事件
onMouseOut	当鼠标指针离开某个元素时，就会向该元素发送此事件
onMouseOver	当鼠标指针进入某个元素时，就会向该元素发送此事件
onMouseUp	当鼠标指针位于一个元素上时，如果释放鼠标按钮时，将会向该元素发送此事件
onUnLoad	当用户离开当前页面时，将向 window 对象发送此事件

若要将 JavaScript 行为附加到页面元素，可执行以下操作。

（1）在页面上选择一个元素，例如一个图像或一个链接；对于某些目标元素，需要事先设置一个唯一的 id。若要将行为附加到整个页面，可以在文档窗口左下角的标签选择器中单击<body>标签。

（2）选择"窗口"→"行为"，以显示行为面板。

（3）在行为面板中单击加号按钮，然后从"添加行为"菜单中选择要应用的动作，如图 7.6 所示。

注意：菜单中灰色显示的动作不可选择。它们灰色显示的原因可能是当前文档中缺少某个所需的对象。例如，如果当前文档不包含 Shockwave 或 SWF 文件，则"控制 Shockwave 或 SWF"动作将会变暗。

（4）当选择某个动作之后，将会出现一个对话框，可在此对话框中对该动作的参数进行设置，然后单击"确定"按钮。

（5）触发该动作的默认事件显示在"事件"列中。如果这不是所需的触发事件，可在"行为"面板中选择该事件，然后单击显示在事件名称和动作名称之间的向下指向的黑色箭头。并从"事件"弹出菜单中选择所需的其他事件，如图 7.7 所示。

7.2.3　更改 JavaScript 行为

为某个页面元素附加 JavaScript 行为之后，根据需要还可以更改触发动作的事件、添加或删除动作以及更改动作的参数。

图 7.6　选择动作

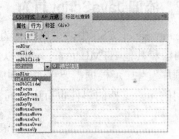

图 7.7　选择事件

若要更改 JavaScript 行为，可执行以下操作。

（1）在页面上，选择一个附加有行为的对象。

（2）选择"窗口"→"行为"，以显示行为面板。

（3）执行以下操作以进行更改：

● 若要编辑动作的参数，可双击动作的名称或将其选中并按【Enter】键，然后更改对话框中的参数并单击"确定"按钮。

● 若要调整给定事件的多个动作的顺序，可选择某个动作并单击箭头按钮▲或▼，或者选择该动作并将其剪切并粘贴到其他动作之间的合适位置。

● 若要删除某个行为，可将其选中并单击减号按钮 － 或按【Delete】键。

7.3　应用 Dreamweaver 内置行为

Dreamweaver CS5 提供了许多 JavaScript 行为，通过在网页中应用这些内置行为可以自动生成所需的 JavaScript 代码，在某种程度上简化了 JavaScript 编程的过程。下面介绍一些常用 JavaScript 行为的应用。

7.3.1　应用弹出消息行为

使用"弹出消息"行为可以弹出一个 JavaScript 警告对话框，用于显示一条警告信息。由于此对话框只有一个"确定"按钮，所以使用此行为可以为用户提供信息，但不能为用户提供选择操作。

若要应用弹出消息行为，可执行以下操作。

（1）在页面上，选择一个要附加该行为的对象。

（2）在行为面板上单击加号按钮，然后从"添加行为"菜单中选择"弹出消息"。

（3）当出现如图 7.8 所示的对话框时，在"消息"框中输入要显示的消息文本。若要在文本中嵌入一个 JavaScript 表达式，可将其放置在花括号{}中。任何有效的 JavaScript 函数调用、属性、全局变量或其他表达式都可以嵌入到文本中。

（4）单击"确定"按钮。

（5）在行为面板中查看默认事件是否正确，如果不是所需事件，可重新进行选择。

【实战演练】对链接附加"弹出信息"行为，执行结果如图 7.9 所示。

（1）在 DW 站点的 chapter07 文件夹中创建一个空白网页并保存为 page7-06.html。

（2）将该页的标题设置为"弹出消息框"。

（3）在该页上插入一个空链接，在属性检查器中将其"链接"选项设置为"javascript:;"。

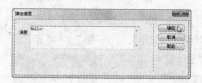

图 7.8　"弹出信息"对话框

图 7.9　单击链接时弹出消息框

（4）在页面上选择该链接，然后在行为面板中添加"弹出信息"行为，并在"消息"框中输入以下内容：

当前时间是{new Date().toLocaleString()}，您查看的网页的网址是{window.location}。

其中，使用 new Date()创建一个新的日期对象，然后调用 toLocaleString 方法使用当地区域设置将该日期转换字符串；此外还使用 window 对象的 location 属性获得当前页面的 URL。

（5）在行为面板上确认触发"弹出信息"行为的事件是 onClick。

（6）切换到代码视图，可看到在文档首部自动插入了以下 JavaScript 代码块：

```
<script type="text/javascript">
function MM_popupMsg(msg) { //v1.0
    alert(msg);
}
</script>
```

正文部分的代码如下：

```
<a href="javascript:;" onclick="MM_popupMsg('当前时间是'+(new Date().toLocaleString())+'，您查看的网页的网
址是'+(window.location)+'。')">查看时间和网址</a>
```

（7）在浏览器中打开该页，当单击链接时将弹出一个消息框。

7.3.2　应用改变属性行为

使用"改变属性"行为可更改对象的某个属性值。例如，对于 div 对象而言，通过 color 属性可以更改其文本颜色，通过 backgroundColor 属性则可以更改其背景颜色。只有在非常熟悉 HTML、CSS 和 JavaScript 的情况下才使用此行为。

提示：若要在 JavaScript 代码中更改具有指定 id 的对象的 CSS 属性，可以使用赋值语句 "document.getElementById("eleId").style.property=value" 来实现，其中 eleId 为对象的 id 属性值，property 为对象的 CSS 属性名称，value 为要设置的 CSS 属性值。CSS 属性名称可根据 CSS 样式表的属性名称得到：对于单个单词表示的属性名称，可在 JavaScript 代码中直接使用，例如 color、border 等；对于多个单词表示的属性名称，在 JavaScript 代码中访问时应将其第一个单词全部小写，对于后面的各个单词，应将其首字母大写，其余字母则一律小写，例如 backgroundColor、borderStyle 等。

若要应用"改变属性"行为，可执行以下操作。

（1）在页面上，选择一个具有 id 的对象。

（2）在行为面板的上单击加号按钮，然后从"添加行为"菜单中选择"改变属性"。

（3）当出现如图 7.10 所示的"改变属性"对话框时，从"元素类型"菜单中选择某个元素类型，以显示该类型的所有标识的元素。

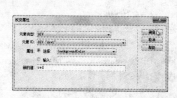

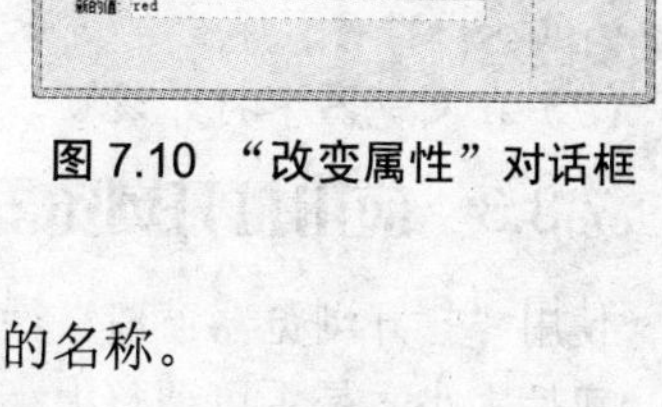

图 7.10　"改变属性"对话框

（4）从"元素 ID"列表选择一个元素。

（5）从"属性"列表中选择一个属性，或在框中输入该属性的名称。

（6）在"新的值"域中，为该属性输入一个新值。

（7）单击"确定"按钮。

（8）在行为面板中，验证默认事件是否正确。

【实战演练】使用"改变属性"行为制作文本翻转效果，如图 7.11 和图 7.12 所示。

图 7.11　当鼠标指针离开 div 时的情形　　　图 7.12　当鼠标指针指向 div 时的情形

（1）在 DW 站点的 chapter07 文件夹中创建一个空白网页并保存为 page7-07.html。

（2）将该页的标题设置为"改变属性"。

（3）在文档首部创建 CSS 样式表，代码如下：

```
<style type="text/css">
#div1 {font-size: 36px; width: 300px; background-color: #9C0; padding: 6px; text-align: center;
    font-weight: bold; margin: 0 auto; cursor: pointer;}
</style>
```

（4）在页面正文部分插入一个 div 标签，代码如下：

```
<div id="div1">DW CS5 网页设计</div>
```

（5）在页面中选择 div1 元素，然后在行为面板上多次对该元素附加"改变属性"行为：

- 属性为 backgroundColor，属性值为#9C0，事件为 onMouseOut；
- 属性为 color，属性值为#000，事件为 onMouseOut；
- 属性为 backgroundColor，属性值为#C6C，事件为 onMouseOver；
- 属性为 color，属性值为#FFF，事件为 onMouseOver。

（6）切换到代码视图，可看到在文档首部插入了 JavaScript 脚本块：

```
<script type="text/javascript">
function MM_changeProp(objId,x,theProp,theValue) { //v9.0
    //当有一个对象的多个属性或者方法需要操作时，可使用 with 设置默认对象
    var obj = null; with (document){ if (getElementById)
    obj = getElementById(objId); }                  //相当于 obj = document.getElementById(objId);
    if (obj){
        if (theValue == true || theValue == false)   //若属性值为布尔类型
            //用 eval()函数计算一个字符串并执行其中的 JavaScript 代码
            eval("obj.style."+theProp+"="+theValue);     //对于布尔类型属性值，不加引号
        else eval("obj.style."+theProp+"="+theValue+"'");  //对于其他类型属性值，用引号括起来
    }
}
</script>
```

页面正文部分的代码如下：

```
<div id="div1" onmouseout="MM_changeProp('div1', '', 'backgroundColor', '#9C0', 'DIV'); MM_changeProp('div1', '', 'colo
'#000', 'DIV')" onmouseover="MM_changeProp('div1', '', 'backgroundColor', '#C6C', 'DIV'); MM_changeProp('div1', '', 'color', '#FF
'DIV')">DW CS5 网页设计</div>
```

（7）在浏览器中打开该页，然后对文本翻转效果进行测试。

7.3.3　应用打开浏览器窗口行为

使用"打开浏览器窗口"行为可在一个新的窗口中打开页面，并允许指定新窗口的名称和属
性，包括大小、是否可调整大小、是否具有菜单栏等。如果不设置该窗口的任何属性，在打开时
其大小和属性与打开它的窗口相同。指定窗口的任何属性都将自动关闭所有其他未明确打开的属

性。例如，如果不为窗口设置任何属性，它将以 1024×768 像素的大小打开，并具有导航条、地址工具栏、状态栏和菜单栏。如果将宽度明确设置为 640、将高度设置为 480，但不设置其他属性，则该窗口将以 640×480 像素的大小打开，并且不具有工具栏。

若要应用"打开浏览器窗口"行为，可执行以下操作。

（1）在页面中，选择一个对象。

（2）在行为面板中，单击加号按钮，然后从"添加行为"菜单中选择"打开浏览器窗口"。

（3）当出现如图 7.13 所示的"打开浏览器窗口"对话框时，单击"浏览"选择一个文件，或输入要显示的 URL。

（4）在此对话框中设置相应选项，指定窗口的宽度和高度（以像素为单位）以及是否包括各种工具栏、滚动条、调整大小手柄等一类控件。如果需要将该窗口用作链接的目标窗口，或者需要使用 JavaScript 对其进行控制，请指定窗口的名称（不使用空格或特殊字符）。

（5）单击"确定"按钮。

（6）在行为面板中，验证默认事件是否正确。

【实战演练】对页面上的链接应用"打开浏览器窗口"行为，当单击该链接时弹出一个窗口，效果如图 7.14 所示。

图 7.13 "打开浏览器窗口"对话框

图 7.14 单击链接时弹出一个窗口

（1）在 DW 站点的 chapter07 文件夹中创建一个空白网页并保存为 page7-08.html。

（2）将该页的标题设置为"打开浏览器窗口"。

（3）在该页上创建一个空链接，在属性检查器中将其"链接"选项设置为"javascript:;"。

（4）选择上述链接，在行为面板中为其附加"打开浏览器窗口"行为，将新窗口的宽度和高度分别设置为 328 和 100。

（5）切换到代码视图，可看到在文档首部生成了以下 JavaScript 脚本块：

```
<script type="text/javascript">
function MM_openBrWindow(theURL,winName,features) { //v2.0
  window.open(theURL,winName,features);
}
</script>
```

页面正文部分的代码如下：

```
<a href="javascript:;" onclick="MM_openBrWindow('page7-07.html','','width=328,height=100')">在新窗口中查看
文本翻转效果</a>
```

（6）在浏览器中打开该页，然后通过单击链接打开一个新窗口。

7.3.4 应用调用 JavaScript 行为

使用"调用 JavaScript"行为可以在事件发生时执行自定义的函数或 JavaScript 代码行。设计者可以自己动手编写 JavaScript 代码，也可以使用 Web 上各种免费的 JavaScript 库中提供的代码。

若要应用"调用 JavaScript"行为，可执行以下操作。

（1）在页面上，选择要应用该行为的对象。

（2）在行为面板上，单击加号按钮，然后从"添加行为"菜单中选择"调用 JavaScript"。

（3）当出现如图 7.15 所示的"调用 JavaScript"对话框时，输入要执行的 JavaScript 代码，或输入函数的名称。例如，若要在页面上创建一个"后退"按钮，可以输入"if (history.length > 0){history.back()}"。如果已经将代码封装在一个函数中，则只需要输入该函数的名称（例如 hGoBack()）。

（4）单击"确定"按钮。

（5）在行为面板上，验证默认事件是否正确。

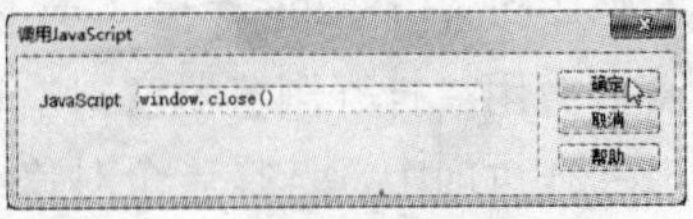

图 7.15 "调用 JavaScript"对话框

【实战演练】对页面上的链接附加"调用 JavaScript"行为，当单击该链接时隐藏或显示 div 元素，如图 7.16 和图 7.17 所示。

图 7.16 加载完成时的页面

图 7.17 div 元素内容被隐藏

（1）在 DW 站点的 chapter07 文件夹中创建一个空白网页并保存为 page7-09.html。

（2）将该页的标题设置为"调用 JavaScript"。

（3）在文档首部创建 CSS 样式表，代码如下：

```
<style type="text/css">
* {font-size: 12px;}
#detail {padding: 6px; width: 260px; border: 1px solid #999; margin: 0 auto;}
#detail p {text-indent: 2em;}
</style>
```

（4）在 CSS 样式表正文添加以下 JavaScript 脚本块：

```
<script type="text/javascript">
function hideOrShow() {
  var a = document.getElementById("a1");
  var div = document.getElementById("detail");
  if (a.innerHTML == "隐藏详细信息") {
    div.style.display = "none";
    a.innerHTML = "显示详细信息";
  } else {
    div.style.display = "block";
    a.innerHTML = "隐藏详细信息";
  }
}
</script>
```

（5）在页面正文部分插入一个段落并在其中创建一个空链接，将其 id 指定为 a1；在段落下方插入一个 div 标签并在其中输入文字。

（6）选择 a1 元素并在行为面板上为其附加"调用 JavaScript"行为，然后在"JavaScript"框中输入"hideOrShow()"，单击"确定"按钮。

（7）切换到代码视图，可看到在文档首部添加了以下 JavaScript 脚本块：

```
<script type="text/javascript">
function MM_callJS(jsStr) { //v2.0
  return eval(jsStr)
}
</script>
```

页面正文部分代码如下：

```
<p align="center"><a href="javascript:;" id="a1" onclick="MM_callJS('hideOrShow()')">隐藏详细信息</a> </p>
<div id="detail">
    <p>使用"调用 JavaScript"行为可以在事件发生时执行自定义的函数或 JavaScript 代码行。</p>
</div>
```

（8）在浏览器中打开该页，通过单击链接隐藏或显示 div 元素的内容。

 **习题 7**

一、填空题

1．JavaScript 可通过嵌入或导入到＿＿＿＿＿＿来实现。

2．若要导入 JavaScript 外部脚本文件中的语句，可将＿＿＿＿＿标签的＿＿＿＿＿属性设置为该文件的路径。

3．在 JavaScript 中，可使用＿＿＿＿＿表示一个语句的结束，使用＿＿＿＿＿来封装一组语句并构成复合语句。

4．声明函数时指定的参数称为＿＿＿＿＿，在函数中可使用＿＿＿＿＿语句退出并返回一个值；调用函数时提供的参数称为＿＿＿＿＿。

5．JavaScript 行为是＿＿＿＿＿和＿＿＿＿＿＿＿＿的组合。

6．要对某个页面元素附加 JavaScript 行为，可选择该元素，然后在行为面板上单击＿＿＿＿按钮并选择所需行为；要删除行为，可选择该行为然后单击＿＿＿＿按钮。

二、选择题

1．当鼠标指针位于一个元素上时，如果按下并释放鼠标按钮，则会向该元素发送（　　）事件。

    A．onBlur　　　　　　B．onClick　　　　　　C．onDblClick　　　　D．onFocus

2．当鼠标指针离开某个元素时，就会向该元素发送（　　）事件。

    A．onMouseDown　　　B．onMouseMove　　　C．onMouseOut　　　　D．onMouseOver

三、简答题

1．JavaScript 具有哪些特点？

2．JavaScript 提供了哪些数据类型？

3．在 JavaScript 中，可以使用哪些类型的对象？

 上机实验 7

1．在网页中编写 JavaScript 语句，显示一行欢迎信息。

2．在网页中导入外部脚本文件中的 JavaScript 语句，显示一个标题、一条水平线和一个段落。

3．在网页中编写 JavaScript 代码，声明一些变量，然后检测并显示这些变量的数据类型。

4．在网页中编写 JavaScript 代码，制作一个隔行变色的表格。

5．在网页中编写 JavaScript 代码，通过声明和调用函数绘制一些不同颜色的矩形。

6．在网页中编写 JavaScript 代码，使用对象计算矩形和圆的面积。

7．对网页上的链接了附加"弹出信息"行为，在消息框中显示当前日期和时间以及当前网页的网址。

8．对网页上的 div 元素附加"改变属性"行为，以生成文本翻转效果。

9．对网页上的链接应用"打开浏览器窗口"行为，当单击该链接可弹出一个窗口。

10．对网页上的链接应用"调用 JavaScript"行为，当单击该链接时可隐藏或显示 div 元素的内容。

第 8 章 创建 Spry 页面

Dreamweaver 提供了一个称为 Spry 框架的 JavaScript 库，可用于构建能够向站点访问者提供更丰富体验的网页。有了 Spry 框架，就可以使用 HTML、CSS 和少量的 JavaScript 向各种页面元素添加不同种类的效果，在页面上创建 Widget（如选项卡、折叠面板和菜单栏等）。本章介绍 Spry 框架在网页设计中的应用，首先讲述如何在页面上添加 Spry 效果，然后讨论如何在页面上创建 Spry Widget。

8.1　Spry 效果应用

Spry 效果是一种提高网站外观吸引力的简洁方式，这种效果几乎可应用于 HTML 页面上的所有元素。通过添加 Spry 效果，可以在一段时间内高亮显示信息、创建动画过渡效果或以可视方式修改页面元素以及执行更多操作。

8.1.1　Spry 效果概述

Spry 效果是视觉增强功能，这种功能是通过调用效果库文件 SpryEffects.js 中的 JavaScript 函数来实现的。在设计网页时，可将 Spry 效果直接应用于 HTML 元素，而无需其他自定义标签。Spry 效果可以修改元素的不透明度、缩放比例、位置和样式属性（如背景颜色），也可以组合两个或多个属性来创建有趣的视觉效果。由于这些效果都基于 Spry 框架实现的，因此在用户单击应用了效果的元素时，仅会动态更新该元素，而不会刷新整个 HTML 页面。

若要向某个元素应用效果，该元素当前必须处于选定状态，或者它必须具有一个 ID。例如，如果要向当前未选定的 div 标签应用高亮显示效果，该 div 就必须具有一个有效的 ID 值。

一个 Spry 效果主要由以下 3 个部分组成：生成该效果的 JavaScript 对象（不可见的）；应用该效果的一个页面元素；引发该效果的一个页面元素。后面两个部分也可以由同一个页面元素来充当。

Spry 框架提供了以下效果。

- 高亮颜色：更改元素的背景颜色。
- 显示/渐隐：使元素显示或渐隐。
- 遮帘：向上或向下滚动模拟百叶窗来隐藏或显示元素。
- 滑动：上下移动元素。
- 增大/收缩：使元素变大或变小。
- 晃动：模拟从左向右晃动元素。
- 挤压：使元素从页面的左上角消失。

注意：当在页面上使用 Spry 效果时，将会在代码视图中将不同的代码行添加到源文件中。

在文档首部将插入一个 script 标签，用来导入 Spry 效果库文件 SpryEffects.js，该文件是包括创建 Spry 效果所必需的。不要从代码中删除该标签，否则这些效果将不起作用。

8.1.2　高亮颜色效果

高亮颜色（Highlight）效果用于改变元素的背景颜色。对某元素应用该效果时，首先需要调用其构造函数来创建一个 JavaScript 对象：

```
var highlightEffect = new Spry.Effect.Highlight(element, options);
```

其中，element 参数指定要应用该效果的元素；该效果可应用于大多数 HTML 元素，但它不支持以下元素：applet，body，frame，frameset，noframes。参数 options 是可选的，它是一个对象，可以包含以下属性。

- duration：设置高亮效果持续的时间，以毫秒为单位。
- from：起始背景颜色值（#RRGGBB 或#RGB），设置第一帧的背景颜色。默认值为目标元素当前的背景颜色。
- to：结束背景颜色值（#RRGGBB 或#RGB），设置最后一帧的背景颜色。
- toggle：true 或 false，指定高亮效果是否为可逆的。默认值为 false。
- restoreColor：设置高亮效果结束后目标元素的背景颜色（#RRGGBB 或#RGB）。
- setup：指定高度效果开始前调用的函数。例如 setup: function (element,effect){}。
- finish：指定高度效果结束后调用的函数。例如 finish: function (element,effect){}。
- transition：指定效果的过滤类型。默认值为 Spry.sinusoidalTransition。
- fps：指定动画每秒钟的帧数（fps）。默认值为 60。

创建高亮效果对象之后，可调用其 start 方法来启动该效果：

```
highlightEffect.start();
```

若要停止高亮颜色效果，可调用 stop 方法。

也可以通过调用 DoHighlight 方法创建高亮效果对象并启动该效果：

```
Spry.Effect.DoHighlight(element, options)
```

其中，参数 element 和 options 与该效果构造函数中的参数相同。

在 Dreamweaver CS5 中，可使用行为面板对页面元素添加高亮颜色效果，操作步骤如下。

（1）在页面上，选择要为其应用效果的内容或布局元素。

（2）在行为面板中，单击加号按钮，然后从菜单中选择"效果"→"高亮颜色"命令。

（3）当出现如图 8.1 所示的"高亮颜色"对话框时，从"目标元素"下拉列表框中选择元素的 ID。如果已选择元素，可选择"<当前选定内容>"。

（4）在"效果持续时间"框中，指定希望此效果持续的时间，用毫秒表示。

（5）在"起始颜色"框中，指定希望以哪种颜色开始高亮显示。

图 8.1　"高亮颜色"对话框

（6）在"结束颜色"框中，指定希望以哪种颜色结束高亮显示。

（7）在"应用效果后的颜色"框中，指定元素在完成高亮显示之后的颜色。

（8）如果希望该效果是可逆的，即通过连续单击来循环使用高亮颜色，可选择"切换效果"复选框。

（9）完成以上设置后，单击"确定"按钮。

【实战演练】对页面上的 div 元素应用"高亮颜色"效果，当单击 div 元素时启动该效果，该元素的背景颜色将在蓝色与红色之间变化，如图 8.2 和图 8.3 所示。

| 图 8.2 运行高亮效果之前的情形 | 图 8.3 运行高亮效果之后的情形 |

（1）在 DW 站点根文件夹中创建一个新文件夹并命名为 chapter08。

（2）在 chapter08 文件夹中创建一个空白网页并保存为 page8-01.html。

（3）将该页的标题设置为"高亮效果应用示例"。

（4）在文档首部创建 CSS 样式表，代码如下：

```
<style type="text/css">
#demo {width: 268px; background-color: #6CF; margin: 0 auto; padding: 1em; text-indent: 2em; cursor: pointer;}
</style>
```

（5）在页面上插入一个 h3 标题和一个 div 元素，并将 div 元素命名为 demo，然后在 div 元素内输入文字。

（6）在页面上选择 div 元素，然后用行为面板对其添加"高亮颜色"效果，并在"高亮颜色"对话框中设置以下选项：目标元素为"<当前选定内容>"，效果持续时间为 6000 毫秒，起始颜色和结束颜色分别为#6CF 和#F00，应用效果后的颜色为空，选中"切换效果"。

（7）切换到代码视图，可看到在文档首部添加以下两个 script 标签：

```
<script src="../SpryAssets/SpryEffects.js" type="text/javascript"></script>
<script type="text/javascript">
function MM_effectHighlight(targetElement, duration, startColor, endColor, restoreColor, toggle) {
    Spry.Effect.DoHighlight(targetElement, {duration: duration, from: startColor, to: endColor, restoreColor: restoreColor, toggle: toggle});
}
</script>
```

页面正文部分代码如下：

```
<h3 align="center">高亮效果应用示例</h3>
<div id="demo" onclick="MM_effectHighlight(this, 6000, '#6CF', '#F00', '', true)">单击这里可启动高亮颜色效果，使目标元素的背景颜色发生变化。</div>
```

（8）在浏览器中打开该页，通过单击 div 元素对高亮颜色效果进行测试。

8.1.3 显示/渐隐效果

使用显示/渐隐（Fade）效果可使目标元素的不透明度发生变化，以生成淡入淡出效果。要对某个元素应用该效果，首先需要调用其构造函数来创建一个 JavaScript 对象：

```
var fadeEffect = new Spry.Effect.Fade(element, options);
```

其中，element 参数指定要应用该效果的元素；该效果可以应用于大多数 HTML 元素，但不支持以下元素：applet，body，iframe，object，tr，tbody，th。参数 options 是可选的，它是一个对象，用于设置动画的以下属性。

● duration：指定该效果的持续时间，以毫秒为单位。默认值为 1000。

● from：指定起始不透明度（%）。默认值为 0。

- to：指定结束不透明度（%）。默认值为 100。
- toggle：一个布尔值，指定该效果是否为可逆的。默认值为 false。
- setup：指定该效果开始前调用的函数，例如 setup:function(element,effect){}。
- finish：指定该效果结束后调用的函数，例如 finish:function(element,effect){}。
- fps：指定动画每秒钟的帧数（fps）。默认值为 60。
- transition：设置过渡类型。默认值为 Spry.fifthTransition。

创建显示/渐隐效果对象后，可调用其 start() 方法来启动该效果。若要停止显示/渐隐效果，可调用该对象的 stop() 方法。

也可以通过调用 Spry.Effect.DoFade 方法创建显示/渐隐效果对象并启动该效果：

```
Spry.Effect.DoFade(element, options);
```

在 Dreamweaver CS5 中，可使用行为面板为元素添加显示/渐隐效果，操作步骤如下。

（1）在页面上，选择要为其应用效果的内容或布局元素。

（2）在行为面板中，单击加号按钮，然后从菜单中选择"效果"→"显示/渐隐"。

（3）当出现如图 8.4 所示的"显示/渐隐"对话框时，从"目标元素"列表中选择元素的 ID。如果已选择元素，可选择"<当前选定内容>"。

（4）在"效果持续时间"框中，指定此效果持续的时间，用毫秒表示。

（5）从"效果"列表选择要应用的效果，可以是"渐隐"或"显示"。

图 8.4　"显示/渐隐"对话框

（6）在"渐隐自"框中，指定显示此效果所需的不透明度百分比。

（7）在"渐隐到"框中，指定要渐隐到的不透明度百分比。

（8）如果希望该效果是可逆的（即连续单击即可从"渐隐"转换为"显示"或从"显示"转换为"渐隐"），可选择"切换效果"复选框。

（9）完成以上设置后，单击"确定"按钮。

【实战演练】对页面上的 div 元素应用"显示/渐隐"效果，当单击该元素时启动该效果，元素的不透明度将逐渐减小，如图 8.5 和图 8.6 所示。

图 8.5　运行显示/渐隐效果之前的情形

图 8.6　运行显示/渐隐效果之后的情形

（1）在 DW 站点的 chapter08 文件夹中创建一个空白网页并保存为 page8-02.html。

（2）将该页的标题设置为"显示/渐隐效果"。

（3）在文档首部创建 CSS 样式表，代码如下：

```
<style type="text/css">
body {background-image: url(../images/bg01.jpg);}
div#demo {width: 268px; background-color: #69F; margin: 0 auto;
    padding: 1em;text-indent: 2em; cursor: pointer;}
</style>
```

（4）在页面上插入一个 h3 元素和一个 div 元素，并将 div 元素命名为 demo，然后在 div 元素内输入文字。

（5）在页面上选择 div 元素，然后用行为面板对其添加"显示/渐隐"效果，并在"显示/渐隐"对话框中设置以下选项：目标元素为"<当前选定内容>"，效果持续时间为 6000 毫秒，效果为"渐隐"，"渐隐自"和"渐隐到"分别为 100%和 35%，选中"切换效果"。

（6）切换到代码视图，可看到在文档首部添加以下两个 script 标签：

```
<script src="../SpryAssets/SpryEffects.js" type="text/javascript"></script>
<script type="text/javascript">
function MM_effectAppearFade(targetElement, duration, from, to, toggle) {
    Spry.Effect.DoFade(targetElement, {duration: duration, from: from, to: to, toggle: toggle});
}
</script>
```

页面正文部分代码如下：

```
<h3 align="center">显示/渐隐效果</h3>
<div id="demo" onclick="MM_effectAppearFade(this, 6000, 100, 35, true)">单击这里可启动显示/渐隐效果，使目标元素的不透明度发生变化。</div>
```

（8）在浏览器中打开该页，通过单击 div 元素对显示/渐隐效果进行测试。

8.1.4 遮帘效果

使用遮帘（Blind）效果可以模拟向上或向下拉窗帘的过程，受影响的元素位置保持不变。对某个元素添加该效果时，首先需要调用其构造方法创建一个 JavaScript 对象：

```
var blindEffect = new Spry.Effect.Blind(element, options);
```

其中，element 参数指定要应用该效果的元素的 id；遮帘效果只能附加在以下 HTML 元素上：address，dd，div，dl，dt，form，h1，h2，h3，h4，h5，h6，p，ol，ul，li，applet，center，dir，menu，pre。参数 options 是可选的，它是一个对象，用于设置动画的以下属性。

● duration：指定效果持续的时间，以毫秒为单位。默认值为 1000。

● from：指定起始大小，以百分比或像素为单位。默认值为元素原来尺寸的 100%。

● to：指定最终大小，以百分比或像素为单位。默认值为 0%。

● toggle：指定是否创建可逆效果。默认值为 false。

● transition：指定过渡类型。默认值为 Spry.circleTransition。

● fps：指定动画每秒的帧数（fps）。默认值为 60。

● setup：指定效果开始前调用的函数。例如，setup: function(element, effect){}。

● finish：指定效果结束后调用的函数。例如，finish: function(element, effect){}。

创建遮帘效果对象后，调用其 start 方法可以启动该效果。若要调用结束该效果，可调用 stop 方法。

也可以通过调用 Spry.Effect.DoBlind 方法创建遮帘效果对象并启动动画过程：

```
Spry.Effect.DoBlind(element, options);
```

在 Dreamweaver CS5 中，可使用行为面板对元素添加遮帘效果，操作步骤如下。

（1）在页面中，选择要为其应用效果的内容或布局元素。

（2）在行为面板中单击加号按钮，然后从菜单中选择"效果"→"遮帘"。

（3）当出现如图 8.7 所示的"遮帘"对话框时，从"目标元素"列表中选择元素的 ID。如果已选择元素，可选择"<当前选定内容>"。

（4）在"效果持续时间"框中，指定此效果持续的时间，用毫秒表示。

（5）从"效果"列表中选择要应用的效果，可以是"向上遮帘"或"向下遮帘"。

（6）在"向上遮帘自"或"向下遮帘自"框中，以百分比或像素值形式定义遮帘的起始滚动点。这些值是从元素的顶部开始计算的。

图 8.7　"遮帘"对话框

（7）在"向上遮帘到"或"向下遮帘到"框中，以百分比或像素值形式定义遮帘的结束滚动点。这些值是从元素的顶部开始计算的。

（8）如果希望该效果是可逆的（即连续单击即可上下滚动），可选择"切换效果"。

（9）完成以上设置后，单击"确定"按钮。

【实战演练】对包含背景图片的 div 元素应用遮帘效果，当单击该图片时它将向上或向下滚动，如图 8.8 和图 8.9 所示。

图 8.8　运行遮帘效果之前的情形

图 8.9　遮帘效果运行中的情形

（1）在 DW 站点的 chapter08 文件夹中创建一个空白网页并保存为 page8-03.html。

（2）将该页的标题设置为"遮帘效果"。

（3）在文档首部创建 CSS 样式表，代码如下：

```
<style type="text/css">
#demo {background-image: url(../images/image01.jpg); color: #FF9; width: 300px;
    height: 225px; margin: 0 auto; text-align: center; cursor: pointer;}
</style>
```

（4）在该页中插入一个 h3 元素和一个 div 元素，然后将 div 元素命名为 demo，并在该元素内输入文字。

（5）在页面上选择 div 元素，然后用行为面板对其添加"遮帘"效果，并在"遮帘"对话框中设置以下选项：目标元素为"<当前选定内容>"，效果持续时间为 6000 毫秒，向上遮帘自 100%开始，向上遮帘到 10%结束，选择"切换效果"复选框。

（6）切换到代码视图，可看到在文档首部添加以下两个 script 标签：

```
<script src="../SpryAssets/SpryEffects.js" type="text/javascript"></script>
<script type="text/javascript">
function MM_effectBlind(targetElement, duration, from, to, toggle) {
    Spry.Effect.DoBlind(targetElement, {duration: duration, from: from, to: to, toggle: toggle});
}
</script>
```

页面正文部分的代码如下：

```
<h3 align="center">遮帘效果</h3>
<div id="demo" onclick="MM_effectBlind(this, 6000, '100%', '10%', true)">单击此图片，以查看遮帘效果。</div>
```

（7）在浏览器中打开该页，然后通过单击图片对遮帘效果进行测试。

8.1.5 滑动效果

使用滑动（Slide）效果可使目标元素上下或左右移动。滑动效果与遮帘效果类似，不过引发滑动效果时内容是上下或左右移动，而不是停留一个地方。

对某个元素应用滑动效果时，首先需要调用其构造函数来创建一个对象：

```
var slideEffect = new Spry.Effect.Slide(element, options);
```

其中，element 参数指定要应用该效果的元素，滑动效果只能应用于以下 HTML 元素：blockquote，dd，div，form，center，table，span，input，textarea，select，image。参数 options 是可选的，它是一个对象，可以包含以下属性。

- duration：指定效果持续的时间，以毫秒为单位。默认值为 2000。
- from：指定起始大小，以百分比或像素为单位。默认值为元素原来尺寸的 100%。
- to：指定最终大小，以百分比或像素为单位。默认值为 0%。
- horizontal：指定元素滑动的方向。若设置为 true，则沿水平方向滑动；若设置为 false，则沿垂直方向滑动。默认值为 false。
- toggle：指定是否创建可逆效果。默认值为 false。
- transition：指定过渡类型。默认值为 Spry.sinusoidalTransition。
- fps：指定动画每秒的帧数（fps）。默认值为 60。
- setup：指定效果开始前调用的函数。例如，setup:function(element,effect){}。
- finish：指定效果结束后调用的函数。例如，finish:function(element,effect){}。

注意：要使滑动效果正常工作，必须将目标元素封装在具有唯一 ID 的容器标签中。用于封装目标元素的容器标签必须是 blockquote、dd、form、div 或 center 标签。若要创建水平滑动效果，需要以手动方式将 options.horizontal 参数设置为 true。

创建滑动效果对象之后，可调用其 start 方法，以启动该效果。若要停止该效果，可调用其 stop 方法。

也可以通过调用 Spry.Effect.DoSlide 方法来创建滑动效果对象并启动该效果：

```
Spry.Effect.DoSlide(element, options);
```

在 Dreamweaver CS5 中，可使用行为面板对元素添加滑动效果，操作步骤如下。

（1）在页面中，选择要应用效果的内容的容器标签。

（2）在行为面板中单击加号按钮，然后从菜单中选择"效果"→"滑动"命令。

（3）当出现如图 8.10 所示的"滑动"对话框时，从"目标元素"列表中选择容器标签的 ID。如果已选择容器，可选择"<当前选定内容>"。

（4）在"效果持续时间"框中，指定出现此效果所需的时间，用毫秒表示。

（5）从"效果"列表中选择要应用的效果：可以是"上滑"或"下滑"。

图 8.10 "滑动"对话框

（6）在"上滑自"框中，以百分比或像素值形式定义起始滑动点。

（7）在"上滑到"框中，以百分比或正像素值形式定义滑动结束点。

（8）如果希望该效果是可逆的，即通过连续单击上下滑动，可选择"切换效果"复选框。

（9）完成以上设置后，单击"确定"按钮。

【实战演练】对包含于 div 元素中的图片应用滑动效果，当单击超链接时向上或向下滑动该 div 元素，如图 8.11 和图 8.12 所示。

图 8.11　运行滑动效果之前的情形　　　　图 8.12　运行滑动效果之后的情形

（1）在 DW 站点的 chapter08 文件夹中创建一个空白网页并保存为 page8-04.html。

（2）将该页的标题设置为"滑动效果"。

（3）在文档首部创建 CSS 样式表，代码如下：

```
<style type="text/css">
#demo {width: 300px; height: 225px; margin: 0 auto;}
</style>
```

（4）在该页上添加一个空链接和一个 div 标签，然后将后者的 id 设置为 demo 并在其中插入一个图片。

（5）在页面上选择超链接，然后用行为面板添加滑动效果，并在"滑动"对话框中设置以下选项：目标元素为 div "demo"，效果持续时间为 6000 毫秒，效果为上滑，上滑自 100%开始，上滑到 10%结束，选择"切换效果"复选框。

（6）切换到代码视图，可看到在文档首部添加了以下两个 script 标签：

```
<script src="../SpryAssets/SpryEffects.js" type="text/javascript"></script>
<script type="text/javascript">
function MM_effectSlide(targetElement, duration, from, to, toggle) {
    Spry.Effect.DoSlide(targetElement, {duration: duration, from: from, to: to, toggle: toggle});
}
</script>
```

页面正文部分代码如下：

```
<p align="center"><a href="javascript:;" onclick="MM_effectSlide('demo', 6000, '100%', '10%', true)">查看滑动效果</a></p>
<div id="demo"><img src="../images/image04.jpg" /></div>
```

（7）在浏览器中打开该页，然后通过单击链接对滑动效果进行测试。

8.1.6　增大/收缩效果

使用增大/收缩（Grow）可使目标元素的尺寸增大或收缩。默认情况下，该效果是从元素的中心增大和收缩。对某元素应用增大/收缩效果，首先需要调用其构造函数创建一个对象：

```
var growEffect = new Spry.Effect.Grow(element, options);
```

其中，element 参数指定要应用增大/收缩效果的元素，该效果只能应用于以下 HTML 元素：address，dd，div，dl，dt，form，p，ol，ul，applet，center，dir，menu，img 或 pre。参数 options 是可选的，它是一个对象，可以包含以下属性。

● duration：指定效果持续的时间，以毫秒为单位。默认值为 1000。

- from：指定起始大小，以百分比或像素为单位。默认值为元素原来尺寸的 0%。
- to：指定最终大小，以百分比或像素为单位。默认值为 100%。
- toggle：指定是否创建可逆效果。默认值为 false。
- growCenter：指定目标增大和收缩的方法。其默认值为 true，指定从中心增大和收缩。若设置为 false，则元素从左上角增大和收缩。
- useCSSBox：指定是否按照与元素内部内容框的比例来修改边框、边距和填充量。默认值为 false。
- transition：指定过渡类型。默认值为 Spry.squareTransition。
- fps：指定动画每秒的帧数（fps）。默认值为 60。
- setup：指定效果开始前调用的函数。例如，setup: function(element, effect){}。
- finish：指定效果结束后调用的函数。例如，finish: function(element, effect){}。

创建增大/收缩效果对象后，可调用其 start 方法来启动该效果。若要停止该效果，可调用其 stop 方法。

也可以通过调用 Spry.Effect.DoGrow 方法来创建增大/收缩效果对象并启动动画：

> Spry.Effect.DoGrow(element, options);

在 Dreamweaver CS5 中，可使用行为面板对元素添加增大/收缩效果，操作步骤如下。

（1）在页面上，选择要为其应用效果的内容或布局元素。

（2）在行为面板中单击加号按钮，然后从弹出菜单中选择"效果"→"增大/收缩"。

（3）当出现如图 8.13 所示的"增大/收缩"对话框时，从"目标元素"下拉列表框中选择元素的 ID。如果已选择元素，可选择"<当前选定内容>"。

（4）在"效果持续时间"框中，指定出现此效果持续的时间，用毫秒表示。

图 8.13 "增大/收缩"对话框

（5）从"效果"列表中选择要应用的效果，可以选择"增大"或"收缩"。

（6）在"增大自/收缩自"框中，指定元素在效果开始时的大小。该值为百分比大小或像素值。

（7）在"增大到/收缩到"框中，指定元素在效果结束时的大小。该值为百分比大小或像素值。

（8）如果为"增大自/收缩自"或"增大到/收缩到"框选择像素值，则会出现"宽/高"框。元素将根据所选择的选项相应地增大或收缩。

（9）从"增大自/收缩到"列表中选择希望元素增大或收缩的方式，可以是"居中对齐"或"左上角"。

（10）如果希望该效果是可逆的（即连续单击即可增大或收缩），可选择"切换效果"复选框。

（11）完成以上设置后，单击"确定"按钮。

【实战演练】对页面上的图片添加增大/收缩效果，通过单击图片使其增大或缩小，如图 8.13 和图 8.14 所示。

（1）在 DW 站点的 chapter08 文件夹中创建一个空白网页并保存为 page8-05.html。

（2）将该页的标题设置为"增大/收缩效果"。

（3）在该页上插入两个段落，在一个段落中输入文字，在另一个段落中插入图片。

（4）在页面上选择图片，然后用行为面板为其添加增大/收缩效果，在"增大/收缩"对话框中设置以下选项：目标元素为当前选定内容，效果为"收缩"，收缩自 100%开始，收缩到 30%

结束，收缩时采用"居中对齐"，选择"切换效果"复选框。

图 8.13　运行动画效果之前的情形

图 8.14　运行动画效果之后的情形

（5）切换到代码视图，可看到在文档首部添加了以下两个 script 标签：

```
<script src="../SpryAssets/SpryEffects.js" type="text/javascript"></script>
<script type="text/javascript">
function MM_effectGrowShrink(targetElement, duration, from, to, toggle, referHeight, growFromCenter) {
    Spry.Effect.DoGrow(targetElement, {duration: duration, from: from, to: to, toggle: toggle, referHeight: referHeight,
growCenter: growFromCenter});
    }
</script>
```

页面正文部分代码如下：

```
<p align="center">单击图片，以查看增大/收缩效果。</p>
<p align="center"><img src="../images/image05.jpg" width="300" height="225" onclick= "MM_effectGrowShrink (this, 6000,
'100%', '30%', true, false, true)" /></p>
```

（6）在浏览器中打开该页，然后通过单击图片对增大/收缩效果进行测试。

8.1.7　挤压效果

挤压（Squish）效果使目标元素消失在页面的左上角。实际上，挤压效果所产生的作用与把 growCenter 选项设置为 false 时的增大/收缩效果是相同的。对某个元素添加挤压效果时，首先需要调用其构造函数来创建一个对象：

```
var squishEffect = new Spry.Effect.Squish(element, options);
```

其中，element 参数指定要应用挤压效果的元素，该效果只能应用于以下 HTML 元素：address，dd，div，dl，dt，form，p，ol，ul，applet，center，dir，menu，img，pre。参数 options 是可选的，它是一个对象，可以包含以下属性。

- duration：指定效果持续的时间，以毫秒为单位。默认值为 1000。
- from：指定起始大小，以百分比或像素为单位。默认值为元素原来尺寸的 100%。
- to：指定最终大小，以百分比或像素为单位。默认值为 0%。
- toggle：指定是否创建可逆效果。默认值为 false。
- useCSSBox：指定是否按照与元素内部内容框的比例来修改边框、边距和填充量。默认值为 false。
- transition：指定过渡类型。默认值为 Spry.squareTransition。
- fps：指定动画每秒的帧数（fps）。默认值为 60。
- setup：指定效果开始前调用的函数。例如，setup: function(element, effect){}。
- finish：指定效果结束后调用的函数。例如，finish: function(element, effect){}。

创建挤压效果对象后，可通过调用其 start()方法来启动该效果。若要停止该效果，可调用其 stop()方法。

也可以通过调用 Spry.Effect.DoSquish 方法来创建挤压效果对象并启动动画：

```
Spry.Effect.DoSquish(element, options);
```

在 Dreamweaver CS5 中，可使用行为面板对元素添加挤压效果，操作步骤如下。

（1）在页面上，选择要为其应用效果的内容或布局元素。

（2）在行为面板中单击加号按钮，然后从菜单中选择"效果"→"挤压"。

（3）当出现如图 8-16 所示的"挤压"对话框时，从"目标元素"列表中选择元素的 ID。如果已选择元素，可选择"<当前选定内容>"。

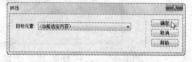

图 8.16 "挤压"对话框

（4）单击"确定"按钮。

提示：若要对挤压效果进行更多的控制，需要以手动方式向 Spry.Effect.Squish 或 Spry. Effect.DoSquish 方法中传递第二个参数，以设置附加的属性。

【实战演练】对页面上的图片添加挤压效果，当单击图片时使其尺寸变小直至消失，如图 8.17 和图 8.18 所示。

图 8.17 运行挤压效果之前的情形

图 8.18 挤压效果运行中

（1）在 DW 站点的 chapter08 文件夹中创建一个空白网页并保存为 page8-06.html。

（2）将该页的标题设置为"挤压效果"。

（3）在该页插入两个段落，然后在一个段落中输入文字，在另一个段落中插入图片。

（4）在页面上选择图片，然后用行为面板为该图片添加挤压效果。

（5）切换到代码视图，可看到在文档首部添加了以下两个 script 标签：

```
<script src="../SpryAssets/SpryEffects.js" type="text/javascript"></script>
<script type="text/javascript">
function MM_effectSquish(targetElement) {
    Spry.Effect.DoSquish(targetElement);
}
</script>
```

页面正文部分代码如下：

```
<p align="center">单击图片，以查看挤压效果。</p>
<p align="center"><img src="../images/image08.jpg" onclick="MM_effectSquish(this)" /></p>
```

（6）在浏览器中打开该页，然后通过单击图片对挤压效果进行测试。

8.1.8 晃动效果

使用晃动（Shake）效果可使目标元素快速左右摇动 20 像素。对某个元素添加晃动效果时，首先需要调用其构造函数来创建一个 JavaScript 对象：

```
var shakeEffect = new Spry.Effect.Shake(element, options);
```

其中，element 参数指定要应用该效果的元素，该效果只能应用于以下 HTML 元素：address，blockquote，dd，div，dl，dt，fieldset，form，h1，h2，h3，h4，h5，h6，iframe，img，object，p，ol，ul，li，applet，dir，hr，menu，pre，table。参数 options 是可选的，它是一个对象，可以包含以下属性。

- duration：指定动画的持续时间，以毫秒为单位。
- transition：指定过渡的类型。默认值为 Spry.linearTransition。
- fps：指定动画每秒钟的帧数（fps）。默认值为 60。
- setup：指定效果开始前调用的函数。例如，setup:function (element,effect){}。
- finish：指定效果结束后调用的函数。例如，finish:function (element,effect){}。

创建晃动效果对象后，可通过调用其 start()方法来启动该效果。若要停止晃动效果，可调用其 stop()方法。

也可以通过调用 Spry.Effect.DoShake 方法来创建晃动效果对象并启动该效果：

```
Spry.Effect.DoShake(element, options);
```

在 Dreamweaver CS5 中，可使用行为面板对元素应用晃动效果，操作步骤如下。

（1）在页面上，选择要为其应用效果的内容或布局元素。

（2）在行为面板中单击加号按钮，然后从菜单中选择"效果"→"晃动"命令。

（3）当出现如图 8.19 所示的"晃动"对话框时，从目标元素菜单中，选择元素的 ID。如果已选择元素，可选择"<当前选定内容>"。

（4）单击"确定"按钮。

图 8.19　"晃动"对话框

【实战演练】对页面上的图片添加晃动效果，当单击该图片时使其左右晃动，如图 8.20 和图 8.21 所示。

图 8.20　运行晃动效果之前的情形

图 8.21　晃动效果运行中

（1）在 DW 站点的 chapter08 文件夹中创建一个空白网页并保存为 page8-07.html。

（1）在 DW 站点的 chapter08 文件夹中创建一个空白网页并保存为 page8-07.html。

（2）将该页的标题设置为"晃动效果"。

（3）在该页插入两个段落，然后在一个段落中输入文字，在另一个段落中插入图片。

（4）在页面上选择图片，然后用行为面板为该图片添加晃动效果。

（5）切换到代码视图，可看到在文档首部添加了以下两个 script 标签：

```
<script src="../SpryAssets/SpryEffects.js" type="text/javascript"></script>
<script type="text/javascript">
function MM_effectShake(targetElement) {
    Spry.Effect.DoShake(targetElement);
}
</script>
```

页面正文部分代码如下：

```
<p align="center">单击图片，以查看晃动效果。</p>
<p align="center"><img src="../images/image03.jpg" onclick="MM_effectShake(this)" /></p>
```

（6）在浏览器中打开该页，然后通过单击图片对挤压效果进行测试。

8.1.9 删除 Spry 效果

在 Dreamweaver CS5 中，可以使用行为面板轻松地为元素添加 Spry 效果行为，此时将自动在文档中插入所需的 script 标签，并对目标元素的相关事件属性进行设置，以调用运行效果的函数。

如果不再需要使用 Spry 效果，也可以使用行为面板从元素中删除它们。操作步骤如下。

（1）在页面上，选择要为其应用效果的内容或布局元素。

（2）在行为面板中，单击要从行为列表中删除的效果。

（3）执行下列操作之一：

● 在子面板的标题栏中单击"删除事件"按钮。

● 右键单击要删除的行为，然后选择"删除行为"。

此时，将从文档首部删除与该效果行为相关的 script 标签，同时也从目标元素的标签中删除对相关事件属性的设置。

8.2 Spry Widget 应用

"Widget"一词在中文中可译为小部件、构件、窗口小部件或窗口组件等。Spry Widget 是预置的常用页面组件，可以使用 CSS 对这些组件进行自定义，然后将其添加到页面中。在 Dreamweaver CS5 中，可以通过可视化操作将一些常用 Widget 添加到页面中，从而允许用户执行各种各样的操作，例如显示或隐藏页面上的内容、更改页面的外观（如颜色）以及与菜单项交互等等。

8.2.1 Spry Widget 概述

Adobe Spry 框架支持一组用标准的 HTML、CSS 和 JavaScript 编写的可重用 Widget。在 Dreamweaver CS5 中，可以方便地在页面中插入这些 Widget（采用最简单的 HTML 和 CSS 代码），然后对 Widget 的样式进行设置。

Spry Widget 是一个页面元素，它通过启用用户交互来提供更丰富的用户体验。Spry Widget 由以下 3 个部分组成。

● Widget 结构：用来定义组件结构组成的 HTML 代码块。

● Widget 行为：用来控制组件如何响应用户启动事件的 JavaScript。

● Widget 样式：用来指定组件外观的 CSS。

Spry 框架中的每个 Widget 都与唯一的 CSS 样式表文件和 JavaScript 库文件相关联，这些文件都是 Widget 的支持文件，其中 CSS 样式表文件包含设置 Widget 样式所需的全部信息，而 JavaScript 库文件则赋予 Widget 功能。对于给定的 Widget，其支持文件都是根据该 Widget 来命名的。例如，与折叠 Widget 关联的文件有 SpryAccordion.css 和 SpryAccordion.js。因此，很容易判断哪些文件对应于哪些 Widget。

若要在页面中插入 Widget，可执行下列操作之一。

● 在"插入"面板中选择"Spry"类别，然后单击所需的 Widget，如图 8.22 所示。

● 在"插入"菜单中选择"Spry"，然后从子菜单中选择所需的 Widget，如图 8.23 所示。

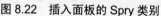

图 8.22　插入面板的 Spry 类别

图 8.23　"插入"→"Spry"菜单

当在已保存的页面中插入某个 Spry Widget 时，Dreamweaver 将在当前站点中创建一个名为 SpryAssets 的文件夹，并将所需的支持文件复制到其中。当使用 Dreamweaver 可视化操作在页面中插入 Spry Widget 时，Dreamweaver 会自动将相关联的 CSS 样式表文件和 JavaScript 库文件链接到该页面，以便设置 Widget 的样式并实现其功能。

Spry Widget 按用途分为以下 3 个类别。

- 用于构建页面布局的 Widget：包括 Spry 菜单栏、Spry 选项卡式面板、Spry 折叠式、Spry 可折叠面板以及 Spry 工具提示。
- 用于验证表单的 Widget：包括 Spry 验证文本域、Spry 验证文本区域、Spry 验证复选框、Spry 验证密码、Spry 验证确认以及 Spry 单选按钮。
- 用于实现数据访问的 Widget：包括 Spry 数据集、Spry 区域、Spry 重复项以及 Spry 重复列表。

本章主要讨论第一个类别的 Widget 的应用。至于用于验证表单的 Widget 将在第 9 章中进行介绍。由于篇幅所限，本书不介绍用于实现数据访问的 Widget，读者可参阅相关资料。

8.2.2　折叠 Widget

折叠（Accordion）Widget 是一组可折叠的面板，可将大量内容存储在一个紧凑的空间中。站点访问者可通过单击该面板上的选项卡来隐藏或显示存储在折叠 Widget 中的内容。当访问者单击不同的选项卡时，折叠 Widget 的面板会相应地展开或收缩。在折叠 Widget 中，每次只能有一个内容面板处于打开且可见的状态，如图 8.24 所示。

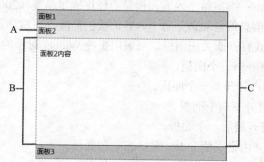

A-折叠式面板选项卡　　B-折叠式面板内容　　C-已打开的折叠式面板

图 8.24　Spry 折叠 Widget 外观

要在页面上创建折叠 Widget，需要以下 3 个步骤。

（1）在文档首部链接折叠 Widget 的支持文件（应确保将这些文件复制到站点中）：

```
<script src="../SpryAssets/SpryAccordion.js" type="text/javascript"></script>
<link href="../SpryAssets/SpryAccordion.css" rel="stylesheet" type="text/css" />
```

（2）在页面正文部分编写折叠 Widget 的 HTML 代码：

```html
<div id="Accordion1" class="Accordion" tabindex="0">
  <div class="AccordionPanel">
    <div class="AccordionPanelTab">面板 1 的标题</div>
    <div class="AccordionPanelContent">面板 1 的内容</div>
  </div>
  <div class="AccordionPanel">
    <div class="AccordionPanelTab">面板 2 的标题</div>
    <div class="AccordionPanelContent">面板 3 的内容</div>
  </div>
  <div class="AccordionPanel">
    <div class="AccordionPanelTab">面板 3 的标题</div>
    <div class="AccordionPanelContent">面板 3 的内容</div>
  </div>
</div>
```

由此可知，折叠 Widget 由一个外部 div 和位于其中的若干个面板 div 组成，外部 div 具有一个唯一的 id 并应用 Accordion 类，每个面板 div 均应用 AccordionPanel 类；每个面板 div 包含一个标题 div 和内容 div，其中标题 div 应用 AccordionPanelTab 类，内容 div 应用 AccordionPanelContent 类。所有这些 CSS 类均包含在样式表 SpryAccordion.css 中。折叠 Widget 可以包含任意数量的单独面板。

（3）在折叠 Widget 的 HTML 代码之后，插入 script 标签并创建一个 JavaScript 对象：

```html
<script type="text/javascript">
var Accordion1= new Spry.Widget.Accordion("Accordion1", options);
</script>
```

其中，"Accordion1" 为外部 div 的 id。参数 options 是一个对象，它可以包含以下属性。

- defaultPanel：设置处在打开状态的默认面板的索引值，默认值为 0，表示第一个面板。
- enableAnimation：设置打开和关闭面板时是否启用动画，默认值为 true。
- enableKeyboardNavigation：设置是否允许使用键盘打开和关闭面板，默认值为 true。
- duration：设置打开面板所需的毫秒数，默认为 500。
- previousPanelKeyCode：指定用于打开上一个面板的按键的代码，默认值为 38，表示向上箭头键。
- nextPanelKeyCode：指定用于打开下一个面板的按键的代码，默认值为 40，表示向下箭头。
- useFixedPanelHeights：指定每个内容面板是否使用固定高度（200px），默认值为 true。若希望根据所包含的信息量自动调整每个内容面板的高度，可将该属性设置为 false。

如果希望用编程方式打开或关闭面板，可调用折叠 Widget 对象的以下方法。

- openFirstPanel()：打开第一个面板。
- openPreviousPanel()：打开上一个面板。
- openNextPanel()：打开下一个面板。
- openLastPanel()：打开最后一个面板。
- openPanel(arg)：打开由索引值 index 或 id 指定的面板。
- closePanel()：关闭当前打开的面板。

在 Dreamweaver CS5 中，可使用可视化方式来插入和编辑折叠 Widget，操作方法如下。

（1）通过执行下列操作之一来插入折叠 Widget。

- 选择"插入"→"Spry"→"Spry 折叠式"。
- 在插入面板的"Spry"类别中单击"Spry 折叠式"命令。

（2）若要将新面板添加到折叠 Widget，可在文档窗口中选择折叠 Widget，然后在属性检查器中单击"面板"旁边的加号按钮，如图 8.25 所示。

（3）若要更改面板的名称，可在设计视图中选择面板的文本并对其进行修改。

（4）若要从折叠 Widget 删除面板，可在属性检查器的"面板"列表中选择要删除的面板的名称，然后单击减号按钮。

（5）若要打开面板进行编辑，可执行下列操作之一。

- 将鼠标指针移到要在设计视图中打开的面板的选项卡上，然后单击出现在该选项卡右侧的眼睛图标，如图 8.26 所示。

图 8.25　在折叠 Widget 中添加面板　　　　**图 8.26　单击眼睛图标以显示面板内容**

- 在文档窗口中选择一个折叠式 Widget，然后单击面板的名称，以便在属性检查器的"面板"列表中对其进行编辑。

（6）若要更改面板的顺序，可在属性检查器中选择要移动的面板的名称，然后单击向上箭头或向下箭头以向上或向下移动该面板，如图 8.27 所示。

使用属性检查器可以简化对折叠 Widget 的编辑，但

图 8.27　通过单击箭头移动面板

是属性检查器并不支持自定义的样式设置任务。若要自定义折叠 Widget，可以修改折叠 Widget 的 CSS 规则，并根据自己的喜好设置来折叠 Widget。

若要更改折叠 Widget 的文本样式，可使用表 8.1 来查找相应的 CSS 规则，然后添加自己的文本样式属性和值。

若要更改折叠 Widget 不同部分的背景颜色，可使用表 8.2 来查找相应的 CSS 规则，然后添加或更改背景颜色的属性和值。

表 8.1　设置折叠 Widget 的文本样式

要更改的文本	相关 CSS 规则	相关 CSS 属性
整个折叠 Widget（包括选项卡和内容面板）中的文本	.Accordion 或 .AccordionPanel	font-family，font-size
仅限折叠面板选项卡中的文本	.AccordionPanelTab	font-family，font-size
仅限折叠面式内容面板中的文本	.AccordionPanelContent	font-family，font-size

表 8.2　设置折叠 Widget 不同部分的背景颜色

要更改的 Widget 部分	相关 CSS 规则	相关 CSS 属性
折叠式面板选项卡的背景颜色	.AccordionPanelTab	background-color
折叠式内容面板的背景颜色	.AccordionPanelContent	background-color
已打开的折叠式面板的背景颜色	.AccordionPanelOpen .AccordionPanelTab	background-color
鼠标悬停在其上的面板选项卡的背景颜色	.AccordionPanelTabHover	background-color
鼠标悬停在其上的已打开面板选项卡的背景颜色	.AccordionPanelOpen .AccordionPanelTabHover	background-color

默认情况下，折叠 Widget 会展开以填充可用空间。但是，也可以通过设置折叠式容器的 width 属性来限制折叠 Widget 的宽度。操作步骤如下。

（1）打开 SpryAccordion.css 文件，然后查找 .Accordion CSS 规则。此规则可用来定义折叠 Widget 的主容器元素的属性。也可以在文档窗口中选择折叠 Widget，然后在 CSS 样式面板中选择"当前"模式，再查找.Accordion CSS 规则。

（2）向该规则中添加一个 width 属性和值，例如"width: 300px;"。也可以在以主容器元素的 id 作为选择器定义一个新的 CSS 规则，并设置 width 属性。

【实战演练】在页面上添加一个折叠 Widget，要求它包含 3 个面板并根据信息量自动调整面板高度，如图 8.28 和图 8.29 所示。

图 8.28　第二个面板包含两行文字

图 8.29　第三个面板包含 4 行文字

（1）在 DW 站点的 chapter08 文件夹中创建一个空白网页并保存为 page8-08.html。

（2）将该页的标题设置为"折叠 Widget 应用示例"。

（3）在文档首部创建 CSS 样式表，代码如下：

```
<style type="text/css">
#Accordion1 {width: 368px; font-size: 12px; margin: 0 auto;}
.AccordionPanelTab {text-align: center;}
.AccordionPanelOpen .AccordionPanelTab {font-weight: bold;}
.AccordionPanelContent p {text-align: center;}
</style>
```

（4）在该页上插入一个折叠 Widget 并向其中新增一个面板，然后对各个面板的名称和内容进行设置，HTML 代码如下：

```
<div id="Accordion1" class="Accordion" tabindex="0">
  <div class="AccordionPanel">
    <div class="AccordionPanelTab">王之涣　·　出塞</div>
    <div class="AccordionPanelContent">
      <p>黄河远上白云间，一片孤城万仞山。</p>
      <p>羌笛何须怨杨柳？春风不度玉门关。</p>
    </div>
  </div>
  <div class="AccordionPanel">
    <div class="AccordionPanelTab">李白　·　下江陵</div>
    <div class="AccordionPanelContent">
      <p>朝辞白帝彩云间，千里江陵一日还。</p>
      <p>两岸猿声啼不住，轻舟已过万重山。</p>
    </div>
  </div>
  <div class="AccordionPanel">
    <div class="AccordionPanelTab">杜甫　·　客至</div>
    <div class="AccordionPanelContent">
      <p>舍南舍北皆春水，但见群鸥日日来。</p>
      <p>花径不曾缘客扫，蓬门今始为君开。</p>
      <p>盘飧市远无兼味，樽酒家贫只旧醅。</p>
```

```
        <p>肯与邻翁相对饮，隔离呼取尽余杯。</p>
      </div>
    </div>
  </div>
```

（5）定位到折叠 Widget 的 HTML 后面的 JavaScript 块，在该折叠 Widget 构造函数中添加第二个参数，代码如下：

```
<script type="text/javascript">
var Accordion1 = new Spry.Widget.Accordion("Accordion1", {useFixedPanelHeights: false});
</script>
```

（6）在浏览器中打开该页，对折叠 Widget 进行测试。

8.2.3　可折叠面板 Widget

可折叠面板（Collapsible Panel）Widget 是一个面板，可将内容存储到紧凑的空间中。当用户单击该 Widget 的选项卡时，可隐藏或显示存储在可折叠面板中的内容，如图 8.30 所示。

已展开　　　　　　　　　已折叠

图 8.30　可折叠面板 Widget

要在页面上创建一个可折叠面板 Widget，需要以下 3 个步骤。

（1）在文档首部链接到可折叠面板 Widget 的支持文件：

```
<script src="../SpryAssets/SpryCollapsiblePanel.js" type="text/javascript"></script>
<link href="../SpryAssets/SpryCollapsiblePanel.css" rel="stylesheet" type="text/css" />
```

（2）在希望可折叠面板 Widget 出现的位置上，编写以下 HTML 代码：

```
<div id="CollapsiblePanel1" class="CollapsiblePanel">
  <div class="CollapsiblePanelTab" tabindex="0">选项卡</div>
  <div class="CollapsiblePanelContent">面板内容</div>
</div>
```

在上述 HTML 代码中，外层 div 包含着一个选项卡 div（设置 tabindex 属性以激活键盘导航）和一个内容 div。外层 div 具有一个唯一的 id 并应用 CollapsiblePanel 类，选项卡 div 应用 CollapsiblePanelTab 类，内容 div 应用 CollapsiblePanelContent 类，这些 CSS 类均包含在文件 SpryCollapsiblePanel.css 中。

（3）在可折叠面板 Widget 的 HTML 代码之后，插入 script 标签并创建 JavaScript 对象：

```
<script type="text/javascript">
var CollapsiblePanel1 = new Spry.Widget.CollapsiblePanel("CollapsiblePanel1", options);
</script>
```

其中，CollapsiblePanel1 为外层容器 div 标签的 id。参数 options 是可选的，它是一个对象，可包含以下属性。

● duration：指定打开面板所需要的时间，默认值为 500 毫秒。

● enableAnimation，设置打开和关闭面板时是否启用动画，默认值为 true。

● enableKeyboardNavigation：设置是否允许使用键盘打开和关闭面板，默认值为 true。

● contentIsOpen：设置面板是默认状态是打开或关闭，默认值为 true，表示面板处于打开。

● openPanelKeyCode：指定用于打开面板的按键的代码，默认值为 40，表示向下箭头。

● closePanelKeyCode：指定用于关闭面板的按键的代码，默认为 38，表示向上箭头。

创建上述 JavaScript 对象之后，可通过调用其 open() 和 close() 方法来打开和关闭面板。

在 Dreamweaver CS5 中，可通过可视化方式来插入和编辑可折叠面板 Widget，具体操作方法如下。

（1）若要插入可折叠面板 Widget，可选择"插入"→"Spry"→"Spry 可折叠面板"，或者在插入面板中的"Spry"类别单击"可折叠面板 Widget"。

（2）若要在设计视图中打开或关闭可折叠面板，可执行下列操作之一。

● 在设计视图中，将鼠标指针移到该面板的选项卡上，然后单击出现在该选项卡右侧中的眼睛图标，如图 8.31 所示。

● 在文档窗口中选择可折叠面板 Widget，然后在属性检查器的"显示"弹出菜单中选择"打开"或"已关闭"。

（3）若要设置可折叠面板 Widget 的默认状态，可在属性检查器的"默认状态"列表中选择"打开"或"已关闭"。

（4）若要启用或禁用可折叠面板 Widget 的动画，可在属性检查器中选择或取消"启用动画"复选框，如图 8.32 所示。

图 8.31　隐藏面板内容

图 8.32　启用动画效果

创建可折叠面板 Widget 时，通过设置整个可折叠面板 Widget 容器的属性或分别设置 Widget 的各个组件的属性，可以设置可折叠面板 Widget 的文本样式。

若要更改可折叠面板 Widget 的文本格式，可使用表 8.3 来查找相应的 CSS 规则，然后添加自己的文本样式属性和值。

表 8.3　设置折叠面板 Widget 的文本样式

要更改的文本	相关 CSS 规则	相关 CSS 属性
整个可折叠面板中的文本	.CollapsiblePanel	font-family，font-size
仅限面板选项卡中的文本	.CollapsiblePanelTab	font-family，font-size
仅限内容面板中的文本	.CollapsiblePanelContent	font-family，font-size

若要更改可折叠面板 Widget 不同部分的背景颜色，可使用表 8.4 来查找相应的 CSS 规则，然后根据自己的喜好添加或更改背景颜色的属性和值。

表 8.4　设置折叠面板 Widget 不同部分的背景颜色

要更改的背景颜色	相关 CSS 规则	相关 CSS 属性
面板选项卡的背景颜色	.CollapsiblePanelTab	background-color
内容面板的背景颜色	.CollapsiblePanelContent	background-color
当面板处于打开状态时选项卡的背景颜色	.CollapsiblePanelOpen .CollapsiblePanelTab	background-color
当鼠标指镇上悬停于已打开面板选项卡上方时，选项卡的背景颜色	.CollapsiblePanelTabHover、.CollapsiblePanelOpen .CollapsiblePanelTabHover	background-color

默认情况下，可折叠面板 Widget 会展开以填充可用空间。但是，也可以通过为可折叠面板容器设置 width 属性来限制可折叠面板 Widget 的宽度。操作步骤如下。

（1）打开 SpryCollapsiblePanel.css 文件来查找 .CollapsiblePanel CSS 规则。此规则为可折叠面

板 Widget 的主容器元素定义属性。也可以在文档窗口中选择可折叠式面板 Widget，然后在 CSS 样式面板中选择"当前"模式，再查找此规则。

（2）向该规则中添加一个 width 属性和值，例如"width: 300px;"。也可以将主容器元素的 id 作为选择器定义一个 CSS 规则，并对 width 属性进行设置。

如果将若干个可折叠面板构件包含在一个主容器 div 元素中，则可组成一个可折叠面板组，它在结构和外观上都与折叠 Widget 十分相似。所不同的是，可折叠面板组允许同时打开多个面板，而折叠 Widget 在同一时刻只能打开一个面板。

在可折叠面板 Widget 对应的 CSS 样式表文件中，并没有为可折叠面板组设置 CSS 规则。只能通过手写代码方式来创建可折叠面板组，即首先编写可折叠面板组的 HTML 代码，然后插入 script 标签，调用 Spry.Widget.CollapsiblePanelGroup 构造函数来创建一个 JavaScript 对象：

```
<script type="text/javascript">
var CollapsiblePanelGroup1 = new Spry.Widget.CollapsiblePanelGroup(id, options);
</script>
```

其中，参数 id 给出主容器 div 的 id；参数 options 是一个对象，用于设置各种选项。

通过 JavaScript 脚本创建可折叠面板组对象后，即可调用该对象的相关方法来打开或关闭指定面板或所有面板。

● openPanel(index)：打开由索引值指定的可折叠面板。
● closePanel(index)：关闭由索引值指定的可折叠面板。
● openAllPanels()：打开组内的所有面板。
● closeAllPanels()：关闭组内的所有面板。

【实战演练】在页面上创建一个可折叠面板组，效果如图 8.33 和图 8.34 所示。

图 8.33 所有面板均处于关闭状态　　图 8.34 所有面板均处于打开状态

（1）在 DW 站点的 chapter07 文件夹中创建一个空白网页并保存为 page8-09.html。

（2）将该页的标题设置为"可折叠面板组应用示例"。

（3）在文档首部插入 script 和 link 标签，以链接到可折叠面板 Widget 的支持文件：

```
<script src="../SpryAssets/SpryCollapsiblePanel.js" type="text/javascript"></script>
<link href="../SpryAssets/SpryCollapsiblePanel.css" rel="stylesheet" type="text/css" />
```

然后创建以下 CSS 样式表：

```
<style type="text/css">
.CollapsiblePanelTab, .CollapsiblePanelContent {
    font-size: 12px; text-align: center;}
#CollapsiblePanelGroup1 {width: 300px; margin: 0 auto;}
</style>
```

（4）在页面正文部分输入以下内容：

```
<div id="CollapsiblePanelGroup1">
    <div id="CollapsiblePanel1" class="CollapsiblePanel">
```

```
                <div class="CollapsiblePanelTab" tabindex="0">王之涣  •  登鹳雀楼</div>
                <div class="CollapsiblePanelContent">
                    <div>白日依山尽，黄河入海流。</div>
                    <div>欲穷千里目，更上一层楼。</div>
                </div>
            </div>
            <div id="CollapsiblePanel2" class="CollapsiblePanel">
                <div class="CollapsiblePanelTab" tabindex="0">贾岛  •  寻隐者不遇</div>
                <div class="CollapsiblePanelContent">
                    <div>松下问童子，言师采药去。</div>
                    <div>只在此山中，云深不知处。</div>
                </div>
            </div>
            <div id="CollapsiblePanel3" class="CollapsiblePanel">
                <div class="CollapsiblePanelTab" tabindex="0">孟浩然  •  春晓</div>
                <div class="CollapsiblePanelContent">
                    <div>春眠不觉晓，处处闻啼鸟。</div>
                    <div>夜来风雨声，花落知多少。</div>
                </div>
            </div>
        </div>
        <script type="text/javascript">
        var opts = {contentIsOpen: false};
        var CollapsiblePanelGroup1 = new Spry.Widget.CollapsiblePanelGroup("CollapsiblePanelGroup1", opts);
        </script>
```

（5）在浏览器中打开该页并对可折叠面板组进行测试。

8.2.4 选项卡式面板 Widget

选项卡式面板（Tabbed Panels）Widget 是一组面板，用来将内容存储到紧凑空间中。站点访问者可通过单击要访问的面板上的选项卡来隐藏或显示存储在选项卡式面板中的内容。当访问者单击不同的选项卡时，相应的面板会打开。在给定时间内，选项卡式面板 Widget 中只有一个内容面板处于打开状态，如图 8.35 所示。

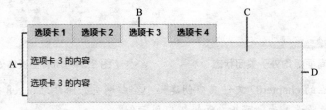

A-选项卡式面板 Widget　B-选项卡　C-内容　D-选项卡式面板

图 8.35　选项卡式面板 Widget

要创建选项卡式面板 Widget，需要以下 3 个步骤。

（1）在文档首部链接到该 Widget 的支持文件：

```
<script src="../SpryAssets/SpryTabbedPanels.js" type="text/javascript"></script>
<link href="../SpryAssets/SpryTabbedPanels.css" rel="stylesheet" type="text/css" />
```

（2）在希望选项卡式面板 Widget 出现的位置上，编写以下 HTML 代码：

```
<div id="TabbedPanels1" class="TabbedPanels">
    <ul class="TabbedPanelsTabGroup">
        <li class="TabbedPanelsTab" tabindex="0">选项卡 1</li>
        <li class="TabbedPanelsTab" tabindex="0">选项卡 2</li>
    </ul>
```

```
    <div class="TabbedPanelsContentGroup">
        <div class="TabbedPanelsContent">选项卡 1 的内容</div>
        <div class="TabbedPanelsContent">选项卡 2 的内容</div>
    </div>
</div>
```

在上述 HTML 代码中，最外层是 Widget 主容器 div，主容器 div 具有一个唯一的 id 并应用 TabbedPanels 类，主容器包含以下两个部分。

- 选项卡组：通过项目列表来创建各个选项卡，其中 ul 标签应用 TabbedPanelsTabGroup 类，li 标签应用 TabbedPanelsTab 类，每个 li 标签表示一个选项卡，并通过设置 tabindex 属性激活来键盘导航。

- 内容面板组：由容器 div 和位于其中的若干个内容面板 div 组成，其中容器 div 应用 TabbedPanelsContentGroup 类，内容面板 div 应用 TabbedPanelsContent 类。

默认情况下，选项卡式面板 Widget 是按水平方向排列各个选项卡的，内容面板则位于选项卡组的下方。不过，该构件也支持另一种外观样式，即按垂直方向排列各个选项卡，内容面板则位于选项卡组的右侧。若要创建垂直选项卡式面板构件，可先创建一个水平选项卡式面板 Widget，然后将主容器 div 应用的类更改为 VTabbedPanels。

（3）在选项卡式面板构件的 HTML 代码之后，插入 script 标签并创建 JavaScript 对象：

```
<script type="text/javascript">
var TabbedPanels1 = new Spry.Widget.TabbedPanels("TabbedPanels1", options);
</script>
```

其中，TabbedPanels1 为选项卡式面板 Widget 主容器 div 标签的 id；options 是可选参数，它是一个对象，可包含以下属性。

- defaultTab：设置处于打开状态的默认面板的索引值，默认值为 0，表示第一个面板。
- currentTabIndex：设置当前打开的面板的索引值，，默认值为 0，表示第一个面板。
- enableKeyboardNavigation：指定是否允许使用键盘进行导航，默认值为 true。
- nextPanelKeyCode：指定用于打开下一个面板的按键的代码，默认值为 39，表示向右箭头键。
- previousPanelKeyCode：指定用于打开上一个面板的按键的代码，默认值为 37，表示向左箭头键。

创建上述 JavaScript 对象后，可通过调用其 showPanel()方法来打开指定面板，语法如下：

```
TabbedPanels1.showPanel(elementOrIndex);
```

其中，TabbedPanels1 为对应于主容器 div 的 JavaScript 对象。参数 elementOrIndex 指定要打开哪个面板，该参数可以是某个面板的索引值，也可以是相应选项卡容器 div 或内容面板容器 div 对象。索引值从 0 开始计数，因此 0 表示第一个面板，对于水平选项卡式面板 Widget 就是最左边的选项卡面板，对于垂直选项卡式面板 Widget 则是最上方的选项卡面板。

在 Dreamweaver CS5 中，可通过可视化式来插入和编辑选项卡式面板 Widget，具体操作方法如下。

（1）若要插入选项卡式面板 Widget，可选择"插入"→"Spry"→"Spry 选项卡式面板"，或者在插入面板的"Spry"类别中单击"Spry 选项卡式面板"。

（2）若要将新的面板添加到选项卡式面板 Widget 中，可在文档窗口中选择选项卡式面板 Widget，然后在属性检查器中单击"面板"旁边的加号按钮，如图 8.36 所示。

（3）若要更改选项卡的名称，可在视图中选择选项卡的文本并对其进行修改。

（4）若要从选项卡式面板 Widget 删除面板，可在属性检查器的"面板"列表中选择要删除的面板的名称，然后单击减号按钮。

（5）若要打开面板进行编辑，可执行下列操作之一：

● 将鼠标指针移到要在设计视图中打开的面板选项卡上，然后单击出现在该选项卡右侧中的眼睛图标，如图 8.37 所示。

图 8.36　添加面板　　　　　　　　图 8.37　显示面板内容

● 在文档窗口中选择一个选项卡式面板 Widget，然后单击要在属性检查器的"面板"列表中编辑的面板的名称。

（6）若要更改面板的顺序，可在属性检查器的"面板"列表中选择要移动的面板的名称，然后单击向上箭头或向下箭头可以向上或向下移动该面板，如图 8.38 所示。

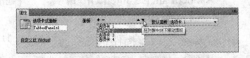

图 8.38　移动面板

（7）若要设置默认的打开面板，可在属性检查器的"默认面板"列表中选择默认情况下要打开的面板。

创建选项卡式面板 Widget 后，通过设置 Widget 容器的属性或分别设置 Widget 的各个组件的属性，可以指定选项卡式面板 Widget 的文本样式和背景颜色。

若要更改选项卡式面板 Widget 的文本样式，可使用表 8.5 来查找相应的 CSS 规则，然后添加自己的文本样式属性和值。

表 8.5　设置选项卡式面板 Widget 的文本样式

要更改的文本	相关 CSS 规则	相关 CSS 属性
整个 Widget 中的文本	. TabbedPanels	font-family，font-size
仅限面板选项卡中的文本	.TabbedPanelsTabGroup 或 .TabbedPanelsTab	font-family，font-size
仅限内容面板中的文本	.TabbedPanelsContentGroup 或 .TabbedPanelsContent	font-family，font-size

若要更改选项卡面板 Widget 不同部分的背景颜色，可使用表 8.6 来查找相应的 CSS 规则，然后根据自己的喜好添加或更改背景颜色的属性和值。

表 8.6　设置选项卡式面板 Widget 不同的背景颜色

要更改的背景颜色	相关 CSS 规则	相关 CSS 属性
面板选项卡的背景颜色	.TabbedPanelsTabGroup 或 .TabbedPanelsTab	background-color
内容面板的背景颜色	.TabbedPanelsContentGroup 或 .TabbedPanelsContent	background-color
选定选项卡的背景颜色	.TabbedPanelsTabSelected	background-color
当鼠标指针移过面板选项卡上方时选项卡的背景颜色	.TabbedPanelsTabHover	background-color

默认情况下，选项卡式面板 Widget 会展开以填充可用空间。但是，也可以通过设置折叠式容器 width 属性来限制选项卡式面板 Widget 的宽度。操作步骤如下：

（1）打开 SpryTabbedPanels.css 文件查找 .TabbedPanels CSS 规则。此规则可为选项卡式面板 Widget 的主容器元素定义属性。也可以在文档窗口中选择选项卡式面板 Widget，然后在 CSS 样式面板中进行查找（确保该面板设置为"当前"模式）。

（2）向该规则中添加一个 width 属性和值，例如"width: 300px;"。也可以使用 Widget 主容器元素的 id 作为选择器来定义一个 CSS 规则，并对 width 属性进行设置。

【实战演练】在页面上创建一个选项卡式 Widget，要求通过鼠标悬停于选项卡上打开相应的面板，如图 8.39 和图 8.40 所示。

图 8.39　默认情况下打开第一个面板　　　　图 8.40　选择了另一个面板

（1）在 DW 站点的 chapter08 文件夹中创建一个空白网页并保存为 page8-10.html。

（2）将该页的标题设置为"选项卡式面板 Widget 应用示例"。

（3）在该页上插入一个选项卡式面板 Widget，向该 Widget 中添加两个面板，使其包含 4 个面板，然后设置每个选项卡的名称，并在每个内容面板中输入文字。

（4）在文档首部创建以下 CSS 样式表：

```
<style type="text/css">
#TabbedPanels1 {width: 368px; margin: 0 auto; font-size: 12px;}
.TabbedPanelsTab {font-size: 12px;}
.TabbedPanelsContent {height: 100px;}
</style>
```

（5）将该 Widget 中每个 li 元素的 onmouseover 事件属性设置为以下 JavaScript 语句：

```
TabbedPanels1.showPanel(this)
```

页面正文代码如下：

```
<div id="TabbedPanels1" class="TabbedPanels">
  <ul class="TabbedPanelsTabGroup">
    <li class="TabbedPanelsTab" tabindex="0" onmouseover="TabbedPanels1.showPanel(this)">科技</li>
    <li class="TabbedPanelsTab" tabindex="0" onmouseover="TabbedPanels1.showPanel(this)">教育</li>
    <li class="TabbedPanelsTab" tabindex="0" onmouseover="TabbedPanels1.showPanel(this)">读书</li>
    <li class="TabbedPanelsTab" tabindex="0" onmouseover="TabbedPanels1.showPanel(this)">书摘</li>
  </ul>
  <div class="TabbedPanelsContentGroup">
    <div class="TabbedPanelsContent">在这里提供科技信息。。。</div>
    <div class="TabbedPanelsContent">在这里提供教育信息。。。</div>
    <div class="TabbedPanelsContent">在这里提供读书信息。。。</div>
    <div class="TabbedPanelsContent">在这里提供书摘信息。。。</div>
  </div>
</div>
<script type="text/javascript">
var TabbedPanels1 = new Spry.Widget.TabbedPanels("TabbedPanels1");
</script>
```

（6）在浏览器中打开该页，然后对选项卡式面板 Widget 进行测试。

8.2.5　菜单栏 Widget

菜单栏 Widget 是一组可导航的菜单按钮，当站点访问者将鼠标悬停在其中的某个按钮上时，将显示相应的子菜单。使用菜单栏可在紧凑的空间中显示大量可导航信息，并使站点访问者无需深入浏览站点即可了解站点上提供的内容。

Dreamweaver CS5 提供了两种菜单栏 Widget：水平菜单栏构件和垂直菜单栏构件。如图 8.41 所示，是一个水平菜单栏 Widget，其中的第三个菜单项处于展开状态，而且第一个子菜单项的子菜单也处于展开状态。

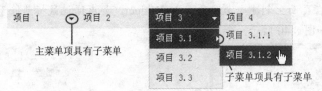

图 8.41 水平菜单栏 Widget

要创建 Spry 菜单栏 Widget，需要以下 3 个步骤。

（1）在页面首部链接到菜单栏 Widget 的支持文件：

```
<script src="../SpryAssets/SpryMenuBar.js" type="text/javascript"></script>
<link href="../SpryAssets/SpryMenuBarHorizontal.css" rel="stylesheet" type="text/css" />
```

在 link 标签中指定的 SpryMenuBarHorizontal.css 仅用于定义水平菜单栏 Widget 的 CSS 规则。若要创建垂直菜单 Widget，则应链接 CSS 文件 SpryMenuBarVertical.css，即：

```
<link href="../SpryAssets/SpryMenuBarVertical.css" rel="stylesheet" type="text/css" />
```

（2）在页面正文部分编写菜单栏 Widget 的 HTML 代码：

```
<ul id="MenuBar1" class="MenuBarHorizontal">
  <li><a class="MenuBarItemSubmenu" href="#">项目 1</a>
    <ul>
      <li><a href="#">项目 1.1</a></li>
      <li><a href="#">项目 1.2</a></li>
      <li><a href="#">项目 1.3</a></li>
    </ul>
  </li>
  <li><a href="#">项目 2</a></li>
  <li><a class="MenuBarItemSubmenu" href="#">项目 3</a>
    <ul>
      <li><a class="MenuBarItemSubmenu" href="#">项目 3.1</a>
        <ul>
          <li><a href="#">项目 3.1.1</a></li>
          <li><a href="#">项目 3.1.2</a></li>
        </ul>
      </li>
      <li><a href="#">项目 3.2</a></li>
      <li><a href="#">项目 3.3</a></li>
    </ul>
  </li>
  <li><a href="#">项目 4</a></li>
</ul>
```

在上述 HTML 代码中，最外层容器元素是一个 ul 标签，该标签中对于每个顶级菜单项都包含一个 li 标签，而顶级菜单项（li 标签）又包含用来为每个菜单项定义子菜单的 ul 和 li 标签，子菜单中同样可以包含子菜单。顶级菜单和子菜单可以包含任意多个子菜单项。

（3）在菜单栏 WidgetHTML 代码之后，插入 script 标签并创建 JavaScript 对象：

```
<script type="text/javascript">
var MenuBar1 = new Spry.Widget.MenuBar("MenuBar1",
    {imgDown: "../SpryAssets/SpryMenuBarDownHover.gif",
     imgRight: "../SpryAssets/SpryMenuBarRightHover.gif"});
```

　　</script>

　　其中，参数 "MenuBar1" 是菜单栏 Widget 最外层容器的 id。第二个参数以一个对象直接量形式出现，通过 imgDown 和 imgRight 属性分别指定一个图片的 URL。

　　当创建菜单栏 Widget 时，Dreamweaver CS5 会连同相关的 JavaScript 库和 CSS 文件一起将这些图片文件复制到站点根目录中的 SpryAssets 文件夹中。

　　在 Dreamweaver CS5 中，可使用可视化方式插入和编辑菜单栏 Widget，操作方法如下。

　　（1）选择"插入"→"Spry"→"Spry 菜单栏"，或在插入面板中的"Spry"类别中单击"菜单栏 Widget"。

　　（2）当出现如图 8.42 所示的"Spry 菜单栏"对话框时，选择"水平"或"垂直"，然后单击"确定"按钮。

图 8.42　"Spry 菜单栏"

　　注意：Spry 菜单栏 Widget 使用 DHTML 层来将 HTML 部分显示在其他部分的上方。如果页面中包含使用 Flash 创建的内容，则 SWF 文件可能会显示在子菜单之上。若要解决此问题，可在文档窗口中选择 SWF 文件，然后在属性检查器中将 wmode 选项设置为 transparent。

　　（3）若要向菜单栏 Widget 中添加主菜单项，可在文档窗口中选择菜单栏 Widget，然后在属性检查器中单击第一列上方的加号按钮，如图 8.43 所示。

　　（4）若要重命名新菜单项，可更改文档窗口或属性检查器"文本"框中的默认文本。

　　（5）若要向某个菜单中添加子菜单项，可在属性检查器中选择要向其中添加子菜单项的主菜单项的名称，然后单击第二列上方的加号按钮，如图 8.44 所示。

图 8.43　添加主菜单项

图 8.44　添加子菜单项

　　（6）若要重命名新的子菜单项，可更改文档窗口或属性检查器"文本"框中的默认文本。

　　（7）若要向子菜单中添加子菜单项，可选择要向其中添加另一个子菜单项的子菜单项的名称，然后在属性检查器中单击第三列上方的加号按钮，如图 8.45 所示。

　　注意：Dreamweaver 在设计视图中仅支持两级子菜单，但是在代码视图中可以添加任意多个子菜单。

　　（8）若要删除主菜单项或子菜单项，可在属性检查器中选择要删除的主菜单项或子菜单项的名称，然后单击减号按钮，如图 8.46 所示。

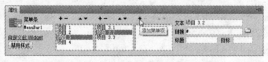

图 8.45　向子菜单中添加子菜单

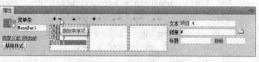

图 8.46　删除菜单项

　　（9）若要更改菜单项的顺序，可在属性检查器中选择要对其重新排序的菜单项的名称，然后单击向上箭头或向下箭头以向上或向下移动该菜单项，如图 8.47 所示。

图 8.47　移动菜单项

　　（10）若要更改菜单项的文本，可在属性检查器中选择要更改文本的菜单项的名称，然后在"文本"框中进行更改。

（11）若要链接菜单项，可在属性检查器中选择要应用链接的菜单项的名称，然后在"链接"文本框中输入链接，或者单击文件夹图标以浏览到相应的文件。

（12）若要创建菜单项的工具提示，可在属性检查器中选择要为其创建工具提示的菜单项的名称，然后在"标题"文本框中输入工具提示的文本。

（13）若要指定菜单项的目标属性，可在属性检查器中选择要分配目标属性的菜单项的名称，然后在"目标"框中输入下列 4 个属性值之一。

- _blank：在新浏览器窗口中打开所链接的页面。
- _self：在同一个浏览器窗口中加载所链接的页面。这是默认选项。如果页面位于框架或框架集中，该页面将在该框架中加载。
- _parent：在文档的直接父框架集中加载所链接的文档。
- _top：在框架集的顶层窗口中加载所链接的页面。

提示：目标属性指定要在何处打开所链接的页面。例如，可以为菜单项分配一个目标属性，以便在站点访问者单击链接时，在新浏览器窗口中打开所链接的页面。如果您使用的是框架集，则还可以指定要在其中打开所链接页面的框架的名称。

（14）若要在设计视图中查看 Widget 的 HTML 结构，可在属性检查器中单击"禁用样式"按钮，以禁用菜单栏 Widget 的样式，此时菜单栏项将以项目符号列表形式显示在页面上，如图 8.48 所示。

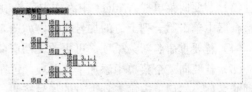

图 8.48　禁用菜单栏 Widget 的样式

在 Dreamweaver CS5 中，还可以将菜单栏 Widget 的方向从水平更改为垂直或从垂直更改为水平。为此，只需修改菜单栏的 HTML 代码并确保 SpryAssets 文件夹中有正确的 CSS 文件。

下面说明如何将水平菜单栏 Widget 更改为垂直菜单栏 Widget。

（1）在 Dreamweaver 中打开包含水平菜单栏 Widget 的页，然后插入垂直菜单栏 Widget 并保存页面，以确保在站点中包含与垂直菜单栏相对应的正确的 CSS 文件。

注意：如果站点中的其他页面中已有垂直菜单栏 Widget，则不必插入新的垂直菜单栏 Widget，只需将 SpryMenuBarVertical.css 文件附加到该页面，方法是在"CSS 样式"面板中单击"附加样式表"按钮。

（2）从页面上删除垂直菜单栏。

（3）在代码视图中找到 MenuBarHorizontal 类，将其更改为 MenuBarVertical。

（4）在菜单栏的代码后面，查找菜单栏构造函数：

```
var MenuBar1 = new Spry.Widget.MenuBar("MenuBar1",
    {imgDown: "SpryAssets/SpryMenuBarDownHover.gif",
    imgRight: "SpryAssets/SpryMenuBarRightHover.gif"});
```

（5）从构造函数中删除 imgDown 预先加载选项和逗号：

```
var MenuBar1 = new Spry.Widget.MenuBar("MenuBar1", {imgRight: "SpryAssets/SpryMenuBarRightHover.gif"});
```

注意：如果将垂直菜单栏转换为水平菜单栏，则添加 imgDown 预先加载选项和逗号。

（6）如果页面中不再包含任何其他水平菜单栏 Widget，则可以从文档首部删除指向先前 MenuBarHorizontal.css 文件的链接。

（7）保存该页面。

使用属性检查器可简化对菜单栏 Widget 的编辑，但是属性检查器并不支持自定义的样式设置任务。若要更改菜单项的文本和背景样式，可使用表 8.7 来查找相应的 CSS 规则，然后对相关 CSS 属性的默认值进行修改。

表 8.7　设置菜单项的样式

要更改的样式	垂直或水平菜单栏的 CSS 规则	相关 CSS 属性
默认的文本样式	ul.MenuBarVertical a，ul.MenuBarHorizontal a	color，text-decoration，background-color
当鼠标指针移过文本上方时的文本样式	ul.MenuBarVertical a:hover，ul.MenuBarHorizontal a:hover	color，background-color
具有焦点的文本的样式	ul.MenuBarVertical a:focus，ul.MenuBarHorizontal a:focus	color，background-color
当鼠标指针移过菜单项上方时菜单栏项的样式	ul.MenuBarVertical a.MenuBarItemHover，ul.MenuBarHorizontal a.MenuBarItemHover	color，background-color
当鼠标指针移过子菜单项上方时子菜单的样式	ul.MenuBarVertical a.MenuBarItemSubmenuHover，ul.MenuBarHorizontal a.MenuBarItemSubmenuHover	color，background-color

若要更改菜单项的尺寸，可以通过更改菜单项的 li 和 ul 标签的 width 属性来实现，操作方法如下。

（1）找到 ul.MenuBarVertical li 或 ul.MenuBarHorizontal li 规则，然后将 width 属性更改为所需的宽度，或者将该属性更改为 auto 以删除固定宽度，并向该规则中添加 "white-space: nowrap" 属性值。

（2）找到 ul.MenuBarVertical ul 或 ul.MenuBarHorizontal ul 规则，然后将 width 属性更改为所需的宽度，或者将该属性更改为 auto 以删除固定宽度。

（3）到 ul.MenuBarVertical ul li 或 ul.MenuBarHorizontal ul li 规则，然后向该规则中添加下列属性："float: none;" 和 "background-color: transparent;"，并删除 "width: 8.2em;" 属性值。

Spry 菜单栏子菜单的位置由子菜单 ul 标签的 margin 属性控制。若要定位子菜单，可找到 ul.MenuBarVertical ul 或 ul.MenuBarHorizontal ul 规则，然后将默认值 "margin: -5% 0 0 95%;" 更改为所需的值。

【实战演练】在页面上创建导航菜单栏，效果如图 8.49 所示。

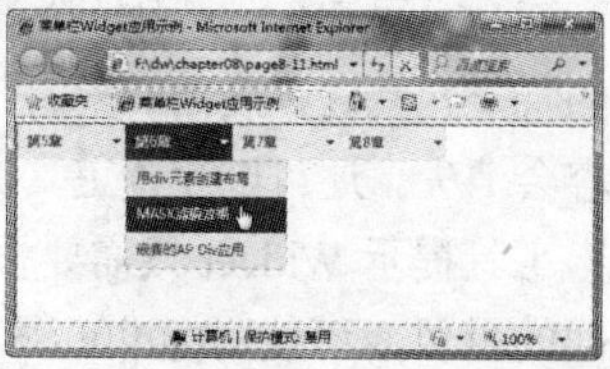

（1）在 DW 站点的 chapter08 文件夹中创建一个空白网页并保存为 page8-11.html。

（2）将该页的标题设置为 "菜单栏 Widget 应用示例"。

（3）在该页上插入一个菜单栏 Widget，其中包含 4 个主菜

图 8.49　菜单栏 Widget 应用示例

单项，每个主菜单中分别包含 3 个菜单项，通过这些菜单项链接到当前站点中的一些页面，并将 "目标" 设置为_blank。

（4）在文档首部创建以下 CSS 样式表：

```
<style type="text/css">
body {margin: 0; padding: 0;}
#MenuBar1 {font-size: 12px;}
ul.MenuBarHorizontal ul {width: 12em;}
ul.MenuBarHorizontal ul li {width: 12em;}
</style>
```

（5）切换到代码视图，可看到在页面正文部分插入了以下代码：

```
<ul id="MenuBar1" class="MenuBarHorizontal">
  <li><a class="MenuBarItemSubmenu" href="#">第 5 章</a>
    <ul>
      <li><a href="../chapter05/page5-01.html" target="_blank">创建 CSS 样式表</a></li>
      <li><a href="../chapter05/page5-02.html" target="_blank">CSS 选择器示例</a></li>
      <li><a href="../chapter05/page5-03.html" target="_blank">设置 CSS 字体属性</a></li>
    </ul>
  </li>
  <li><a href="#" class="MenuBarItemSubmenu">第 6 章</a>
    <ul>
      <li><a href="../chapter06/page6-01.html" target="_blank">用 div 元素创建布局</a></li>
```

```
        <li><a href="../chapter06/page6-02.html" target="_blank">MASK 滤镜效果</a></li>
        <li><a href="../chapter06/page6-03.html" target="_blank">嵌套的 AP Div 应用</a></li>
      </ul>
    </li>
    <li><a class="MenuBarItemSubmenu" href="#">第 7 章</a>
      <ul>
        <li><a href="../chapter07/page7-01.html" target="_blank">JavaScript 代码示例</a></li>
        <li><a href="../chapter07/page7-02.html" target="_blank">JavaScript 运算符</a></li>
        <li><a href="../chapter07/page7-03.html" target="_blank">流程控制语句</a></li>
      </ul>
    </li>
    <li><a href="#" class="MenuBarItemSubmenu">第 8 章</a>
      <ul>
        <li><a href="page8-01.html" target="_blank">高亮颜色效果</a></li>
        <li><a href="page8-02.html" target="_blank">显示/渐隐效果</a></li>
        <li><a href="page8-03.html" target="_blank">遮帘效果</a></li>
      </ul>
    </li>
  </ul>
<script type="text/javascript">
var MenuBar1 = new Spry.Widget.MenuBar("MenuBar1",
  {imgDown:"../SpryAssets/SpryMenuBarDownHover.gif",
  imgRight:"../SpryAssets/SpryMenuBarRightHover.gif"});
</script>
```

（6）在浏览器中打开该页，然后对导航菜单的功能进行测试。

8.2.6　工具提示 Widget

工具提示 Widget 由一个工具提示容器和一个或多个触发器组成。当用户将鼠标指针悬停在网页中的特定元素（触发器）上时，Spry 工具提示 Widget 会显示相关信息。用户移开鼠标指针时，相关内容会消失。还可以设置工具提示使其显示较长的时间段，以便用户可以与工具提示中的内容交互。

工具提示 Widget 只需要极少量 CSS。Spry 使用 JavaScript 来显示、隐藏和定位工具提示。根据页面的需要，可使用标准 CSS 技术实现工具提示的任何其他样式。默认 CSS 文件中包含的唯一规则是针对 Internet Explorer 6 问题的解决方法，以便工具提示显示在表单元素或 Flash 对象的上方。

要在页面上添加工具提示 Widget，需要以下 3 个步骤。

（1）在文档首部链接到工具提示 Widget 的支持文件：

```
<script src="../SpryAssets/SpryTooltip.js" type="text/javascript"></script>
<link href="../SpryAssets/SpryTooltip.css" rel="stylesheet" type="text/css" />
```

（2）在页面正文部分编写工具提示 Widget 的 HTML 代码：

```
<span id="sprytrigger1">此处为工具提示触发器。</span>
<div class="tooltipContent" id="sprytooltip1">此处为工具提示内容。</div>
```

（3）在工具提示 Widget 的 HTML 代码之后，插入 script 标签并创建 JavaScript 对象：

```
<script type="text/javascript">
var sprytooltip1 = new Spry.Widget.Tooltip("sprytooltip1", "#sprytrigger1", options);
</script>
```

其中，参数 "sprytooltip1" 是指定工具提示内容元素的 id；参数 "#sprytrigger1" 是触发器元素的 CSS 选择符，需要在 id 前面添加一个"#"字符；参数 options 是可选的，它是一个 JavaScrip 对象，可包含以下属性。

- closeOnTooltipLeave：工具提示元素的内容可能包含链接或其他交互元素。使用该选项可以使工具提示元素保持打开状态，即使鼠标离开了触发器元素。当鼠标离开工具提示区域后，工具提示元素将关闭。该选项为布尔值，默认值为 false。
- followMouse：其值为布尔值，若设置为 true，则工具提示元素的位置将按指定的偏移量随着鼠标在触发器元素内移动而移动。默认值为 false。

- hideDelay：指定接收到 mouseout 事件后隐藏工具提示元素的延迟时间（以毫秒为单位），默认值为 0。
- hoverClass：指定当鼠标移动其上方时应用于触发器元素的 class 属性的类名。当工具提示元素隐藏时，将移除该值。默认值为 null。
- offsetX：指定 x 轴方向上的偏移量（以像素为单位）。使用该值和鼠标进入 Widget 的位置来计算工具提示元素的水平位置。其值为字符串或整数，默认值为 "20px" 或 20。
- offsetY：指定 y 轴方向上的偏移量（以像素为单位）。使用该值和鼠标进入 Widget 的位置来计算工具提示元素的水平位置。默认值为 "20px" 或 20。
- showDelay：指定接收到 mouseover 事件后显示工具提示元素的延迟时间（以毫秒为单位）。默认值为 0。
- useEffect：指定应用于工具提示元素的 Spry 效果，可以是 "blind" 或 "fade"。

在使用工具提示 Widget 时，应记住以下几点。

- 下一工具提示打开前，将关闭当前打开的工具提示。
- 用户将鼠标指针悬停在触发器区域上时，会持续显示工具提示。
- 可用做触发器和工具提示内容的标签种类没有限制。不过，通常建议使用块级元素，以避免可能出现的跨浏览器呈现问题。
- 默认情况下，工具提示显示在光标右侧向下 20 像素位置。也可以使用属性检查器中的水平和垂直偏移量选项来设置自定义显示位置。

在 Dreamweaver CS5 中，可使用可视化方式来插入和编辑工具提示 Widget。

若要插入工具提示 Widget，可选择"插入"→"Spry"→"Spry 工具提示"，或者在插入面板中的"Spry"类别中单击"工具提示 Widget"。这会插入一个新的工具提示 Widget 和工具提示内容的容器，以及用做工具提示触发器的占位符句子。

也可以选择页面上的现有元素（如图像），然后插入工具提示。在执行此操作时，所选元素将用做新工具提示的触发器。所选元素必须是完整标签元素（例如 img 标签或 p 标签），以便 Dreamweaver 能够为其分配 id（如果该元素还没有 id）。

当在页面中插入工具提示 Widget 时，Dreamweaver 会使用 div 标签创建一个工具提示容器，并使用 span 标签环绕"触发器"元素。默认情况下，Dreamweaver 使用这些标签。但对于工具提示和触发器元素的标签，只要它们位于页面正文中，就可以是任何标签。

若要编辑工具提示 Widget 选项，可执行以下操作。

（1）将鼠标指针悬停在或将插入点放在页面上的工具提示内容中。

（2）单击工具提示 Widget 的蓝色选项卡以选择该选项卡。

（3）根据需要设置工具提示 Widget 属性检查器中的选项，如图 8.50 所示。

- 名称：工具提示容器的名称。该容器包含工具提示的内容。默认情况下，Dreamweaver 将 div 标签用作容器。
- 触发器：页面上用于激活工具提示的元素。默认情况下，Dreamweaver 会插入 span 标签内的占位符句子作为触发器，但也可以选择页面中具有唯一 id 的任何元素。
- 跟随鼠标：选择该选项后，当鼠标指针悬停在触发器元素上时，工具提示会跟随鼠标。
- 鼠标移开时隐藏：选择该选项后，只要鼠标悬停在工具提示上（即使鼠标已离开触发器元素），工具提示会一直打开。当工具提示中有链接或其他交互式元素时，让工具提示始终处于打开状态将非常有用。如果未选择该选项，则当鼠标离开触发器区域时，工具提示元素会关闭。

- 水平偏移量：计算工具提示与鼠标的水平相对位置。偏移量值以像素为单位，默认偏移量为 20 像素。
- 垂直偏移量：计算工具提示与鼠标的垂直相对位置。偏移量值以像素为单位，默认偏移量为 20 像素。
- 显示延迟工具提示：进入触发器元素后在显示前的延迟（以毫秒为单位）。默认值为 0。
- 隐藏延迟工具提示：离开触发器元素后在消失前的延迟（以毫秒为单位）。默认值为 0。
- 效果：指定要在工具提示出现时使用的效果类型。遮帘就像百叶窗一样，可向上移动和向下移动以显示和隐藏工具提示。渐隐可淡入和淡出工具提示。默认值为 none。

【实战演练】在页面上以段落文字作为触发器创建一个工具提示 Widget，当鼠标指针指向该段落时，以渐隐效果显示出工具提示内容，如图 8.51 所示。

图 8.50　设置工具提示 Widget 的选项　　　　图 8.51　工具提示 Widget 应用示例

（1）在 DW 站点的 chapter08 文件夹中创建一个空白网页并保存为 page8-12.html。

（2）将该页的标题设置为"工具提示 Widget 应用示例"。

（3）在文档首部创建以下 CSS 样式表：

```
<style type="text/css">
#sprytrigger1 {width: 8em; border-bottom: 1px dashed #F00; cursor: pointer;}
.tooltipContent {width: 358px; font-size: 12px; text-indent: 2em;}
</style>
```

（4）在该页中插入一个段落并将在其中输入文字。

（5）选择上述段落的<p>标签，然后插入一个工具提示 Widget，在其 div 元素中插入一个图片并输入文字，在属性检查器中设置该 Widget 使用遮帘效果。

（6）切换到代码视图，可看到页面正文部分包含以下代码：

```
<p id="sprytrigger1">PHP 动态网站开发</p>
<div class="tooltipContent" id="sprytooltip1"><img src="../images/php.gif" align="right" />本书从 Adobe
Dreamweaver CS3 可视化设计与手工编码的结合上详细地介绍了基于 PHP 语言和 MySQL 数据库的动态网站开发技术。本书共分
10 章。主要内容包括：配置 PHP 开发环境、PHP 语言基础、数组与函数、字符串与正则表达式、构建 PHP 互动网页、PHP 文件编
程、PHP 图像处理、MySQL 数据库管理、PHP 数据库编程、会员管理系统设计。本书结构合理、论述准确、内容翔实、思路清晰，
采用案例驱动和项目教学的讲述方式，通过大量实例深入浅出、循序渐进地引导读者学习，并提供了一个综合设计项目，每章后面
均配有习题和上机实验。</div>
<script type="text/javascript">
var sprytooltip1 = new Spry.Widget.Tooltip("sprytooltip1", "#sprytrigger1", {useEffect:"blind"});
</script>
```

（7）在浏览器中打开该页，对工具提示 Widget 的效果进行测试。

 习题 8

一、填空题

1. Spry 效果是通过调用效果库文件＿＿＿＿＿＿中的＿＿＿＿＿＿函数来实现的。
2. 高亮颜色效果用于改变元素的＿＿＿＿；显示/渐隐效果可使目标元素的＿＿＿＿发生变化。

3. 通过调用 Spry.Effect.＿＿＿＿＿＿＿＿方法创建显示/渐隐效果对象并启动该效果。

4. 滑动效果可使目标元素＿＿＿＿＿＿移动；晃动效果可使目标元素快速＿＿＿＿＿摇动 20 像素。

5. 创建折叠 Widget 时，若希望根据包含的信息量自动调整内容面板的高度，可将＿＿＿＿＿＿＿＿属性设置为＿＿＿＿＿。

6. 如果希望在用鼠标指针指向选项卡时打开相应的面板，可以对每个选项卡的＿＿＿＿＿＿标签的事件属性＿＿＿＿＿＿进行设置。

7. 工具提示 Widget 由一个＿＿＿＿＿＿和一个或多个＿＿＿＿＿组成。

二、选择题

1. 高亮颜色效果不支持以下（　　）HTML 元素。

   A．p   B．div   C．span   D．body

2. 要创建 JavaScript 对象并启动遮帘效果，可调用（　　）方法。

   A．Spry.Effect.DoHighlight   B．Spry.Effect.DoFade

   C．Spry.Effect.DoBlind   D．Spry.Effect.DoSlide

3. 若要设置整个可折叠面板 Widget 中的文本，可对 CSS 规则（　　）进行修改。

   A．CollapsiblePanel   B．CollapsiblePanelTab

   C．.CollapsiblePanelContent   D．CollapsiblePanelTabHover

三、简答题

1. 一个 Spry 效果由哪些部分组成？

2. 创建滑动效果时，怎么才能使目标元素左右移动？

3. 一个 Spry Widget 由哪几个步骤组成？

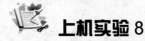 **上机实验 8**

1. 对页面上的 div 元素应用高亮颜色效果，要求单击超链接时启动该效果，使 div 元素的背景颜色在白色和绿色之间变化。

2. 为页面设置背景图片并在页面上插入一个 div 标签，对 div 元素应用显示/渐隐效果，要求单击超链接时启动该效果，使 div 元素的不透明度逐渐减小。

3. 对包含背景图片的 div 元素应用遮帘效果，当单击该图片时它将上下滚动。

4. 对包含于 div 元素中的图片应用滑动效果，当单击超链接时使 div 元素上下滑动。

5. 对页面上的图片应用增大/收缩效果，当单击图片时使它增大或缩小。

6. 对页面上的图片应用挤压效果，当单击图片时使其尺寸变小直至消失。

7. 对页面上的图片应用晃动效果，当单击图片时使其左右晃动。

8. 在页面上创建一个折叠 Widget，要求它包含 3 个面板并根据内容多少自动调整高度。

9. 在页面上创建可折叠面板组。

10. 在页面上创建一个选项卡式 Widget，要求通过鼠标指针指向选项卡来打开相应的面板。

11. 在页面上创建一个导航菜单栏，以链接到当前站点中的页面。

12. 在页面上添加一个段落，并以该段落作为触发器创建一个工具提示 Widget。

第 9 章　Spry 表单验证

表单可以用于向服务器传输数据。站点访问者可以通过表单输入各种信息，然后通过单击提交按钮把这些信息提交给服务器进行处理；服务器中的脚本或应用程序会对这些信息进行处理，并向客户端发回所处理的信息或基于该表单内容执行某些其他操作，以此进行响应。在提交表单数据之前，还可以使用 Spry 框架提供的表单验证 Widget 对表单数据进行检查。本章讲述如何创建表单并对表单数据进行验证，主要内容包括创建 HTML 表单、添加表单对象以及 Spry 表单验证。

9.1　创建 HTML 表单

HTML 表单由一个 form 元素和位于其中的一些表单对象（如文本框、单选按钮、复选框等）组成，form 元素指定使用何种方法发送数据以及将数据发送到何处去，各种表单对象则为用户提供了输入数据的手段。在网页中添加各种表单对象之前，首先需要插入表单。

9.1.1　表单概述

在 HTML 中，可使用 form 标签为站点访问者输入数据创建一个 HTML 表单，以便容纳各种表单对象并设置如何与服务器进行交互。语法如下：

```
<form name="elementIdentifier" method ="get" | "post" action="URL" target="windowOrFrameName">
    在此处添加各种表单对象
</form>
```

form 元素为块级元素，在其前后都会产生折行。form 元素的常用属性在表 9.1 中列出。

表 9.1　form 元素的常用属性

属　　性	说　　明
name	指定表单的名称，在客户端脚本中可通过该名称来引用表单
method	指定发送表单的 HTTP 方法，其取值为 post 或 get，post 表示在 HTTP 请求中嵌入表单数据，get 表示将表单数据附加到请求页的 URL
action	指定处理表单的服务器端程序或动态网页的 URL
enctype	指定表单数据在发送到服务器之前应该如何编码
target	指定用来显示表单处理结果的窗口或目标框架
onsubmit	指定提交表单时执行的客户端事件处理函数。通过 return funname() 形式指定要执行的客户端 JavaScript 函数，可对将要提交的表单数据进行验证，若该函数返回 false 值，则取消表单提交
onreset	指定重置表单时执行的客户端事件处理函数

注意： 由于 URL 的长度限制在 8 192 个字符以内，所以不能使用 GET 方法发送大量的表单数据。如果发送的数据量太大，数据可能被截断，将无法得到预期的处理结果。

在 Dreamweaver 中，表单输入类型称为表单对象。表单对象是允许用户输入数据的机制。在表单中可以添加以下表单对象。

- 文本框：用于输入接受任何类型的字母、数字文本内容。文本框可以以单行或多行显示，也可以以密码域的方式显示。在密码域中输入内容时，输入的文本将被替换为星号或项目符号，以避免旁观者看到这些文本。
- 隐藏域：用于存储用户输入的信息，如姓名、电子邮件地址或偏爱的查看方式等，并在提交表单时发送给服务器，以便该用户下次访问此站点时使用这些数据。
- 按钮：在单击时执行某种操作。可以为按钮添加自定义名称或标签，或者使用预定义的"提交"或"重置"标签。使用按钮可将表单数据提交到服务器，或者重置表单，还可以指定其他已在脚本中定义的处理任务。
- 复选框：允许在一组选项中选择多个选项。用户可以选择任意多个适用的选项。
- 单选按钮：代表互相排斥的选择。两个或多个具有相同名称的按钮可组成一个单选按钮组，当从中选择一个按钮时，就会取消选择该组中的所有其他按钮。
- 列表框/下拉列表框：列表框用于显示一组选项值，可从中选择一个或多个选项。下拉列表框也称为菜单，在一个菜单中显示一组选项值，只能从中选择单个选项。如果页面上只有有限的空间但必须显示多个内容项，或者要控制返回给服务器的值，建议使用下拉列表框。
- 跳转菜单：可导航的列表或弹出菜单，使用它们可以插入一个菜单，其中的每个选项都链接到某个文档或文件。
- 文件域：使得用户能够浏览到其计算机上的某个文件并将该文件作为表单数据上传。
- 图像域：在表单中插入一个图像。使用图像域可生成图形化按钮，例如"提交"或"重置"按钮。

如图 9.1 所示，是一个用于输入和提交个人信息的 HTML 表单，其中包含文本框、密码框、文本区域、单选按钮、复选框、下拉列表框、"提交"和"重置"按钮等表单对象。

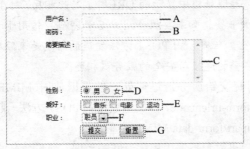

A-文本框　B-密码域　C-文本区域　D-单选按钮组
E-复选框　F-下拉式列表框　G-"提交"和"重置"按钮

图 9.1　HTML 表单示例

在一个 HTML 文档中，可以包含多个表单。但是，在同一时刻只能向服务器提交来自一个表单的数据。当提交一个表单时，该表单中具有 name 和 value 属性的所有元素的名称/值都将被发送到服务器端进行处理。

9.1.2　添加表单

在 HTML 中，可使用 form 标签插入一个表单。在 Dreamweaver CS5 中，可通过以下操作来添加表单。

（1）打开一个页面，将插入点放在希望表单出现的位置。

（2）选择"插入"→"表单"，或者在插入面板的"表单"类别中单击"表单"图标，如

图 9.2　插入表单

图 9.2 所示。

在设计视图中，表单以红色的虚轮廓线指示。如果看不到这个轮廓线，可选择"查看"→"可视化助理"→"不可见元素"。

（3）在文档窗口中单击表单轮廓以将其选定，然后在属性检查器中设置表单的属性，如图 9.3 所示。

● 表单名称：在"表单 ID"下方的文本框中输入标识该表单的唯一名称。命名表单后，就可以使用脚本语言（例如 JavaScript 或 VBScript）来引用或控制该表单。如果不命名表单，则 Dreamweaver 将使用语法 form*n* 生成一个名称，并为添加到页面中的每个表单递增 *n* 的值。

● 动作：输入路径或者单击文件夹图标 导航到相应的页面或脚本，以指定将处理表单数据的页面或脚本。

● 方法：指定将表单数据传输到服务器的方法。可设置为以下选项："默认值"表示使用浏览器的默认设置将表单数据发送到服务器，默认值通常为 GET 方法；"GET"表示将值附加到请求该页面的 URL 中；"POST"表示在 HTTP 请求中嵌入表单数据。

图 9.3　用属性检查器设置表单的属性

提示：对于由 GET 方法传递的参数所生成的动态页，可以添加书签，这是因为重新生成页面所需的全部值都包含在浏览器地址框中显示的 URL 中。与此相反，对于由 POST 方法传递的参数所生成的动态页，不可添加书签。如果要收集用户名和密码、信用卡号或其他机密信息，POST 方法可能比 GET 方法更安全。但是，由 POST 方法发送的信息是未经加密的，容易被黑客获取。若要确保安全性，可通过安全的连接与安全的服务器相连。

● 编码类型：指定对提交给服务器进行处理的数据使用 MIME 编码类型。默认设置为 application/x-www-form-urlencode，该类型通常与 POST 方法一起使用。如果要创建文件上传域，可指定 multipart/form-data MIME 类型。

● 目标：指定一个窗口来显示被调用程序返回的数据。如果命名的窗口尚未打开，则打开一个具有该名称的新窗口。也可以设置以下任一目标值：_blank 表示在未命名的新窗口中打开目标文档；_parent 表示在显示当前文档的窗口的父窗口中打开目标文档；_self 表示在提交表单时所在的同一窗口中打开目标文档；_top 表示在当前窗口的窗体内打开目标文档，此值可用于确保目标文档占用整个窗口，即使原始文档显示在框架中时也是如此。

（4）若要在页面中插入表单对象，可将插入点置于表单轮廓内部显示该表单对象的位置，然后在"插入"→"表单"菜单中或者在"插入"面板的"表单"类别中选择该对象，接着可填写"输入标签辅助功能属性"对话框，以生成一个用于标注表单对象的 label 元素。

（5）若要设置表单对象的属性，可在属性检查器中为该对象输入名称。每个文本框、隐藏域、复选框和列表框/下拉式列表框对象必须具有可在表单中标识其自身的唯一名称。

注意：表单对象的名称可以使用字母数字字符和下划线（_）的任意组合，但不能包含空格或特殊字符。为文本框指定的标签是用于存储该域值（输入的数据）的变量名，这是发送给服务器进行处理的值。同一组中的所有单选按钮都必须具有相同的名称。

（6）若要为页面中的文本框、复选框或单选按钮对象添加描述性信息，可在相应表单对象旁边单击，然后输入文字或者添加 label 标签。

（7）若要调整表单的布局，可以使用换行符、段落标记或表格来设置表单的格式。但不能将一个表单插入另一个表单中。

注意：设计表单时，通常需要用描述性文本来标记表单域，以使站点访问者知道他们要回答哪些内容。例如，"姓名"表示请求输入姓名信息。一般可使用表格为表单对象和域标签提供布局。在表单中使用表格时，应确保所有 table 标签都位于两个 form 标签之间。

9.2　添加表单对象

使用 form 标签可在页面中创建 HTML 表单，该表单提供了一个容器，可用于容纳文本框、单选按钮以及复选框等表单对象。创建一个表单之后，还应当根据实际需要在该表单中添加各种各样的表单对象。

9.2.1　文本框

文本框用于接收用户输入的文本。文本框分为单行文本框、密码框和多行文本框，后者也称为文本区域。

在 HTML 中，可使用 input 标签来创建单行文本框和密码框，语法如下：

```
<input type="text"|"password" name="elementIndentifier"
    value="textString" size="elmentWidth" maxlength="characterCount" . . ./>
```

其中，type 属性指定表单对象的类型，text 表示文本框，password 表示密码框；name 属性指定文本框的名称，提交表单时文本框的名称和值都会包含在表单结果中；value 属性指定文本框的初始内容；size 属性指定文本框的宽度，以字符为单位；maxlength 属性指定文本框允许输入的最大字符数。

注意：使用密码域输入的密码及其他信息在发送到服务器时并未进行加密处理。所传输的数据可能会以字母数字文本形式被截获并被读取。因此，对要确保安全的数据进行加密。

在 HTML 中，可使用 textarea 标签来创建多行文本框，语法如下：

```
<textarea name="elementIndentifier" rows="rowCount" cols="columnCount" . . .>. . .</textarea>
```

其中，name 属性指定文本区域的名称，当提交表单时文本区域的名称和值都会包含在表单结果中；位于两个 textarea 标签之间的内容为文本区域的初始值；rows 属性指定文本区域的高度，以行为单位；cols 属性指定文本区域的宽度，以字符为单位。

在 Dreamweaver CS5 中，可通过以下操作来添加和设置文本框。

（1）在页面上，单击要插入文本框的位置（通常是在表单轮廓内部）。

（2）选择"插入"→"表单"→"文本域"，或者在插入面板的"表单"类别中单击"文本字段"。

（3）当出现如图 9.4 所示的"输入标签辅助功能属性"对话框时，指定文本框的 id，并设置标签的文本、样式以及位置等选项，然后单击"确定"按钮。

（4）在页面上单击该文本框以选定它，然后使用属性检查器对该文本框的以下选项进行设置，如图 9.5 所示。

图 9.4　"输入标签辅助功能属性"对话框

图 9.5　设置文本框的属性

- 字符宽度：指定文本框中最多可显示的字符数，此数字可以小于"最多字符数"。例如，如果"字符宽度"设置为 20（默认值），而用户输入了 100 个字符，则在该文本框中只能看到其中的 20 个字符。虽然在该文本框中无法看到这些字符，但文本框对象可以识别它们，而且它们会被发送到服务器进行处理。

- 最多字符数：指定用户在单行文本域中最多可输入的字符数。可使用"最多字符数"将邮政编码限制为 6 位数字，将身份证号码限制为 18 个字符，等等。如果将"最多字符数"框保留为空白，则可以输入任意数量的文本。如果输入的文本超过所设置的字符宽度，则文本将滚动显示。

- 行数：在选中了"多行"选项时可用，设置多行文本域的域高度。

- 禁用：禁用文本框。若选中此选项，则在文本域标签中设置 disabled 属性。

- 只读：使文本框成为只读文本框。如果选中了此选项，则在定义文本框的 input 标签中设置 readonly 属性。

- 类型：指定文本框为单行、多行还是密码框。"单行"表示生成一个 input 标签且其 type 属性设置为 text，此时"字符宽度"选项映射为 size 属性，"最多字符数"选项映射为 maxlength 属性；"多行"表示生成一个 textarea 标签，此时"字符宽度"选项映射为 cols 属性，"行数"选项映射为 rows 属性；"密码"表示生成一个 input 标签且其 type 属性设置为 password，"字符宽度"和"最多字符数"选项映射到与单行文本域情况下相同的那些属性。当用户在密码文本域中输入时，输入内容显示为项目符号或星号，以保护它不被其他人看到。

- 初始值：指定在首次加载表单时文本框中显示的值。例如，可以通过在文本框中包含说明或示例值的形式，指示用户在文本框中输入信息。

- 类：将 CSS 规则应用于文本框对象。

　　在 HTML 中，可使用 label 元素为各种表单对象添加标注文本。语法如下：

```
<label for="elementId">...</label>
```

　　其中，for 属性指定要标注的表单对象，其值应当与相关联的表单对象的 id 属性相同；位于 <label> 与 </label> 标签之间的内容为标注文本。

　　label 元素通常称为标签。尽管标签不会在页面上呈现任何特殊效果，但它为鼠标用户改进了可用性。如果单击标签文本，则浏览器会自动将焦点转到与标签相关联的表单对象（如文本框、单选按钮、复选框或列表框）上。

　　在 Dreamweaver CS5 中，可通过下列操作之一来添加标签。

图 9.6　文本框应用示例

- 选择"插入"→"表单"→"标签"。
- 在插入面板的"表单"类别中单击"标签"。

【实战演练】使用表格来设置文本框的布局并使用标签为文本框添加标注文本，当单击标签文字时光标将进入相关联的文本框中，如图 9.6 所示。

（1）在 DW 站点的根文件夹中创建一个新文件夹并命名为 chapter09。

（2）在文件夹 chapter09 中创建一个空白网页并保存为 page9-01.html。

（3）在该页的标题设置为"文本框应用示例"。

（4）在该页中插入一个表单，然后在该表单中插入一个 3 行 2 列的表格。

（5）在表格第一列的各单元格中分别插入一个标签，在第二列的各单元格中分别插入一个文本框或文本区域。

（6）对每个文本框进行命名，并对位于其左边单元格中的标签的 for 属性进行设置，将标签与文本框关联起来。页面正文部分代码如下：

```
<form id="form1" name="form1" method="post" action="">
  <table>
    <tr>
      <td><label for="Username">用户名：</label></td>
      <td><input type="text" name="Username" id="Username" /></td>
    </tr>
    <tr>
      <td><label for="Email">电子信箱：</label></td>
      <td><input type="text" name="Email" id="Email" /></td>
    </tr>

    <tr>
      <td valign="top"><label for="Introduce">自我介绍：</label></td>
      <td><textarea name="Introduce" cols="38" rows="5" id="Introduce"></textarea></td>
    </tr>
  </table>
</form>
```

（7）在浏览器中打开该页，当单击标签文字时光标将进入相关联的文本框中。

9.2.2　单选按钮

单选按钮通常成组出现，允许用户从一组选项中选择一项。在 HTML 中，可使用 input 标签创建一个单选按钮。语法如下：

```
<input type="radio" name=" elementIndentifier" value="textString" checked="checked".../>
```

其中，name 属性指定单选按钮的名称，若干个具有相同名称的单选按钮构成一个单选按钮组，从该组中只能选中一个选项；value 属性指定单选按钮的值，当提交表单时单选按钮组的名称和选中的单选按钮的值会包含在表单结果中；checked 属性指定首次打开表单时该单选按钮处于选中状态。

在 Dreamweaver CS5 中，可通过以下操作来插入和设置单选按钮。

（1）在页面中，单击要插入单选按钮的位置（通常是表单轮廓内部）。

（2）选择"插入"→"表单"→"单选按钮"，或者在插入面板的"表单"类别中单击"单选按钮"。

（3）如果弹出了"输入标签辅助功能属性"对话框，则可对单选按钮进行命名，并对标签的文本、样式和位置等选项进行设置。

（4）在页面上单击所添加的单选按钮，然后在属性检查器中对该单选按钮的以下选项进行设置，如图 9.7 所示。

图 9.7　设置单选按钮的属性

- 名称：在"单选按钮"下方的文本框中输入单选按钮的名称。若要创建单选按钮组，则应为多个单选按钮指定相同的名称。

- 选定值：设置在该单选按钮被选中时发送给服务器的值。例如，可以在"选定值"文本框中输入"滑雪"，指示用户选择"滑雪"。

- 初始状态：确定在浏览器中加载表单时，该单选按钮是否处于选中状态。
- 类：将 CSS 规则应用于单选按钮。

若要插入一组名称相同的单选按钮，可执行以下操作。

（1）将插入点放在表单轮廓内。

（2）选择"插入"→"表单"→"单选按钮组"，或者在插入面板的"表单"类别中单击"单选按钮组"。

（3）当出现如图 9.8 所示的"单选按钮组"对话框时，对以下选项设置。

- 在"名称"框中，输入单选按钮组的名称。
- 若要向该组中添加一个单选按钮，可单击加号按钮，然后为新按钮输入标签和选定值。
- 若要从该组中删除一个单选按钮，可选中该按钮，然后单击减号按钮。
- 若要重新排序这些按钮，可单击向上或向下箭头。
- 选择对这些单选按钮进行布局时要使用的格式，可使用换行符或表格来设置这些按钮的布局。如果选择表格选项，则会创建一个单列表格，并将这些单选按钮放在左侧，将标签放在右侧。

（4）完成以上设置后，单击"确定"按钮。

【实战演练】在页面上创建两个单选按钮组，效果如图 9.9 所示。

图 9.8 "单选按钮组"对话框

图 9.9 单选按钮应用示例

（1）在 DW 站点的 chapter09 文件夹中创建一个空白网页并命名为 page9-02.html。

（2）将该页的标题设置为"单选按钮应用示例"。

（3）在文档首部创建以下 CSS 样式表：

```
<style type="text/css">
body {font-size: 12px;}
form {width: 300px; text-align: center; margin: 0 auto;}
</style>
```

（4）在该页上插入一个表单，然后在该表单中插入 6 个单选按钮并分别添加一个标签，然后将其中的 3 个单选按钮命名为 FontSize（它们的 id 各不相同），将另外 3 个单选按钮命名为 Color（它们的 id 各不相同）。

（5）使用属性检查器对每个单选按钮的选定值分别进行设置。页面正文部分代码如下：

```
<form id="form1" name="form1" method="post" action="">
  <p>字号：
    <input type="radio" name="FontSize" id="small" value="12px" />
    <label for="small">小</label>
    <input name="FontSize" type="radio" id="medium" value="14px" checked="checked" />
    <label for="medium">中</label>
    <input type="radio" name="FontSize" id="large" value="16px" />
    <label for="large">大</label>
  </p>
```

```
    <p>颜色:
        <input name="color" type="radio" id="red" value="#F00" />
        <label for="red">红</label>
        <input name="color" type="radio" id="green" value="#0F0" />
        <label for="green">绿</label>
        <input name="color" type="radio" id="blue" value="#00F" checked="checked" />
        <label for="blue">蓝</label>
    </p>
</form>
```

（6）在浏览器中查看该页。

9.2.3 复选框

复选框也为用户提供一组选项，但它允许用户从中选择任意多个选项。在 HTML 中，可使用 input 标签来创建一个复选框，语法如下：

```
<input type="checkbox" name="elementIndentifier" value="textString" checked="checked"... />
```

其中，value 属性指定要发送给服务器的值；checked 属性是可选的，如果设置该属性，则当第一次打开表单时该复选框处于选中状态。如果复选框被选中，则当提交表单时该复选框的名称和值都会包含在表单结果中；如果复选框未被选中，则只有该复选框的名称也会被纳入表单结果中，但其值为空。

在 Dreamweaver CS5 中，可通过以下操作来插入和设置复选框。

（1）将插入点放在表单轮廓内。

（2）选择"插入"→"表单"→"复选框"，或者在插入面板的"表单"类别中单击"复选框"。

（3）如果弹出了"输入标签辅助功能属性"对话框，则可对复选框进行命名，并对标签的文本、样式和位置等选项进行设置。

（4）在页面上选择所添加的复选框，然后用属性检查器对该复选框的以下选项进行设置，如图 9.10 所示。

图 9.10 设置复选框的属性

- 名称：在"复选框名称"文本框中输入复选框的名称。
- 选定值：设置在该复选框被选中时发送给服务器的值。
- 初始状态：确定在浏览器中加载表单时该复选框是否处于选中状态。
- 类：对复选框应用 CSS 规则。

若要插入一组名称相同的复选框，可执行以下操作。

（1）将插入点放在表单轮廓内。

（2）选择"插入"→"表单"→"复选框组"，或者在插入面板的"表单"类别中单击"复选框组"。

（3）当出现如图 9.11 所示的"复选框组"对话框时，对以下选项进行设置。

- 在"名称"框中，输入复选框组的名称。
- 若要向该组中添加一个复选框，可单击加号按钮，然后为新复选框输入标签和选定值。
- 若要对这些复选框重新进行排序，可单击向上或向下箭头。
- 选择对这些复选框进行布局时要使用的格式，可使用换行符或表格来设置这些复选框的布局。
  如果选择表格选项，则会创建一个单列表格，并将这些复选框放在左侧，将标签放在右侧。

（4）完成以上设置后，单击"确定"按钮。

【实战演练】在页面上创建 3 个复选框，效果如图 9.12 所示。

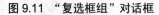

图 9.11 "复选框组"对话框　　　　　　　　图 9.12 复选框应用示例

（1）在 DW 站点的 chapter09 文件夹中创建一个空白网页并命名为 page9-03.html。

（2）将该页的标题设置为"复选框应用示例"。

（3）在该页上插入一个表单，然后在该表单中插入 3 个复选框，并对每个复选框分别添加一个标签。

（4）使用属性检查器对每个复选框的选定值分别进行设置。页面正文部分代码如下：

```
<form id="form1" name="form1" method="post" action="">
  <p align="center">设置文本样式：
  <input name="Bold" type="checkbox" id="Bold" value="bold" />
  <label for="Bold">加粗</label>
  <input name="Italic" type="checkbox" id="Italic" value="italic" />
  <label for="Italic">倾斜</label>
  <input name="Underline" type="checkbox" id="Underline" value="underline" />
  <label for="Underline">下划线</label>
  </p>
</form>
```

（5）在浏览器中查看该页。

9.2.4 列表框

列表框分为多选列表框和单选列表框。多选列表框可以同时显示多个选项并允许进行多重选择，当列表框高度不足以容纳所包含的全部选项时，将会自动出现一个滚动条；单选列表框也称为下拉式列表框或菜单，它也可以包含多个选项，但在浏览器中加载页面时它仅显示出一个选项，可通过单击向下箭头弹出一个列表框以显示其他选项，而且只能从该列表框中选择一个选项。

在 HTML 中，可以使用 select 和 option 标签创建列表框，语法如下：

```
<select name="elementIndentifier" size="rowCount" multiple="multiple">
  <option value="text" [selected="selected"]>Item 1</option>
  <option value="text" [selected="selected"]>Item 2</option>
  ...
</select>
```

其中，select 标签用于创建列表框。name 属性指定列表框的名称。size 属性指定在列表框中显示的选项数目，若设置为 1 或不设置，则创建单选列表框；若设置为大于 1 的整数，则创建多选列表框。对于多选列表框，通过设置 multiple 属性可允许用户作多重选择。

option 标签用于创建列表框中的选项，一个 option 元素对应一个选项。value 属性指定列表项的值，当提交表单时列表框的名称和所有选中项的值会包含在表单结果中。checked 属性指定首次打开表单时该选项处于选中状态。

在 Dreamweaver CS5 中，可通过以下操作来创建列表框。

（1）将插入点放置在表单轮廓内。

（2）选择"插入"→"表单"→"选择（列表/菜单）"，或者在插入面板的"表单"类别中单击"选择（列表/菜单）"。

（3）如果弹出了"输入标签辅助功能属性"对话框，则可对列表框进行命名，并对标签的文本、样式和位置进行设置。

（4）在页面上选择所添加的列表框，然后使用属性检查器对该列表框的以下选项进行设置，如图 9.13 所示。

图 9.13　设置列表框的属性

- 名称：在"选择"下方的文本框中为该列表框指定一个名称。该名称必须是唯一的。
- 类型：指定该列表框是下拉式列表框还是单选列表框。如果希望表单在浏览器中显示时仅有一个选项可见，必须单击向下箭头才能显示其他选项，则选择"菜单"选项；如果希望在浏览器显示表单时列出一些或所有选项，以便用户可以选择多个项，可选择"列表"选项。
- 高度：设置列表中显示的项数，此选项仅适用于"列表"类型。

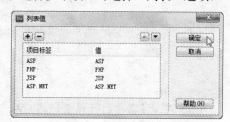

图 9.14　"列表值"对话框

- 选定范围：指定用户是否可以从列表中选择多个项，此选项仅适用于"列表"类型。
- 列表值：单击该按钮可打开如图 9.14 所示的"列表值"对话框，可用来向列表中添加项。在该对话框中，单击加号和减号按钮可添加和删除列表中的项；对每个菜单项输入标签文本和可选值；使用向上和向下箭头按钮重新排列列表中的项。

注意：列表中的每项都有一个标签（在列表中显示的文本）和一个值（选中该项时发送给处理应用程序的值）。如果没有指定值，则会将标签文字发送给处理应用程序。

- 初始化时选定：设置列表中默认选定的项。单击列表中的一个或多个项。
- 类：将 CSS 规则应用于列表框。

【实战演练】在页面上创建单选列表框和多选列表框，分别用于选择专业和课程，效果如图 9.15 和图 9.16 所示。

图 9.15　从下拉式列表框选择一项

图 9.16　从多选列表框中选择多项

（1）在 DW 站点的 chapter09 文件夹中创建一个空白网页并命名为 page9-04.html。

（2）将该页的标题设置为"列表框应用示例"。

（3）在该页上插入一个表单，然后在该表单中插入一个 1 行 4 列的表格。

（4）在表格的第一列和第三列中分别插入一个标签，在第二列和第四列中分别插入一个单选列表框和多选列表框。

（5）对每个列表框进行命名，然后对每个标签的 for 属性分别进行设置，将标签与列表框关联起来。页面正文部分代码如下：

```
<form id="form1" name="form1" method="post" action="">
  <table align="center">
    <tr>
      <td valign="top"><label for="Major">专业：</label></td>
      <td valign="top"><select name="Major" id="Major">
        <option value="计算机软件技术" selected="selected">计算机软件技术</option>
        <option value="计算机网络技术">计算机网络技术</option>
        <option value="多媒体技术与应用">多媒体技术与应用</option>
      </select></td>
      <td valign="top"><label for="Course">课程：</label></td>
      <td valign="top"><select name="Course" size="4" multiple="multiple" id="Course">
        <option value="计算机应用基础">计算机应用基础</option>
        <option value="办公软件应用">办公软件应用</option>
        <option value="计算机网络基础">计算机网络基础</option>
        <option value="动画制作">动画制作</option>
        <option value="网页设计">网页设计</option>
        <option value="数据库应用基础">数据库应用基础</option>
      </select></td>
    </tr>
  </table>
</form>
```

（6）在浏览器中打开该页，然后从"专业"列表框中选择一个专业，并从"课程"列表框中选择多门课程。

9.2.5　隐藏域

如果想在表单结果中包含不希望让站点访问者看得见的信息，则可以在表单中添加隐藏域。每一个隐藏域都有自己的名称和值。

在 HTML 中，可使用 input 标签来创建一个隐藏域。语法如下：

```
<input type="hidden" name="elementIndentifier" value="text" />
```

其中，name 属性指定隐藏域的名称；value 属性指定隐藏域的值。当提交表单时，该隐藏域的名称和值就会与其他可见表单对象的名称和值一起包含在表单结果中。

在 Dreamweaver CS5 中，可通过以下操作来添加隐藏域。

（1）将插入点放置在表单轮廓内部。

（2）选择"插入"→"表单"→"隐藏域"，或者在插入面板的"表单"类别中单击"隐藏域"。

（3）在页面上选择隐藏域图标 ，然后在属性检查器中设置其值，如图 9.17 所示。

9.2.6　文件域

文件域由一个文本框和一个"浏览"按钮组成，如图 9.18 所示。用户可以在文本框中输入文件的路径，也可以使用"浏览"按钮来定位和选择文件。

图 9.17　设置隐藏域的值

图 9.18　文件域

在 HTML 中，可使用 input 标签来创建文件域，语法如下：

```
<input type="file" name="elementIndentifier" value="text" size=" elmentWidth" maxlength=" characterCount".../>
```

其中，name 属性指定文件域的名称；value 属性指定初始文件名；size 属性指定文件名输入框最多可显示的字符数；maxlength 属性指定文件名输入框最多可容纳的字符数。

在 Dreamweaver CS5 中，可通过以下操作来插入文件域。

（1）将插入点放置在表单轮廓内，并在属性检查器中确认"方法"为 POST，在"动作"框中指定服务器端脚本或能处理上传文件的页面，将"编码类型"设置为 multipart/form-data。

（2）选择"插入"→"表单"→"文件域"，或者在插入面板的"表单"类别中单击"文件域"。

（3）选择文件域，使用属性检查器对其以下选项进行设置，如图 9.19 所示。

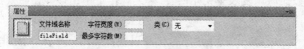

图 9.19　设置文件域的属性

- 文件域名称：指定该文件域对象的名称。
- 字符宽度：指定文件域中最多可显示的字符数。
- 最多字符数：指定文件域中最多可容纳的字符数。如果用户通过浏览来定位文件，则文件名和路径可超过指定的"最多字符数"的值。但是，如果用户尝试输入文件名和路径，则文件域最多仅允许输入"最多字符数"值所指定的字符数。

文件域要求使用 POST 方法将文件从浏览器传输到服务器。该文件被发送到表单的"动作"框中所指定的地址。必须要有服务器端脚本或能够处理文件提交操作的页面，才可以使用文件域。

9.2.7　按钮

在 HTML 中，可使用 input 标签创建 3 种类型的按钮：提交按钮、重置按钮和自定义按钮。语法如下：

```
<input type="submit" | "reset" | "button" name="elementIndentifier" value="text".../>
```

其中，value 属性指定显示在按钮上的标题文本；type 属性指定按钮的类型，有以下 3 个取值。

- submit：创建一个提交按钮。当用户单击提交按钮时，将把表单数据（包括提交按钮的名称和值）发送到由表单的 action 属性指定的表单处理程序。
- reset：创建一个重置按钮。当用户单击重置按钮时，可以将所有表单对象重新设回其初始值。
- button，创建一个自定义按钮。对于自定义按钮，通常应针对 onclick 事件编写脚本处理程序，当单击按钮时执行此程序。

也可以使用 button 标签来定义一个按钮。语法如下：

```
<button name="elementIndentifier" type="submit" | "reset" | "button">...</button>
```

其中，name 属性指定按钮的名称；type 属性指定按钮的类型，可以是 submit、reset 或 button。对于大多数浏览器而言，默认的按钮类型是 submit。位于<button>与</button>标签之间的所有内容都是按钮的内容，其中包括任何可接受的正文内容，例如文本或图像等。

与<input type="button">按钮相比，<button>按钮提供了更强大的功能和更丰富的内容。例如，可以在按钮中放置一个图像和相关的文本信息，从而制作一个图文并茂的按钮。

在 Dreamweaver CS5 中，可通过以下操作来插入一个按钮。

（1）将插入点放置在表单轮廓内部。

（2）选择"插入"→"表单"→"按钮"，或者在插入面板的"表单"类别中单击"按钮"。

（3）在页面上选择所添加的按钮，然后在属性检查器对该按钮的以下选项进行设置，如图 9.20 所示。

图 9.20　设置按钮的属性

- 按钮名称：为该按钮指定一个名称。"提交"和"重置"是两个保留名称，"提交"通知表单将表单数据提交给处理应用程序或脚本，而"重置"则将所有表单域重置为其原始值。
- 值：确定按钮上显示的文本。
- 动作：确定单击该按钮时发生的动作。"提交表单"指定在用户单击该按钮时提交表单数据以进行处理，该数据将被提交到在表单的"动作"属性中指定的页面或脚本；"重置表单"指定在单击该按钮时恢复表单初始内容；"无"指定单击该按钮时要执行的动作。例如，通

图 9.21　按钮应用示例

过对 onclick 事件添加一个 JavaScript 函数，可以使得当用户单击该按钮时打开另一个页面。

- 类：将 CSS 规则应用于按钮。

【实战演练】创建一个登录表单，其中"提交"和"重置"按钮，如图 9.21 所示。

（1）在 DW 站点的 chapter09 文件夹中创建一个空白网页并命名为 page9-05.html。

（2）将该页的标题设置为"按钮应用示例"。

（3）在该页上插入一个表单，在该表单内部插入一个表格，然后在该表格中添加标签、文本框、密码框、提交按钮和重置按钮。页面正文部分代码如下：

```
<form action="" method="post" name="form1" id="form1">
  <table align="center">
    <caption>网站登录</caption>
    <tr>
      <td><label for="Username">用户名：</label></td>
      <td><input type="text" name="Username" id="Username" /></td>
    </tr>
    <tr>
      <td><label for="Password">密码：</label></td>
      <td><input type="password" name="Password" id="Password" /></td>
    </tr>
    <tr>
      <td> </td>
      <td><input type="submit" name="Submit" id="Submit" value="提交" />
            
        <input type="reset" name="Reset" id="Reset" value="重置" /></td>
    </tr>
  </table>
</form>
```

（4）在浏览器中查看该页。

9.2.8　跳转菜单

跳转菜单是网页中的下拉式列表，用于列出到文档或文件的链接。跳转菜单中的每个选项都与 URL 关联。当用户选择一个选项时，将会重定向（"跳转"）到关联的 URL。使用跳转菜单，可以创建到整个 Web 站点内文档的链接、到其他 Web 站点上文档的链接、电子邮件链接、到图

形的链接，也可以创建到可在浏览器中打开的任何文件类型的链接。

若要创建跳转菜单，可执行以下操作。

（1）打开一个文档，然后将插入点放在文档窗口中。

（2）选择"插入"→"表单"→"跳转菜单"，或者在插入面板的"表单"类别中单击"跳转菜单"。

（3）当出现如图 9.22 所示的"插入跳转菜单"对话框时，对以下选项进行设置。

- 加号和减号按钮：单击加号可插入项；再单击加号会再添加另外一项。要删除项目，可选择它，然后单击减号。

- 箭头按钮：选择一个项目后，单击箭头即可在列表中上下移动它。

- 文本：输入未命名项目的名称。如果菜单包含选择提示（"请选择其中一项"），可在此处输入该提示作为第一个菜单项，如果是这样，还必须选择底部的"更改 URL 后选择第一个项目"。

- 选择时，转到 URL：浏览到目标文件或输入其路径。

- 打开 URL 于：指定是否在同一窗口或框架中打开文件。如果要使用的目标框架未出现在菜单中，可关闭"插入跳转菜单"对话框，然后命名该框架。

- 菜单之后插入前往按钮：选择插入"转到"按钮，而不是菜单选择提示。

- 更改 URL 后选择第一个项目：选择是否插入菜单选择提示作为第一个菜单项。

（4）完成以上设置后，单击"确定"按钮。

此时，将在页面上插入一个下拉式列表框（还可能有一个"前往"按钮），并对相应的 select 元素的 onChange 事件或按钮的 onClick 事件附加"跳转菜单"行为。

【实战演练】在页面上创建跳转菜单，从该菜单中选择一个链接并单击"前往"按钮可打开相应的网站，如图 9.23 所示。

图 9.22　"插入跳转菜单"对话框

图 9.23　跳转菜单应用示例

（1）在 DW 站点的 chapter09 文件夹中创建一个空白网页并命名为 page9-06.html。

（2）将该页的标题设置为"跳转菜单应用示例"。

（3）在该页上插入一个跳转菜单，在如图 9.24 所示的"插入跳转菜单"对话框添加以下 4 个菜单项，选择"菜单之后插入前往按钮"复选框，然后单击"确定"按钮。

- 人民网：http://www.people.com.cn/;

- 凤凰网：http://www.ifeng.com/;

- 新浪网：http://www.sina.com.cn/;

- 百度：http://www.baidu.com/。

（4）在下拉式列表框前面添加一个标签，其文本为"常用链接："。

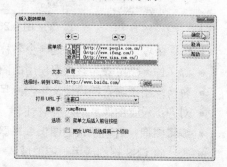

图 9.24　设置"插入跳转菜单"对话框选项

（5）切换到代码视图，可看到在文档首部添加了以下 JavaScript 脚本块：

```
<script type="text/javascript">
function MM_jumpMenuGo(objId,targ,restore){ //v9.0
  var selObj = null;   with (document) {
  if (getElementById) selObj = getElementById(objId);
  if (selObj) eval(targ+".location='"+selObj.options[selObj.selectedIndex].value+"'");
  if (restore) selObj.selectedIndex=0; }
}
</script>
```

页面正文部分代码如下：

```
<form name="form" id="form">
  <label for="jumpMenu">常用链接：</label>
  <select name="jumpMenu" id="jumpMenu">
    <option value="http://www.people.com.cn/">人民网</option>
    <option value="http://www.ifeng.com/">凤凰网</option>
    <option value="http://www.sina.com.cn/">新浪网</option>
    <option value="http://www.baidu.com/">百度</option>
  </select>
  <input type="button" name="go_button" id=" go_button" value="前往"
    onclick="MM_jumpMenuGo ('jumpMenu', 'parent',0)" />
</form>
```

（6）在浏览器中打开该页，然后对跳转菜单功能进行测试。

9.2.9 图像域

在 HTML 中，可使用 input 标签来创建具有提交功能的图像按钮（通常也称为图像域），语法如下。

```
<input type="image" src="URL" />
```

其中，src 属性指定按钮使用的图像的 URL。

在 Dreamweaver CS5 中，可通过以下操作来创建图像域。

（1）将插入点放置在表单轮廓内部。

（2）选择"插入"→"表单"→"图像域"，或者在插入面板的"表单"类别中单击"图像域"。

（3）当出现"选择图像源文件"对话框时，为该按钮选择图像，然后单击"确定"按钮。

（4）在属性检查器中，对图像域的以下选项进行设置，如图 9.25 所示。

图 9.25 设置图像域的属性

- 图像区域：为该按钮指定一个名称。
- 源文件：指定要为该按钮使用的图像。
- 替换：用于输入描述性文本，一旦图像在浏览器中加载失败，将显示这些文本。
- 对齐：设置图像域的对齐属性。
- 编辑图像：启动默认的图像编辑器，并打开该图像文件以进行编辑。
- 类：将 CSS 规则应用于图像域。

9.2.10 字段集

在 HTML 中，可使用 fieldset 标签将表单内的相关元素分组，生成由一组相关的表单对象组成的字段集。语法如下：

```
<fieldset>
  <legend>...</legend>
  ...
</fieldset>
```

其中，legend 标签为 fieldset 元素定义标题。将一组表单对象放到 fieldset 元素内时，浏览器会以特殊方式来显示它们，它们可能有特殊的边界或 3D 效果。

在 Dreamweaver CS5 中，可通过以下操作来插入字段集。

（1）将插入点放置在表单轮廓内部。

（2）选择"插入"→"表单"→"字段集"，或者在插入面板的"表单"类别中单击"字段集"。

（3）当出现如图 9.26 所示的"字段集"对话框时，为字段指定标签文字，然后单击"确定"按钮。

（4）在字段集内部添加所需的表单对象。如图 9.27 所示，是将文本框、密码框、"提交"按钮和"重置"按钮添加到一个字段集后的效果，该字段集具有圆角矩形边界。

图 9.26 "字段集"对话框

图 9.27 字段集的效果

9.3 Spry 表单验证

在用户向服务器提交表单数据之前，通常需要通过编写 JavaScript 代码对这些数据进行验证，以确保信息的有效性。如果用户未提供某些必填字段，或者以不正确的格式输入了某些数据（如日期、电子邮件地址等），则取消表单提交操作。为了简化验证表单数据的过程，Spry 框架提供了一组用于验证表单数据的 Spry Widget，不用编写代码，就可以高效快捷地完成表单验证的任务。

9.3.1 验证文本域 Widget

验证文本域 Widget 就是一个文本框，用于在站点访问者输入文本时显示文本的状态（有效或无效）。例如，可以向访问者输入电子邮件地址的表单中添加验证文本框 Widget。如果访问者没有在电子邮件地址中输入"@"符号和句点，验证文本框 Widget 会返回一条消息，通知用户输入的信息无效。一个处于各种状态的验证文本框 Widget 如图 9.28 所示。

A-激活提示　B-有效状态　C-无效状态　D-必需状态

图 9.28 验证文本框 Widget 的各种状态

验证文本框构件可以在不同的时间点进行验证，例如当访问者在 Widget 外部单击时、输入内容时或尝试提交表单时。验证文本域 Widget 具有许多状态，例如有效状态、无效状态和必需状态等。根据所需要的验证结果，可以使用属性检查器来修改这些状态的属性。

- 初始状态：在浏览器中加载页面或用户重置表单时 Widget 的状态。
- 焦点状态：当用户在 Widget 中放置插入点时 Widget 的状态。
- 有效状态：当用户正确地输入信息且表单可以提交时 Widget 的状态。
- 无效状态：当用户所输入文本的格式无效时 Widget 的状态。例如，用 jack@hotmail 而不是 jack@hotmail.com 表示电子邮件地址，用 10 而不是用 2010 表示年份，等等。
- 必需状态：当用户在文本框中没有输入必需文本时 Widget 的状态。
- 最小字符数状态：当用户在文本框中输入的字符数少于文本框所要求的最小字符数时 Widget 的状态。
- 最大字符数状态：当用户在文本框中输入的字符数多于文本框所允许的最大字符数时 Widget 的状态。
- 最小值状态：当用户输入的值小于文本框所需的值时 Widget 的状态。适用于整数、实数和数据类型验证。
- 最大值状态：当用户输入的值大于文本框所允许的最大值时 Widget 的状态。适用于整数、实数和数据类型验证。

要在页面上创建 Spry 验证文本域 Widget，需要以下 3 个步骤。

（1）在文档首部链接到该 Widget 的支持文件（应确保将这些文件复制到站点中）：

```
<script src="../SpryAssets/SpryValidationTextField.js" type="text/javascript"></script>
<link href="../SpryAssets/SpryValidationTextField.css" rel="stylesheet" type="text/css" />
```

（2）在一个表单内部编写该 Widget 的 HTML 代码：

```
<span id="sprytextfield1">
    <input type="text" name="Username" id="Username" />
    <span class="textfieldRequiredMsg">请输入用户名。</span>
</span>
```

验证文本域 Widget 由一个外层 span 容器元素和位于其内部的一个文本框、一个或多个 span 元素组成。容器 span 具有一个唯一的 id；内部的文本框是一个标准的<input type="text">元素；内部的每个 span 元素均可用于显示一条出错信息，这些 span 元素分别应用了 CSS 文件 SpryValidationTextField.css 中的不同 CSS 规则（如 textfieldRequiredMsg 等），它们的内容在页面的初始状态下是不可见的。

（3）在该 Widget 的 HTML 代码后面编写 JavaScript 代码并创建一个对象：

```
<script type="text/javascript">
    var stf1=new Spry.Widget.ValidationTextField(element, type, options);
</script>
```

其中，参数 element 指定容器 span 标签的 id（如 sprytextfield1）。参数 type 表示验证类型，常用验证类型有：integer（整数）、E-mail（电子邮件地址）、date（日期）、time（时间）、zip_code（邮政编码）、phone_number（电话号码）、currency（货币）、real（实数）、ip（IP 地址）、url（Internet 网址）。如果不需要指定验证类型，可将 type 设置为 none。

参数 options 是可选的，该参数是一个对象，具体设置依赖于 type 参数设置的验证类型。该对象的常用属性如下。

- validateOn：设置验证发生的时间。
- isRequired：指定是否要求用户在提交表单之前输入内容。
- minChars/maxChars：指定允许用户在文本框中输入的最小字符数和最大字符数。
- minValue/maxValue：指定最小值和最大值。

- hint：为文本框设置提示文字。
- format：指定数据输入格式。
- pattern：指定数据的输入模式。

每当验证文本域 Widget 以用户交互方式进入某种状态时，Spry 框架逻辑会在运行时向该 Widget 的 HTML 容器应用特定的 CSS 类。例如，如果用户尝试提交表单，但尚未在必填文本框中输入文本，Spry 会向该 Widget 应用一个类，使它显示"请输入用户名"之类的错误消息。

在 Dreamweaver CS5 中，可通过以下操作来插入和编辑验证文本域 Widget。

（1）若要插入验证文本域 Widget，可选择"插入"→"Spry"→"Spry 验证文本域"，或者在插入面板中的"Spry"类别中单击"验证文本域 Widget"。

（2）完成"输入标签辅助功能属性"对话框，然后单击"确定"按钮。

（3）在文档窗口中选择所添加的验证文本域 Widget，然后在属性检查器中对该 Widget 的以下选项进行设置，如图 9.29 所示。

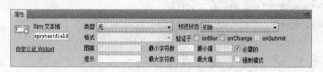

图 9.29　设置验证文本域 Widget 的属性

- 从"类型"列表中选择一个验证类型。可以选择的验证类型有："整数"、"电子邮件地址"、"日期"、"时间"、"信用卡"、"邮政编码"、"电话号码"、"社会安全号码"、"货币"、"实数/科学计数法"、"IP 地址"、"URL"、"自定义"。
- 如果适用的话，可从"格式"列表中选择一种格式。例如，对于日期验证，可以选择"yyyy/mm/dd"或"yyyy-mm-dd"格式。
- 若要指定验证发生的时间，可设置"验证于"选项：onBlur 表示当用户在文本域的外部单击时验证，onChange 表示当用户更改文本域中的文本时验证，onSubmit 表示在用户尝试提交表单时进行验证。后者是默认选中的，无法取消选择。
- 若要指定最小字符数和最大字符数，可在"最小字符数"或"最大字符数"框中输入一个数字。此选项仅适用于"无"、"整数"、"电子邮件地址"和"URL"验证类型。
- 若要指定最小值和最大值，可在"最小值"或"最大值"框中输入一个数字。此选项仅适用于"整数"、"时间"、"货币"和"实数/科学记数法"验证类型。
- 若要更改 Widget 在设计视图中的显示状态，可从"预览状态"列表中选择要查看的状态。例如，如果要查看处于"有效"状态的 Widget，可选择"有效"。
- 若要更改文本框的所需状态，可根据自己的喜好选择或取消"必需"复选框。
- 若要创建文本框的提示，可"提示"文本框中输入提示信息。例如，对于日期，可输入"yyyy-mm-dd"作为提示信息。
- 若要禁止用户在验证文本域 Widget 中输入无效字符，可选择"强制模式"复选框。

默认情况下，验证文本域 Widget 的错误消息会以红色显示，文本周围有 1 个像素宽的边框。若要更改验证文本域 Widget 错误消息的文本样式，可查找相应的 CSS 规则，然后更改默认属性，或者添加自己的文本样式属性和值。

【**实战演练**】创建一个填写个人信息的表单并对表单数据进行验证，效果如图 9.30 和图 9.31 所示。

（1）在 DW 站点的 chapter09 文件夹中创建一个空白网页并命名为 page9-07.html。

（2）将该页的标题设置为"验证文本域 Widget 应用示例"。

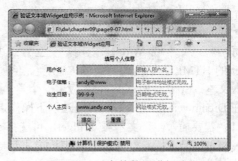

图 9.30　页面的初始状态　　　　　　　图 9.31　对表单数据进行验证

（3）在文档首部创建 CSS 样式表：

```
<style type="text/css">
* {font-family: "微软雅黑"; font-size: 12px;}
.textfieldHintState input, input.textfieldHintState {color: #C6C6C6;}
</style>
```

（4）在该页上插入一个表单，然后在属性检查器中将该表单的"动作"选项设置为"javascript:alert('表单数据已提交！');"。

（5）在该表单内插入一个 5 行 2 列的表格，然后在各个单元格中分别插入 4 个标签和 4 个验证文本域 Widget，通过设置标签的 for 属性将其与相应的文本框关联起来，对每个 Widget 的验证选项进行设置，以便通过文本框输入用户名、电子信箱、出生日期或个人主页。

（6）在表格的单元格中插入"提交"按钮和"重置"按钮。页面正文部分代码如下：

```
<form id="form1" name="form1" method="post" action="javascript:alert('表单数据已提交！');">
  <table align="center">
  <caption>填写个人信息</caption>
  <tr>
    <td><label for="Username">用户名：</label></td>
    <td><span id="sprytextfield1">
      <input type="text" name="Username" id="Username" />
      <span class="textfieldRequiredMsg">请输入用户名。</span></span></td>
  </tr>
  <tr>
    <td><label for="Email"></label>电子信箱：</td>
    <td><span id="sprytextfield2">
      <input type="text" name="Email" id="Email" />
      <span class="textfieldRequiredMsg">请输入电子信箱。</span><span class="textfieldInvalidFormatMsg">电子邮件
地址格式无效。</span></span></td>
  </tr>
  <tr>
    <td><label for="BirthDate">出生日期：</label>
       </td>
    <td><span id="sprytextfield3">
      <input type="text" name="BirthDate" id="BirthDate" />
      <span class="textfieldRequiredMsg">请输入出生日期。</span><span class="textfieldInvalidFormatMsg">日期格式
无效。</span></span></td>
  </tr>
  <tr>
    <td><label for="HomePage">个人主页：</label></td>
    <td><span id="sprytextfield4">
```

```
                <input type="text" name="HomePage" id="HomePage" />
                <span class="textfieldRequiredMsg">需要提供个人主页。</span><span class="textfieldInvalidFormatMsg">网址格式
无效。</span></span></td>
            </tr>
            <tr>
                <td> </td>
                <td><input type="submit" name="Submit" id="Submit" value="提交" />
                    
                <input type="reset" name="Reset" id="Reset" value="重置" /></td>
            </tr>
        </table>
    </form>
    <script type="text/javascript">
    var sprytextfield1 = new Spry.Widget.ValidationTextField("sprytextfield1");
    var sprytextfield2 = new Spry.Widget.ValidationTextField("sprytextfield2", "email");
    var sprytextfield3 = new Spry.Widget.ValidationTextField("sprytextfield3", "date", {format: "yyyy-mm-dd", hint:
"yyyy-mm-dd"});
    var sprytextfield4 = new Spry.Widget.ValidationTextField("sprytextfield4", "url");
    </script>
```

（7）在浏览器中打开该页，并对验证文本域 Widget 的数据验证功能进行测试。

9.3.2　验证密码 Widget

Spry 验证密码 Widget 是一个密码框，可用于强制执行密码规则（例如字符的数目和类型）。该 Widget 根据用户的输入提供警告或错误消息。如图 9.32 所示，是处于各种状态的验证密码 Widget。

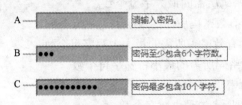

A-必需状态　B-最大字符数状态　C-最小字符数状态

图 9.32　验证密码 Widget 的各种状态

验证密码 Widget 可以在不同的时间点进行验证。例如，当站点访问者在文本域外部单击时、输入内容时或尝试提交表单时。验证密码 Widget 具有以下状态。

- 初始状态：当在浏览器中加载页面时，或当用户重置表单时。
- 焦点状态：当用户将插入点放置到 Widget 中时。
- 有效状态：当用户正确输入信息，并且可以提交表单时。
- 强度无效状态：当输入的内容不符合密码文本域的强度条件时。例如，如果已指定密码必须至少包含 2 个大写字母，而输入的密码不包含大写字母或只包含一个大写字母。
- 必需状态：当用户未能在文本域中输入所需的文本时。
- 最小字符数状态：当用户输入的字符数少于密码文本域中所需的最小字符数时。
- 最大字符数状态：用户输入的字符数大于密码文本域中允许的最大字符数时。

要创建验证密码 Widget，需要以下 3 个步骤。

（1）在文档首部链接到该 Widget 的支持文件：

```
<script src="../SpryAssets/SpryValidationPassword.js" type="text/javascript"></script>
<link href="../SpryAssets/SpryValidationPassword.css" rel="stylesheet" type="text/css" />
```

（2）在一个表单内部编写该 Widget 的 HTML 代码：

```
<span id="sprypassword1">
    <input type="password" name="Password" id="Password" />
    <span class="passwordRequiredMsg">请输入密码。</span>
</span>
```

验证密码 Widget 由一个外层 span 容器元素和位于其中的一个密码框以及若干个 span 组成。容器 span 标签具有一个唯一的 id；内部的各个 span 元素用于显示错误或警告信息，这些 span 元素分别应用了不同的 CSS 规则，初始状态下看不到它们的内容。当该 Widget 进入必需状态、强度无效状态、最小字符数状态或最大字符数状态时，将显示错误信息。

（3）在该 Widget 的 HTML 之后编写创建一个 JavaScript 对象：

```
<script type="text/javascript">
var sprypassword1 = new Spry.Widget.ValidationPassword(element, options);
</script>
```

其中，参数 element 为容器 span 标签的 id（如 sprypassword1）；参数 options 是可选的，它是一个对象，其常用属性如下。

- validateOn：设置验证发生的时间。
- isRequired：指定是否要求用户在提交表单之前必须输入密码。
- minChars：有效密码所需的最小字符个数。
- maxChars：密码所允许的最大长度。
- minAlphaChars：有效密码所需的最小字母个数。
- maxAlphaChars：有效密码所需的最大字母个数。
- minUpperAlphaChars：有效密码所需的最小大写字母个数。
- maxUpperAlphaChars：有效密码所需的最大大写字母个数。
- minSpecialChars：有效密码所需的最小特殊字符个数。
- maxSpecialChars：有效密码所需的最大特殊字符个数。
- minNumbers：有效密码所需的最小数字个数。

在 Dreamweaver CS5 中，可通过以下操作来插入和编辑验证密码 Widget。

（1）若要插入验证密码 Widget，可选择"插入"→"Spry"→"Spry 验证密码"，或者在插入面板中的"Spry 类别"单击"验证密码 Widget"。

（2）完成"输入标签辅助功能属性"对话框，然后单击"确定"按钮。

（3）在页面上通过单击验证密码 Widget 的蓝色选项卡来选择该 Widget，然后在属性检查器中对以下选项进行设置，如图 9.33 所示。

- 若要更改验证密码 Widget 的必需状态，选择或取消"必需"复选框。

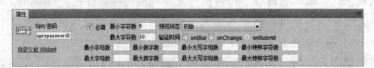

图 9.33　设置验证密码 Widget 的属性

- 若要更改 Widget 在设计视图中的显示状态，可从"预览状态"列表中选择一种状态。
- 若要指定验证发生的时间，可在"验证时间"右边选择 onBlur（当在密码文本域的外部单击时验证）、onChange（当更改密码文本域中的文本时验证）以及 onSubmit（尝试提交表单时进行验证）复选框，后者是默认选中的，无法取消选择。

- 若要设置密码强度,可在"最小字母数"、"最大字母数"、"最小数字数"、"最大数字数"、"最小大写字母数"、"最大大写字母数"、"最小特殊字符数"以及"最大特殊字符数"框中输入该 Widget 进行验证所需的数字。

提示:密码强度是指某些字符的组合与密码文本域的要求匹配的程度。例如,如果创建了一个用户要在其中输入密码的表单,则可能需要强制在密码中包含若干大写字母、若干特殊字符(!、@、#等)等。默认情况下,不会为密码 Widget 设置任何可用选项。若上述任一选项保留为空,将导致 Widget 不验证是否满足该条件。

在网页上输入密码时,通常需要连续输入两次,第二次对第一次输入的内容进行确认,两次输入的内容必须相同。为了对输入的密码进行确认,可以使用验证确认 Widget。

验证确认 Widget 是一个文本域或密码表单域,当用户输入的值与同一表单中前一个密码框的值不匹配时,该 Widget 将显示无效状态。例如,可以向表单中添加一个验证确认 Widget,要求用户重新输入他们在上一个域中指定的密码。如果用户未能完全一样地输入他们之前指定的密码,Widget 将返回错误消息,提示两个值不匹配。

验证确认 Widget 可以在不同的时间点进行验证,例如当站点访问者在 Widget 外部单击时、输入内容时或尝试提交表单时。该 Widget 具有各种状态,例如有效、无效、必需等。根据所需的验证结果,可以利用属性检查器来修改这些状态的属性。

- 初始状态:当在浏览器中加载页面时,或当用户重置表单时。
- 焦点状态:当用户将插入点放置到 Widget 中时。
- 有效状态:当用户正确输入信息,并且可以提交表单时。
- 无效状态:当用户输入的文本与在上一个文本域、验证文本域 Widget 或验证密码 Widget 中输入的文本不匹配时。
- 必需状态:当用户未能在文本域中输入所需的文本时。

要创建验证确认 Widget,需要以下 3 个步骤。

(1)在文档首部链接到该 Widget 的支持文件:

```
<script src="../SpryAssets/SpryValidationConfirm.js" type="text/javascript"></script>
<link href="../SpryAssets/SpryValidationConfirm.css" rel="stylesheet" type="text/css" />
```

(2)在一个表单内部编写该 Widget 的 HTML 代码:

```
<span id="spryconfirm1">
    <input type="password" name="Confirm" id="Confirm" />
    <span class="confirmRequiredMsg">请再次输入密码。</span><span class="confirmInvalidMsg">两次输入的内容不匹配。</span>
</span>
```

验证确认 Widget 由一个外层容器 span 元素和位于其内部的一个密码框以及两个 span 元素组成。容器 span 标签具有唯一的 id,内部的每个 span 元素分别在必需或无效状态下显示错误提示信息。

(3)在该 Widget 的 HTML 代码之后创建一个 JavaScript 对象:

```
<script type="text/javascript">
var sprypassword1 = new Spry.Widget.SpryValidationConfirm(element, firstInput, options);
</script>
```

其中,参数 element 指定容器 span 标签的 id(如 spryconfirm1);参数 firstInput 指定待确认的密码框 input 标记的 id;参数 options 是可选的,它是一个对象,其常用属性如下。

- validateOn:设置验证发生的时间。
- isRequired:指定是否要求用户在提交表单之前该域必须有一个值。

在 Dreamweaver CS5 中，可通过以下操作来插入和编辑验证确认 Widget。

（1）若要插入验证确认 Widget，可选择"插入"→"Spry"→"Spry 验证确认"，或者在插入面板的"Spry"类别中单击"Spry 验证确认"。

（2）完成"输入标签辅助功能属性"对话框，然后单击"确定"按钮。

（3）在文档窗口中，通过单击验证确认 Widget 的蓝色选项卡来选择该 Widget，然后在属性检查器中对以下选项进行设置，如图 9.34 所示。

图 9.34 设置验证确认 Widget 的属性

- 若要更改验证确认 Widget 的必需状态，可根据自己的喜好选择或取消"必需"选项。
- 若要指定验证参照的文本域，可从"验证参照对象"列表中选择将用作验证依据的文本域。分配了唯一 id 的所有文本域都显示为该弹出式菜单中的选项。
- 若要在设计视图中显示 Widget 状态，可从"预览状态"列表中选择要查看的状态。
- 若要指定验证发生的时间，可在"验证时间"右边选择 onBlur（当在确认文本域的外部单击时验证）、onChange（当更改确认文本域中的文本时验证）以及 onSubmit（在用户尝试提交表单时进行验证），后者是默认选中的，而且无法取消选择。

【实战演练】在注册表单中应用验证密码和验证确认 Widget，如图 9.35 和图 9.36 所示。

图 9.35 密码长度太短

图 9.36 密码未确定指定强度

（1）在 DW 站点的 chapter09 文件夹中创建一个空白网页并命名为 page9-08.html。

（2）将该页的标题设置为"验证密码 Widget 应用示例"。

（3）在该页插入一个表单，并将该表单的"动作"选项设置为"javascript:alert('注册成功！')"。

（4）在该表单中插入一个表格，然后在表格单元格中分别插入标签、验证文本域 Widget、验证密码 Widget、验证确认 Widget、"提交"按钮和"重置"按钮，并对各个 Widget 的属性进行设置。下面正文部分代码如下：

```
<form id="form1" name="form1" method="post" action="javascript:alert('注册成功！')">
  <table align="center">
  <caption>注册新用户</caption>
  <tr>
    <td><label for="Username">用户名：</label></td>
    <td><span id="sprytextfield1">
      <input type="text" name="Username" id="Username" />
      <span class="textfieldRequiredMsg">需要提供一个值。</span></span></td>
  </tr>
  <tr>
    <td><label for="Password">密码：</label></td>
    <td><span id="sprypassword1">
```

```
                <input type="password" name="Password" id="Password" />
                <span class="passwordRequiredMsg">请输入密码。</span><span class="passwordMinCharsMsg">密码至
少包含 6 个字符。</span><span class="passwordMaxCharsMsg">密码最多包含 10 个字符。</span><span
class="passwordInvalidStrengthMsg">密码未达到指定的强度。</span></span></td>
              </tr>
              <tr>
                <td><label for="Confirm">确认密码：</label></td>
                <td><span id="spryconfirm1">
                  <input type="password" name="Confirm" id="Confirm" />
                  <span class="confirmRequiredMsg">请再次输入密码。</span><span class="confirmInvalidMsg">两次输
入的密码不匹配。</span></span></td>
              </tr>
              <tr>
                <td> </td>
                <td><input type="submit" name="Submit" id="Submit" value="注册" />
                      
                  <input type="reset" name="Reset" id="Reset" value="重置" /></td>
              </tr>
            </table>
        </form>
        <script type="text/javascript">
        var sprypassword1 = new Spry.Widget.ValidationPassword("sprypassword1", {minChars:6, maxChars:10,
minNumbers:2});

        var sprytextfield1 = new Spry.Widget.ValidationTextField("sprytextfield1");
        var spryconfirm1 = new Spry.Widget.ValidationConfirm("spryconfirm1", "Password");
        </script>
```

（5）在浏览器中打开该页，并对各个 Widget 的验证功能进行测试。

9.3.3　验证文本区域 Widget

Spry 验证文本区域 Widget 就是一个文本区域，它在用户输入文本内容时显示某种状态，例如有效或无效。如果文本区域是必填域而用户没有输入任何文本，则该 Widget 将返回一条消息，提示用户必须输入内容。此外，使用该 Widget 的计数器功能还可以显示当前已输入的字符数或剩余的字符数。处于各种状态的验证文本区域 Widget 如图 9.37 所示。

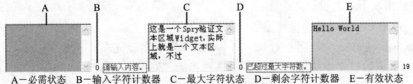

图 9.37　验证文本区域 Widget 的各种状态

验证文本区域 Widget 可以在不同的时间点进行验证，例如当用户在 Widget 外部单击时、输入内容时或尝试提交表单时。验证文本区域 Widget 具有许多状态（例如，有效、无效、必需值等）。根据所需的验证结果，可以利用属性检查器来修改这些状态的属性。

- 初始状态：在浏览器中加载页面或用户重置表单时 Widget 的状态。
- 焦点状态：当用户在 Widget 中放置插入点时 Widget 的状态。
- 有效状态：当用户正确地输入信息且表单可以提交时 Widget 的状态。
- 必需状态：当用户没有输入任何文本时 Widget 的状态。
- 最小字符数状态：当用户输入的字符数小于文本区域所要求的最小字符数时 Widget 的状态。

● 最大字符数状态：当用户输入的字符数大于文本区域所允许的最大字符数时 Widget 的状态。

要创建验证文本区域 Widget，需要以下 3 个步骤。

（1）在文档首部链接到该 Widget 的支持文件：

```
<script src="../SpryAssets/SpryValidationTextarea.js" type="text/javascript"></script>
<link href="../SpryAssets/SpryValidationTextarea.css" rel="stylesheet" type="text/css" />
```

（2）在一个表单内部编写该 Widget 的 HTML 代码：

```
<span id="sprytextarea1">
    <textarea name="textarea1" id="textarea1" cols="45" rows="5"></textarea>
    <span class="textareaRequiredMsg">需要输入内容。</span>
</span>
```

验证文本区域 Widget 由一个外层容器 span 元素和位于其内部的一个文本区域以及若干个 span 元素组成。容器 span 标签具有唯一的 id，内部的每个 span 元素分别在必需或无效状态下显示错误提示信息。

（3）在该 Widget 的 HTML 代码之后创建一个 JavaScript 对象：

```
<script type="text/javascript">
    var sprypassword1 = new Spry.Widget.SpryValidationTextarea(element, options);
</script>
```

其中，参数 element 指定容器 span 标签的 id（如 sprytextarea1）；参数 options 是可选的，它是一个对象，其常用属性如下。

● validateOn：设置验证发生的时间。

● isRequired：指定验证文本区域 Widget 是否要求用户在提交表单之前输入内容。

● minChars：设置允许用户在文本区域中输入的最小字符数。

● maxChars：设置允许用户在文本区域中输入的最大字符数。

● counterId：指定用于显示已输入字符数或剩余字符数的 span 标签（或其他标签）的 id，以创建字符计数器。该标签必须包含在文本区域 Widget 容器标签内部。

● counterType：设置字符计数器的类型，可以取下列两个值之一："chars_count" 表示字符计数器给出用户已经在文本区域中输入的字符数；"chars_remaining" 表示字符计数器给出剩余的字符数，仅在已指定最大字符数的情况下才能使用此类型。

● useCharacterMasking：指定是否允许用户在文本区域中输入多余字符。仅在已指定最大字符数的情况下才能设置此选项。

● hint：为在文本区域构件设置提示信息。

在 Dreamweaver CS5 中，可通过以下操作来插入和编辑验证文本区域 Widget。

（1）若要插入验证文本区域 Widget，可选择"插入"→"Spry"→"Spry 验证文本区域"，或者在插入面板中的"Spry"类别中单击"验证文本区域 Widget"。

（2）完成"输入标签辅助功能属性"对话框，然后单击"确定"按钮。

（3）在文档窗口中选择一个该验证文本区域 Widget，然后在属性检查器中对以下选项进行设置，如图 9.38 所示。

图 9.38　设置验证文本区域 Widget 的属性

● 若要指定验证发生的时间，可选择以下"验证时间"选项：onBlur（当用户在文本域的外部单击时验证）、onChange（当用户更改文本域中的文本时验证）以及 onSubmit（在用户尝试提交表单时进行验证），后者是默认选中的，无法取消选择。

- 若要指定最小字符数和最大字符数，可在"最小字符数"或"最大字符数"框中输入一个数字。例如，如果在"最小字符数"框中输入 20，则只有当用户在文本区域中输入 20 个或更多字符时，该 Widget 才通过验证。
- 若要添加字符计数器，可选择"字符计数"或"其余字符"复选框。只有当选择了所允许的最大字符数时，"剩下的字符数"复选框才可用。
- 若要更改 Widget 在设计视图中的显示状态，可从"预览状态"列表中选择要查看的状态。例如，如果要查看处于"有效"状态的 Widget，可选择"有效"。
- 若要更改文本区域的所需状态，可根据自己的喜好选择或取消"必需"复选框。
- 若要创建文本区域的提示（例如"请在此处输入留言"），可在"提示"文本框中输入提示信息。
- 若要禁止额外字符，可选择"禁止额外字符"复选框。

【实战演练】使用验证文本区域 Widget 创建一个留言表单，效果如图 9.39 和图 9.40 所示。

图 9.39　初始状态下在文本区域中显示提示信息　　图 9.40　输入留言时通过计数器显示剩余字符数

（1）在 DW 站点的 chapter09 文件夹中创建一个空白网页并命名为 page9-09.html。

（2）将该页的标题设置为"验证文本区域 Widget 应用示例"。

（3）在文档首部创建以下 CSS 样式表：

```
<style type="text/css">
* {font-family: "微软雅黑"; font-size: 12px;}
textarea.textareaHintState, .textareaHintState textarea {color: #CCC;}
</style>
```

（4）在该页中插入一个表单，并将其 action 属性设置为"javascript:alert('留言已发表！')"。

（5）在该表单中插入一个表格，在该表格的各个单元格中插入标签、验证文本域 Widget、验证文本区域 Widget、"提交"按钮和"重置"按钮，并对各个验证 Widget 的选项进行设置。页面正文部分代码如下：

```
<form action="javascript:alert('留言已发表！')" method="post" id="form1">
  <table align="center">
    <caption>填写留言</caption>
    <tr>
      <td><label for="Topic">标题：</label></td>
      <td><span id="sprytextfield1">
        <input name="Topic" type="text" id="Topic" size="45" />
        <span class="textfieldRequiredMsg">请输入主题。</span></span></td>
    </tr>
    <tr>
      <td valign="top"><label for="Content">内容：</label></td>
```

```
            <td><span id="sprytextarea1">
                <label for="Content2"></label>
                <textarea name="Content" id="Content2" cols="45" rows="5"></textarea>
                <span  id="countsprytextarea1"> </span><span  class="textareaRequiredMsg"> 请 填 写 内 容 。
</span><span class="textareaMaxCharsMsg">已超过最大字符数。</span></span></td>
            </tr>
            <tr>
              <td> </td>
              <td align="center"><input type="submit" name="Submit" id="Submit" value="提交" />
                  
                <input type="reset" name="Reset" id="Reset" value="重置" /></td>
            </tr>
          </table>
        </form>
        <script type="text/javascript">
        var sprytextfield1 = new Spry.Widget.ValidationTextField("sprytextfield1");
        var sprytextarea1 = new Spry.Widget.ValidationTextarea("sprytextarea1", {maxChars:300, hint:"请输入在这里留言",
counterType:"chars_remaining", counterId:"countsprytextarea1"});
        </script>
```

（6）在浏览器中打开该页，然后对验证文本区域 Widget 的功能进行测试。

9.3.4　验证单选按钮组 Widget

验证单选按钮组 Widget 是一组单选按钮，可支持对所选内容进行验证。使用该 Widget 可强制从单选按钮组中选择一个单选按钮。

验证单选按钮组 Widget 可以在不同的时间点进行验证：当用户在 Widget 外部单击时、进行选择时或尝试提交表单时。除初始状态外，验证单选按钮组 Widget 还包括 3 种状态：有效、无效和必需值。根据所需的验证结果，可以修改这些状态的属性。

- 初始状态：当在浏览器中加载页面时，或当用户重置表单时。
- 有效状态：当用户进行选择，并且可以提交表单时。
- 必需状态：当用户未能进行必需的选择时。
- 无效状态：当用户选择其值不可接受的单选按钮时。

每当验证单选按钮组 Widget 通过用户操作进入其中一种状态时，Spry 框架逻辑都会在运行时向该 Widget 的 HTML 容器应用特定的 CSS 类。例如，如果用户尝试提交表单但未进行任何选择，则 Spry 会向该 Widget 应用一个类，使它显示"请进行选择"之类的错误消息。

要创建验证单选按钮组 Widget，需要以下 3 个步骤。

（1）在文档首部链接到该 Widget 的支持文件：

```
<script src="../SpryAssets/SpryValidationRadio.js" type="text/javascript"></script>
<link href="../SpryAssets/SpryValidationRadio.css" rel="stylesheet" type="text/css" />
```

（2）在一个表单内部编写该 Widget 的 HTML 代码：

```
<div id="spryradio1">
    <label><input type="radio" name="RadioGroup1" value="Item 1" id="r1" />选项 1</label><br />
    <label><input type="radio" name="RadioGroup1" value=" Item 2" id="r2" />选项 2</label><br />
    <label><input type="radio" name="RadioGroup1" value=" Item 3" id="r3" />选项 3</label><br />
    <label><input type="radio" name="RadioGroup1" value="none" id="r4" />空值</label><br />
    <label><input type="radio" name="RadioGroup1" value="invalid" id="r5" />无效值</label>
    <span class="radioRequiredMsg">请进行选择。</span>
    <span class="radioInvalidMsg">请选择一个有效值。</span>
</div>
```

验证单选按钮组 Widget 由一个外层容器 div 元素和位于其内部的若干个单选按钮以及两个 span 元素组成。容器 div 标签具有一个唯一的 id；这些单选按钮具有相同的名称从而构成一个单选按钮组，其中可以包含一个空值单选按钮和一个无效值单选按钮；两个 span 元素用于显示提示信息，初始状态下看不到这些信息。

（3）在该 Widget 的 HTML 之后创建 JavaScript 对象：

```
<script type="text/javascript">
var spryradio1 = new Spry.Widget.SpryValidationRadio(element, options);
</script>
```

其中，参数 element 指定该 Widget 容器 div 的 id（如 spryradio1）；参数 options 是可选的，它是一个对象，可以包含以下属性。

- validateOn：设置验证发生的时间。
- isRequired：指定是否要求用户在提交表单之前至少需要选择一个单选按钮。
- invalidValue：指定不能通过验证的值，其值为一个单选按钮的值，若用户选择了该值，则视为无效值。
- emptyValue：指定单选按钮的空值，其值为一个单选按钮的值，若用户选中了该值，则视为未选择。

在 Dreamweaver CS5 中，可通过以下操作来插入和编辑验证单选按钮组 Widget。

（1）若要插入验证单选按钮组 Widget，可选择"插入"→"Spry"→"Spry 验证单选按钮组"，或者在插入面板的"Spry"类别中单击"Spry 验证单选按钮组"。

（2）当出现如图 9.41 所示的"Spry 验证单选按钮组"对话框时，对以下选项进行设置，然后单击"确定"按钮。

图 9.41　"Spry 验证单选按钮组"对话

- 在"名称"文本框中输入该单选按钮组的名称。
- 通过单击加号或减号按钮向组中添加或从组中删除单选按钮。
- 在"标签"列中，单击每个单选按钮的名称以使该域可编辑，并为每个单选按钮分配唯一的名称。
- 在"值"列中，单击每个值以使该域可编辑，并为每个单选按钮分配唯一的值。
- 若要调整单选按钮的位置，可单击某单选按钮或其值以选择特定行，然后单击向上或向下箭头以将该行向上或向下移动。
- 选择单选按钮组的布局类型：选择"换行符"将使用换行符（br 标签）将每个单选按钮放置在单独的行中，选择"表"使用单独的表格行（tr 标签）将每个单选按钮放置在单独的行中。

（3）在文档窗口中通过单击验证单选按钮组 Widget 的蓝色选项卡来选择该 Widget，然后在属性检查器中对以下选项进行设置，如图 9.42 所示。

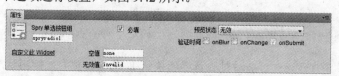

图 9.42　设置验证单选按钮组 Widget 的属性

- 若要指定验证发生的时间，可在"验证时间"右边选择 onBlur（当用户在单选按钮组的外部单击时验证）、onChange（在用户进行选择时验证）以及 onSubmit（在用户尝试提交表单时进行验证），后者是默认选中的，无法取消选择。

- 若要更改 Widget 在设计视图中的显示状态，可从"预览状态"列表中选择要查看的状态。例如，选择"初始"可查看处于"初始"状态的 Widget。
- 若要更改单选按钮的必需状态，可选择或取消"必需"复选框。
- 若要指定空值或无效值，可在单选按钮组 Widget 中创建空单选按钮或无效单选按钮，然后在"空值"文本框中输入空单选按钮的值（如 none），并在"无效值"文本框中输入无效单选按钮的值（如 invalid）。

【实战演练】在页面上创建一个验证单选按钮组 Widget，效果如图 9.43 和图 9.44 所示。

图 9.43　选择空值单选按钮时的情形　　　图 9.44　选择无效单选按钮时的情形

（1）在 DW 站点的 chapter09 文件夹中创建一个空白网页并命名为 page9-10.html。

（2）将该页的标题设置为"验证单选按钮组 Widget 应用示例"。

（3）在文档首部创建以下 CSS 样式表：

```
<style type="text/css">
* {font-family: "微软雅黑"; font-size: 12px;}
#spryradio1 {width: 300px; margin: 0 auto; text-align: center;}
</style>
```

（4）在该页上插入一个表单并将其 action 属性设置为"javascript:alert('已提交！')"，然后在该表单中插入一个验证单选按钮组 Widget 和一个"提交"按钮。页面正文部分代码如下：

```
<form id="form1" name="form1" method="post" action="javascript:alert('已提交！')">
  <p align="center">选择一种 Web 开发技术：</p>
  <div id="spryradio1">
    <label><input type="radio" name="RadioGroup1" value="ASP" id="r1" />ASP</label>
    <label><input type="radio" name="RadioGroup1" value="PHP" id="r2" />PHP</label>
    <label><input type="radio" name="RadioGroup1" value="JSP" id="r3" />JSP</label>
    <label><input type="radio" name="RadioGroup1" value="none" />空值</label>
    <label><input type="radio" name="RadioGroup1" value="invalid" />无效</label><br />
    <span class="radioRequiredMsg">请进行选择。
    </span> <span class="radioInvalidMsg">请选择一个有效值。</span>
  </div>
  <p align="center"><input type="submit" name="Submit" id="Submit" value="提交" /></p>
</form>
<script type="text/javascript">
var spryradio1 = new Spry.Widget.ValidationRadio("spryradio1", {emptyValue:"none", invalidValue:"invalid"});
</script>
```

（5）在浏览器中打开该页，然后对验证单选按钮组 Widget 功能进行测试。

9.3.5　验证复选框 Widget

Spry 验证复选框 Widget 是 HTML 表单中的一个或一组复选框，该复选框在用户选择（或没有选择）复选框时会显示 Widget 的状态（有效或无效）。例如，可向表单中添加验证复选框 Widge

要求用户进行 3 项选择。如果用户选择了一项或两项，则该 Widget 会返回一条消息，提示不符合最小选择数要求。

验证复选框 Widget 可以在不同的时间点进行验证，例如当用户在 Widget 外部单击时、进行选择时或尝试提交表单时。验证复选框 Widget 具有许多状态（例如有效、无效、必需值等），可根据所需的验证结果来修改这些状态的属性。

- 初始状态：在浏览器中加载页面或用户重置表单时 Widget 的状态。
- 有效状态：当用户已经进行了一项或所需数量的选择且表单可提交时 Widget 的状态。
- 必需状态：当用户没有进行所需的选择时 Widget 的状态。
- 最小选择数状态：当用户选择的复选框数小于所需的最小复选框数时 Widget 的状态。
- 最大选择数状态：用户选择的复选框数大于允许的最大复选框数时 Widget 的状态。

每当验证复选框 Widget 通过用户交互方式进入其中一种状态时，Spry 框架逻辑会在运行时向该 Widget 的 HTML 容器应用特定的 CSS 类。例如，如果用户尝试提交表单，但尚未进行任何选择，则 Spry 会向该 Widget 应用一个类，使它显示 "请进行选择" 错误消息。用来控制错误消息的样式和显示状态的规则包含在 Widget 随附的 CSS 文件 SpryValidationCheckbox.css 中。

要创建验证复选框 Widget，需要以下 3 个步骤。

（1）在文档首部链接到该 Widget 的支持文件：

```
<script src="../SpryAssets/SpryValidationCheckbox.js" type="text/javascript"></script>
<link href="../SpryAssets/SpryValidationCheckbox.css" rel="stylesheet" type="text/css" />
```

（2）在一个表单内部编写该 Widget 的 HTML 代码：

```
<span id="sprycheckbox1">
    <label><input type="checkbox" name="checkbox1" value="Item 1"/>选项 1</label>
    <label><input type="checkbox" name="checkbox2" value="Item 2"/>选项 2</label>
    <span class="checkboxRequiredMsg">至少需要选择一项。</span>
</span>
```

验证复选框 Widget 由一个容器 span 元素和位于其内部的若干个复选框以及若干个 span 元素组成。容器 span 元素具有一个唯一的 id，每个复选框附有相应的标签文字，各个 span 元素用于显示该 Widget 进入必需状态、最小选择数状态或最大选择数状态时的提示信息。

（3）在该 Widget 的 HTML 代码之后创建一个 JavaScript 对象：

```
<script type="text/javascript">
var sprycheckbox1 = new Spry.Widget.ValidationCheckbox(element, options);
</script>
```

其中，参数 element 指定容器 span 标签的 id（如 sprycheckbox1）；参数 options 是可选的，它是一个对象，用于设置以下验证选项。

- validateOn：设置验证发生的时间。
- isRequired：指定是否要求用户在提交表单之前至少需要选择一个复选框。
- maxSelections：指定在复选框组中可选择的复选框的最大数目。
- minSelections：指定在复选框组中可选择的复选框的最小数目

在 Dreamweaver CS5 中，可通过以下操作来插入和编辑验证复选框 Widget。

（1）若要插入验证复选框 Widget，可选择 "插入" → "Spry" → "Spry 验证复选框"，或者在插入面板的 "Spry" 类别中单击 "Spry 验证复选框 Widget"。

（2）完成 "输入标签辅助功能属性" 对话框，然后单击 "确定" 按钮。

（3）如果需要，可在验证复选框 Widget 的容器 span 元素中添加更多的复选框。

（4）在文档窗口中选择一个验证复选框 Widget，然后在属性检查器中对以下选项进行设置，如图 9.45 所示。

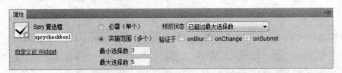

图 9.45　设置验证复选框 Widget 的属性

- 若要指定验证发生的时间，可在"验证于"右边选择 onBlur（当用户在复选框的外部单击时验证）、onChange（在用户进行选择时验证）以及 onSubmit（在用户尝试提交表单时进行验证），后者是默认选中的，无法取消选择。
- 若要指定最小选择范围和最大选择范围，可选择"实施范围（多个）"选项，然后输入希望用户选择的最小复选框数和最大复选框数。
- 若要更改 Widget 在设计视图中的显示状态，可从"预览状态"列表中选择要查看的状态。例如，选择"初始"可查看处于"初始"状态的 Widget。

【实战演练】使用验证复选框 Widget 制作一个简单的选课系统，要求至少要选择 3 门课程，最多选择 5 门课程，效果如图 9.46 和图 9.47 所示。

图 9.46　验证复选框 Widget 进入最小选择数状态　　图 9.47　验证复选框 Widget 进入最大选择数状态

（1）在 DW 站点的 chapter09 文件夹中创建一个空白网页并命名为 page9-11.html。

（2）将该页的标题设置为"验证复选框 Widget 应用示例"。

（3）在该页中插入一个表单并将其 action 属性设置为"javascript:alert('选课成功！')"。

（4）在该表单中插入一个验证复选框 Widget，然后在该 Widget 的容器 span 中添加 5 个复选框，并通过表格来设置这些复选框的布局；用属性检查器对该 Widget 的最小选择数和最大选择数进行设置，并将内部的两个 span 放置在一个段落中。页面正文部分代码如下：

```
<form id="form1" name="form1" method="post" action="javascript:alert('选课成功！')">
  <span id="sprycheckbox1">
    <table align="center">
      <caption>选课系统<hr /></caption>
      <tr>
        <td><label><input type="checkbox" name="cb1" id="cb1" />Visual Basic 程序设计</label></td>
        <td><label><input type="checkbox" name="cb2" id="cb2" />SQL Server 数据库应用</label></td>
      </tr>
      <tr>
        <td><label><input type="checkbox" name="cb3" id="cb3" />Flash 动画制作</label></td>
        <td><label><input type="checkbox" name="cb4" id="cb4" />Dreamweaver 网页设计</label></td>
      </tr>
      <tr>
        <td><label><input type="checkbox" name="cb5" id="cb5" />Visual C#程序设计</label></td>
        <td><label><input type="checkbox" name="cb6" id="cb6" />Web 应用开发</label></td>
```

```
        </tr>
      </table>
      <p align="center"><span class="checkboxMinSelectionsMsg">至少要选择 3 门课程。</span><span
class="checkboxMaxSelectionsMsg">最多选择 5 门课程。</span></p>
      </span>
      <p align="center"><input type="submit" name="Submit" id="Submit" value="提交" />
          <input type="reset" name="Reset" id="Reset" value="重置" /></p>
    </form>
    <script type="text/javascript">
    var sprycheckbox1 = new Spry.Widget.ValidationCheckbox("sprycheckbox1",
      {isRequired:false, minSelections:3, maxSelections:5});
    </script>
```

（5）在浏览器中打开该页，并对验证复选框 Widget 的功能进行测试。

9.3.6　验证选择 Widget

Spry 验证选择 Widget 是一个下拉式列表，它在用户进行选择时会显示 Widget 的状态（有效或无效）。例如，可以插入一个包含状态列表的验证选择 Widget，这些状态按不同的部分组合并用水平线分隔。如果用户意外选择了某条分界线（而不是某个状态），验证选择 Widget 会向用户返回一条消息，提示他们的选择无效。

验证选择 Widget 可以在不同的时间点进行验证操作，例如当用户在 Widget 外部单击时、进行选择时或尝试提交表单时。验证选择 Widget 具有许多状态，例如有效、无效、必需值等。根据所需的验证结果可以修改这些状态的属性。

- 初始状态：在浏览器中加载页面或用户重置表单时 Widget 的状态。
- 焦点状态：当用户单击 Widget 时它的状态。
- 有效状态：当用户选择了有效项目且表单可以提交时 Widget 的状态。
- 无效状态：当用户选择了无效项目时 Widget 的状态。
- 必需状态：当用户没有选择有效项目时 Widget 的状态。

每当验证选择 Widget 以用户交互方式进入其中一种状态时，Spry 框架逻辑会在运行时向该 Widget 的 HTML 容器应用特定的 CSS 类。例如，如果用户尝试提交表单，但是未从列表中选择项目，Spry 会向该 Widget 应用一个类，使它显示"请选择一个项目"错误消息。

要创建验证选择 Widget，需要以下 3 个步骤。

（1）在文档首部链接该 Widget 的支持文件：

```
<script src="../SpryAssets/SpryValidationSelect.js" type="text/javascript"></script>
<link href="../SpryAssets/SpryValidationSelect.css" rel="stylesheet" type="text/css" />
```

（2）在一个表单内部编写该 Widget 的 HTML 代码：

```
<span id="spryselect1">
  <label for="select1">请从列表中选择：</label>
  <select name="select1" id="select1">
    <option>**请选择一个项目**</option>
    <option value="值 1">项目 1</option>
    <option value="值 2">项目 2</option>

    <option value="-1">无效项目</option>
    <option>空项目</option>
  </select>
  <span class="selectInvalidMsg">请选择一个有效的项目。</span><span class="selectRequiredMsg">请选择一
```

```
个项目。</span>
            </span>
```

验证选择 Widget 由容器 span 和位于其内部的下拉列表框以及若干个 span 元素组成。容器 span 具有一个唯一的 id，下拉列表框中可包含提示信息、无效项目和空项目，每个 span 元素用于显示一条提示信息。

（3）在验证选择 Widget 的 HTML 代码之后创建一个 JavaScript 对象：

```
<script type="text/javascript">
var spryselect1 = new Spry.Widget.ValidationSelect(element, options);
</script>
```

其中，参数 element 指定容器 span 标签的 id（如 spryselect1）；参数 options 是可选的，它是一个对象，用于设置该 Widget 的以下验证选项。

- validateOn：设置验证发生的时间。
- isRequired：指定验证列表框构件是否要求用户在提交表单之前选择具有相关值的项。
- invalidValue：指定一个无效值。

在 Dreamweaver CS5 中，可通过以下操作来插入和编辑验证选择 Widget。

（1）若要插入验证选择 Widget，可选择"插入"→"Spry"→"Spry 验证选择"，或者在插入面板中的"Spry"类别中单击"验证选择 Widget"。

（2）完成"输入标签辅助功能属性"对话框，然后单击"确定"按钮。

（3）在文档窗口中选择该列表，然后在属性检查器中单击"列表值"按钮，向该列表中添加一些选项。

（4）在文档窗口中选择该验证选择 Widget，然后用属性检查器对以下选项进行设置，如图 9.48 所示。

图 9.48　设置验证选择 Widget 的属性

- 若要指定验证发生的时间，可在"验证于"右边选择 onBlur（当用户在 Widget 的外部单击时验证）、onChange（在用户进行选择时验证）以及 onSubmit（在用户尝试提交表单时进行验证），后者是默认选中的，无法取消选择。
- 若要更改 Widget 在设计视图中的显示状态，可从"预览状态"列表中选择要查看的状态。例如，如果要查看处于"有效"状态的 Widget，可选择"有效"。
- 若要禁止或允许空值，可选择或取消"不允许空值"选项。
- 若要指定无效的值，可在"无效值"框中输入一个要用做无效值的数字。

【实战演练】在页面上创建一个验证选择 Widget，用于选择一种中文输入法，其必需状态和无效状态如图 9.49 和图 9.50 所示。

（1）在 DW 站点的 chapter09 文件夹中创建一个空白网页并命名为 page9-12.html。

（2）将该页的标题设置为"验证选择 Widget 应用示例"。

（3）在该页上插入一个表单并将其 action 属性设置为"javascript:alert('提交成功！')"。

图 9.49　验证选择 Widget 进入必需状态

图 9.50　验证选择 Widget 进入无效状态

（4）在该表单中插入一个验证选择 Widget 并向其中添加列表项（包括提示文字和分隔线），然后对其验证选项进行设置；在该表单中添加一个"提交"按钮和一个"重置"按钮。页面正文部分代码如下：

```
<form id="form1" name="form1" method="post" action="javascript:alert('提交成功！')">
  <p align="center"><span id="spryselect1">
    <label for="ime">选择您最喜欢的中文输入法：</label>
    <select name="ime" id="ime">
      <option>**选择一种输入法**</option>
      <option value="极点五笔">极点五笔</option>
      <option value="极品五笔">极品五笔</option>
      <option value="万能五笔">万能五笔</option>
      <option value="QQ 五笔">QQ 五笔</option>
      <option value="-1">-------------</option>
      <option value="紫光拼音">紫光拼音</option>
      <option value="拼音加加">拼音加加</option>
      <option value="微软拼音">微软拼音</option>
      <option value="智能 ABC">智能 ABC</option>
    </select><br /><br />
    <span class="selectInvalidMsg">请选择一个有效的项目。</span><span class="selectRequiredMsg">请选择
一种输入法。</span></span></p>
    <p align="center"><input type="submit" name="Submit" id="Submit" value="提交" />
        
    <input type="reset" name="Reset" id="Reset" value="重置" />
  </p>
</form>
<script type="text/javascript">
var spryselect1 = new Spry.Widget.ValidationSelect("spryselect1", {invalidValue:"-1"});
</script>
```

（5）在浏览器中打开该页，然后对验证选择 Widget 的功能进行测试。

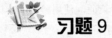 **习题**9

一、填空题

1. 表单的_____属性指定发送表单的 HTTP 方法，其值可以是_____或_____。

2. 当提交一个表单时，该表单中具有_____和_____属性的所有元素的名称/值都将被发送到服务器端进行处理。

3. 使用 input 标签创建文本框时，可用_____属性指定文本框的宽度，用_____属性指定文本框允许输入的最大字符数。

4. 要使一个标签与某个表单对象关联起来，可将标签的_____属性设置为表单对象的_____属性值。

5. 在一个表单中插入文件域时，应将该表单的编码类型设置为_____。

6. 使用_____标签可将表单内的相关元素分组并创建字段集，使用_____标签可为该字段集其定义标题。

二、选择题

1. 要使用 input 标签创建复选框，应将其 type 属性设置为（　　）。

    A. text   B. password

    C. radio   D. checkbox

2. 要使多个单选按钮构成一个组，它们应当具有相同的（　　）。

    A. type   B. id

    C. name   D. value

3. 若要为验证文本域 Widget 设置提示文字，可对（　　）属性进行设置。

    A. validateOn   B. isRequired

    C. hint   D. pattern

4. 使用验证密码 Widget 时，通过（　　）属性可设置有效密码所需的最大字母个数。

    A. maxChars   B. maxAlphaChars

    C. maxUpperAlphaChars   D. maxSpecialChars

三、简答题

1. 使用标签（label 元素）为表单对象添加标识文字有什么好处？

2. 列表框有哪两类？它们各有何特点？

3. 使用 input 标签可以创建哪些类型的按钮？

4. 使用验证文本区域 Widget 时，如何创建显示剩余字符数计数器？

5. 从 HTML 代码来看，各类 Spry 表单验证 Widget 的组成有何共性？

 上机实验 9

    1. 创建一个用于填写个人信息（用户名、出生日期、电子邮件地址、个人主页等）的表单，要求 Spry 验证文本域 Widget 对表单数据进行验证。

    2. 创建一个用于注册新用户的表单，要求使用验证文本域 Widget 对用户名进行验证，使用验证密码 Widget 和验证确认 Widget 对密码进行验证和确认，并对密码设置一定的强度。

    3. 创建一个用于发表留言的表单，要求使用验证文本域 Widget 对标题进行验证，使用验证文本区域 Widget 对留言内容进行验证，并对文本区域创建一个计数器，用于显示已输入的字符数。

    4. 创建一个用于选课的表单，使用验证复选框 Widget 来表示可选的各门课程，要求最小选择 2 门课程，最多选择 5 门课程。

第 10 章 制作 ASP 动态网页

ASP（Active Server Pages）意即动态服务器页面。ASP 是当今流行的动态网页开发技术之一，使用 ASP 可以构建 Windows 服务器平台上的动态网站。本章讨论如何使用 Dreamweaver CS5 进行 ASP 动态网页设计，主要内容包括配置 ASP 运行环境、VBScript 基础、ASP 内置对象以及 ADO 数据访问等。

10.1 配置 ASP 运行环境

ASP 动态网页中包含的服务器端脚本需要通过 Web 服务器上的 ASP 引擎来解释执行，因此，创建 ASP 动态网页之前必须在计算机上配置 ASP 运行环境。要在 Windows 操作系统平台上配置 ASP 运行环境，需要安装 IIS 组件并进行相关设置。

10.1.1 ASP 技术概述

ASP 提供了一种服务器端脚本编程环境。使用 ASP 技术可以将 HTML 标签、普通文本、客户端脚本、服务器端脚本以及 ActiveX 服务器组件结合起来，构成包含交互式内容的 ASP 动态网页，从而完成信息管理系统、网络论坛以及电子商务站点等动态网站的开发任务。

1. 什么是 ASP

ASP 是 Active Server Pages 的缩写。从字面上看，ASP 包含以下 3 层意思：

（1）Active。ASP 整合了微软公司的 ActiveX 技术，提供了丰富的内容对象和组件。用户通过创建对象和访问组件，可以方便快捷地构建 Web 应用程序。

（2）Server。在服务器端，必须提供解释执行 ASP 脚本的环境（例如 IIS），无需考虑浏览器是否支持 ASP 使用的脚本语言。

（3）Pages。从服务器端返回浏览器的是 HTML 静态网页，只要在客户端安装常用的浏览器即可查看 ASP 动态网页的运行结果，在客户端看到的是 ASP 脚本解释执行后生成的 HTML 代码，而不是服务器端的 ASP 源代码。

2. ASP 处理流程

ASP 动态网页中可以包含服务器端脚本，安装在 Web 服务器上的应用程序服务器软件负责解释并执行这些脚本，该软件是一个动态链接库，其文件名为 asp.dll，通常称为 ASP 引擎或 ASP 解释器。ASP 动态网页的处理流程可以描述如下。

（1）在客户端计算机上，用户在 Web 浏览器的地址栏中输入一个 ASP 页的 URL，或者在网页中单击一个链接，或者从收藏夹中选择一个网址，由此触发 ASP 文件请求。

（2）Web 浏览器按照 URL 指定的位置通过网络向 Web 服务器发出一个 ASP 文件请求。

（3）Web 服务器收到该请求后，根据扩展名.asp 判断出这是一个 ASP 文件请求，并从指定位置上获取所需要的 ASP 文件。

（4）Web 服务器向 ASP 解释器 asp.dll 发送 ASP 文件的内容。

（5）ASP 解释器 asp.dll 自上而下查找、逐行解释并执行 ASP 页中包含的服务器端脚本，然后删除这些脚本并将其运行结果写入 HTML 流，最后把所生成标准的 HTML 代码送回到 Web 服务器。

（6）Web 服务器将 HTML 代码发送到客户端计算机上的 Web 浏览器。

（7）Web 浏览器负责对 HTML 代码进行解释，并将结果呈现在浏览器窗口中。

3. ASP 的特点

ASP 既不是编程语言，也不是开发工具，而是一种用于开发 Web 应用程序的技术框架。ASP 具有以下特点。

（1）语言简单易学。通过在 HTML 文档中嵌入 VBScript 或 JavaScript 脚本代码，就可以创建 ASP 动态网页。

（2）无需编译。ASP 脚本直接由 Web 服务器上的 ASP 引擎 asp.dll 负责解释执行，无需进行编译和连接。

（3）容易编写和维护。ASP 源文件为扩展名为.asp 的纯文本文件，使用 Windows 附带的记事本应用程序就可以在 HTML 文档中编写 ASP 脚本。

（4）独立于浏览器。由于 ASP 脚本是在服务器端解释执行的，因此只要在客户端计算机上安装浏览器，就可以浏览 ASP 动态网页的运行结果。

（5）使用对象和组件。在 ASP 脚本中不仅可以方便地引用 ASP 内置对象，还可以创建和定制其他功能强大的 ActiveX 服务器组件。

（6）使用数据访问功能。在 ASP 动态网页中，可使用 ADO 数据访问技术实现对 Access、SQL Server 数据库的访问和操作，从而构建由后台数据库驱动的动态网站。

（7）执行效率高。ASP 提供最优化的多线程环境，可以在一个进程中创建多个线程，同时为多个访问者提供服务，既节省了服务器资源，又提高了程序执行的效率。

（8）语言兼容性强。ASP 能与任何 ActiveX Script 语言保持兼容。除了使用 VBScript 和 JavaScript 脚本语言外，还可以使用由第三方提供的其他脚本语言，例如 Perl、Tcl 等。

（9）可扩展性好。ASP 具有很强的扩展性，开发人员可以根据需要使用 Visual Basic 或 Visual C++等多种编程语言制作组件，供 ASP 脚本调用。

（10）安全性高。ASP 脚本在服务器端执行，客户端浏览器只能看到 ASP 脚本的运行结果（HTML 代码和客户端脚本），从而可以避免源代码的泄漏。

4. ASP 的功能

ASP 的功能可以归纳为以下几个方面。

（1）处理访问者通过浏览器提交到 Web 服务器的表单数据，从而实现访问者与服务器端的交互过程。

（2）访问服务器端的后台数据库，执行数据记录的添加、查询、更新和删除操作。

（3）根据服务器的配置，实现对服务器端文件的读写操作。

（4）控制和管理用户的访问权限，以限制用户可在网站上执行的操作。

（5）记录访问者的信息，跟踪用户在网站上的活动并保存到日志文件中。

（6）结合 HTML 页面元素，实现各种形式的网站导航。

（7）结合 ActiveX 组件的应用，完成收发电子邮件和上传文件等操作。

10.1.2 安装和配置 IIS

在 Windows 平台上可以安装 IIS 作为服务器软件，它同时兼有 Web 服务器和 ASP 应用程序服务器的功能。下面介绍如何在 Windows Server 2003 平台上安装 IIS。

（1）在控制面板窗口中，双击"添加或删除程序"项。

（2）在"添加或删除程序"窗口中，单击"添加或删除 Windows 组件"，如图 10.1 所示。

（3）在"Windows 组件向导"对话框中，单击"应用程序服务器"组件，然后单击"详细信息"按钮，如图 10.2 所示。

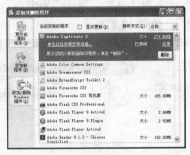
图 10.1 "添加或删除程序"窗口

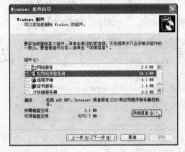
图 10.2 "Windows 组件向导"对话框

（4）在"应用程序服务器"对话框中，单击"Internet 信息服务（IIS）"，然后单击"详细信息"按钮，如图 10.3 所示。

（5）在"Internet 信息服务（IIS）"对话框中，单击"万维网服务"组件，然后单击"详细信息"按钮，如图 10.4 所示。

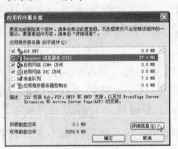
图 10.3 "应用程序服务器"对话框

图 10.4 "Internet 信息服务（IIS）"对话框

（6）在"万维网服务"对话框中，选中"Active Server Pages"和"万维网服务"复选框，然后单击"确定"按钮，如图 10.5 所示。

（7）返回"Windows 组件向导"对话框后，单击"下一步"按钮，开始安装已选中的组件，如图 10.6 所示。

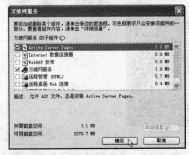
图 10.5 "万维网服务"对话框

图 10.6 IIS 组件安装中

（8）当"Windows 组件向导"运行结束后，单击"完成"按钮。

IIS 安装成功之后，本地计算机就成为一个 Web 服务器，此时会在本地计算机上创建一个默认的 Web 站点。若要测试这个站点，可在浏览器的地址栏中输入"http://localhost/"，此时应能看到如图 10.7 所示的页面。

在 Windows 2003 Server 操作系统中，默认情况下 ASP 应用程序服务器是禁用的。若要解释执行 ASP 服务器脚本，就必须在 Web 服务器上启用 ASP 应用程序服务器，具体操作步骤如下。

（1）单击"开始"按钮，选择"运行"，在"打开"框中输入"inetmgr"，然后单击"确定"按钮。

（2）在 Internet 信息服务（IIS）管理器的左窗格中展开本地计算机，单击"Web 服务扩展"，在右窗格中单击"Active Server Pages"，然后单击"允许"，如图 10.8 所示。

图 10.7　测试本地计算机的 Web 站点

图 10.8　在 Web 服务器上启用 ASP

10.1.3　创建虚拟目录

在安装 IIS 的过程中，Windows 组件向导会自动创建一个默认的 Web 站点并将其主目录设置为\Inetpub\Wwwroot，根据需要也可以更改站点主目录的位置。如果要从站点主目录之外的文件夹发布信息，则必须在 Web 站点上创建虚拟目录。

虚拟目录是指在物理上未包含在站点主目录下的特定文件夹，但客户浏览器却将其视为包含在主目录下的目录。虚拟目录与一个实际物理目录相对应，这个实际物理目录既可以是本地计算机的某个目录，也可以是远程计算机上的某个共享目录。虚拟目录具有别名，这个别名映射到 Web 内容所在实际物理目录，Web 浏览器通过别名来访问此目录。别名与实际文件夹名称可以相同，也可以不相同。

若要在 Web 站点中创建虚拟目录，可执行以下操作。

（1）在"Internet 信息服务（IIS）管理器"窗口中，右键单击"默认网站"，然后选择"新建"→"虚拟目录"，如图 10.9 所示。

（2）在如图 10.10 所示的虚拟目录创建向导欢迎对话框中，单击"下一步"按钮。

图 10.9　在网站中新建虚拟目录

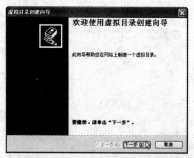
图 10.10　虚拟创建向导欢迎对话框

（3）在如图 10.11 所示的"虚拟目录别名"页中为虚拟目录指定别名，并单击"下一步"按钮；在如图 10.12 所示的"网站内容目录"页中指定虚拟目录的实际路径，并单击"下一步"按钮。

图 10.11 指定虚拟目录的别名　　　　　**图 10.12 指定虚拟目录的实际路径**

（4）在如图 10.13 所示的"虚拟目录访问权限"页中设置该虚拟目录的访问权限，通常可选中"读取"和"运行脚本"选项，完成设置后单击"下一步"按钮；然后在如图 10.14 所示的对话框中单击"完成"按钮。

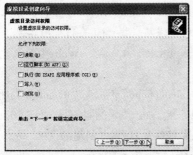 

图 10.13 设置虚拟目录的访问权限　　　　**图 10.14 完成虚拟目录创建**

此时，新建的虚拟目录将出现在默认网站中。

10.1.4 编辑 Dreamweaver 站点

在本书第 1 章中介绍了如何在 Dreamweaver CS5 中创建一个本地站点，用于组织和管理与 Web 站点关联的所有文档。为了在本地站点中创建、管理和测试 ASP 动态网页，还需要在 Dreamweaver CS5 中对本站点进行编辑，以便通过本地计算机上的服务器的服务在进行操作时生成和显示动态内容。具体操作方法如下。

（1）选择"站点"→"管理站点"。

（2）当出现如图 10.15 所示的"管理站点"对话框时，单击"新建"按钮以设置新站点，或选择现有的 Dreamweaver 站点并单击"编辑"按钮。

（3）在如图 10.16 所示的"站点设置"对话框中，选择"服务器"类别，然后单击"添加新服务器"按钮，添加一个新服务器。

图 10.15 "管理站点"对话框　　　　**图 10.16 为选定站点添加新服务器**

（4）在"基本"选项卡中，指定服务器名称、连接方式（如本地/网络）、服务器文件夹（通常为虚拟目录）以及 Web URL，如图 10.17 所示。

（5）单击"高级"，在测试服务器中选择要用于 Web 应用程序的服务器模型（如 ASP VBScript），如图 10.18 所示。

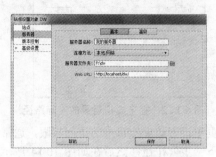

图 10.17　设置服务器基本信息

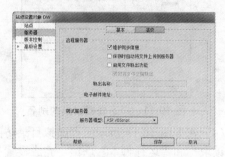

图 10.18　设置服务器高级信息

注意：必须指定 Web URL，Dreamweaver 才能在进行操作时使用测试服务器的服务来显示数据以及连接到数据库。Dreamweaver 使用设计时连接向来提供与数据库有关的有用信息，例如数据库中各表的名称以及表中各列的名称。测试服务器的 Web URL 由域名和 Web 站点主目录的任意子目录或虚拟目录组成。

图 10.19　选择要使用的测试服务器

（6）单击"保存"按钮，然后在"服务器"类别中指定刚才作为测试服务器添加或编辑的服务器，如图 10.19 所示。

【实战演练】编辑第 1 章中创建的 DW 站点，使之支持 ASP VBScript 服务器模型。

（1）将 DW 站点的根文件夹设置为默认网站中的一个虚拟目录，别名为 dw。

（2）在 Dreamweaver CS5 中，选择"站点" → "管理站点"。

（3）在"管理站点"对话框中，单击名为 DW 的站点，然后单击"编辑"按钮。

（4）在"站点设置"对话框中单击"服务器"类别，然后单击"添加新服务器"按钮。

（5）在"基本"选项卡中，将服务器名称指定为 ABC，从"连接方法"列表中选择"本地/网络"，将服务器文件夹指定为"F:\dw"，将 Web URL 指定为"http://localhost/dw/"。

（6）选择"高级"选项卡，从"服务器模型"列表中选择"ASP VBScript"。

（7）单击"确定"按钮。

10.2　VBScript 基础

VBScript 是 Microsoft Visual Basic 家族的成员之一，它将灵活的脚本应用于更广泛的领域，包括 Internet Explorer（IE）浏览器中的 Web 客户端脚本和 Internet 信息服务（IIS）中的 Web 服务器端脚本。

10.2.1　编写 VBScript 代码

VBScript 是一种用于 Web 浏览器编程的脚本语言。使用 VBScript 语言，可以编写嵌入 HTML 文档中的客户端脚本和服务器端脚本。客户端脚本由位于客户端的 VBScript 脚本引擎（vbscript.dll）

负责解释执行，服务器端脚本则由位于服务器上的 ASP 引擎（asp.dll）负责解释执行。

若要在 HTML 文档中编写客户端 VBScript 代码，可使用 script 标签来创建一个脚本代码的容器，并在其中放置一些 VBScript 代码行。语法如下：

```
<script type="text/vbscript">
' 在此处编写客户端 VBScript 代码
</script>
```

上述 script 标签用于创建一个客户端 VBScript 脚本块，该标签可以放置在文档首部，也可以放置在页面正文部分。

客户端 VBScript 代码既可以包含在 HTML 静态网页中，也可以包含在 ASP 动态网页中。在 ASP 动态网页中，还可以通过执行服务器端 VBScript 代码来生成运行于客户端的 VBScript 代码。

若要在 HTML 文档中编写服务器端 VBScript 代码（即 ASP 代码），需要注意以下几点。

（1）HTML 文档的文件扩展名应当是.asp，也就是说该文档是一个 ASP 动态网页。

（2）在文档首行应当添加以下 ASP 处理命令：

```
<%@LANGUAGE="VBScript" CODEPAGE="936"%>
```

其中，<% 和 %> 是 ASP 命令的定界符，LANGUAGE 设置所使用的脚本语言，通常可以是 VBScript 或 JavaScript；CODEPAGE 设置所用的代码页（字符编码）。936 表示使用简体中文。使用 UTF-8 编码时，应将 CODEPAGE 设置为 65001。

（3）在文档中添加 ASP 定界符 <% 和 %> 并在其中编写服务器端 VBScript 代码：

```
<%
' 在此处编写服务器端 VBScript 代码
%>
```

上述 ASP 代码块可以放置在 HTML 文档首行之外的任何位置，包括<html>标签之前、文档首部、页面正文部分以及</html>标签之后。

注意：要在 Web 上发布 ASP 动态网页，应将该文件保存到 Web 站点上的虚拟目录中，并保证目录启用了"脚本"或"执行"权限。因为 ASP 页必须接受应用程序服务器的处理，所以需要在浏览器的地址栏输入带有 http://前缀的 URL 来请求 ASP 页，而不能通过在浏览器地址栏中输入其物理路径来请求 ASP 页。

【实战演练】在网页中嵌入客户端和服务器端 VBScript 代码，运行结果如图 10.20 所示。

（1）在 DW 站点根文件夹中创建一个文件夹并命名为 chapter10。

（2）在文件夹 chapter10 中创建一个 ASP 页并命名为 page10-10.asp。

图 10.20 ASP 页运行结果

（3）将该页的标题设置为"在网页中嵌入 VBScript"。

（4）切换到代码视图，在页面正文部分编写以下代码：

```
<script type="text/vbscript">
' 调用 document 对象的 write 方法向文档中写 HTML 字符串
document.write "Hello, World!<br />"
</script>
<%
' 调用 Response 对象的 Write 方法向输出中写指定的字符串
Response.Write "现在服务器时间是：" & Now()
%>
```

（5）在浏览器中查看该页的运行结果。

10.2.2　VBScript 基本语句

在 VBScript 中，可以使用 Dim 语句显式声明变量并分配存储空间，语法格式如下：

```
Dim VariableName[, VariableName]
```

其中 VariableName 表示变量名称。在 VBScript 中只有一个基本数据类型，即 Variant，因此所有变量的数据类型都是 Variant。

在 VBScript 中，可以通过赋值语句指定变量的值，此时变量位于等号的左边，要赋的值位于等号的右边，该值可以是任何数值、字符串、常数或表达式。例如：

```
x = 123
```

若要将对象引用赋给变量或属性，则必须使用 Set 语句，其语法格式如下：

```
Set objectvar = {objectexpression | New classname | Nothing}
```

其中，objectvar 用于指定变量或属性的名称，objectexpression 是由对象名称、另一个已声明为相同对象类型的变量或返回相同对象类型的对象的函数或方法组成的表达式，New 关键字用于创建新的类的实例，classname 是类名，Nothing 用于停止 objectvar 与任何指定对象或类的关联。

为了使脚本代码更易于理解，可使用注释语句添加说明性文字，语法如下：

```
' comment
```

其中 comment 是需要包含的注释文本，它不是可执行语句，在脚本运行期间不会被执行。

编写 VBScript 脚本代码时，通常是在一行上写一个语句。但有些语句很短，可以将多个语句写在同一行中，此时使用半角冒号（:）来分隔各个语句。例如：

```
t = x : x = y : y = t                        ' 交换变量 x 和 y 的内容
```

对于比较长的语句，可以使用续行符将其分成多行，续行符由一个空格和一个下划线符号组成。通过使用续行符，可以在第二个物理行上继续上一个逻辑行上的内容。例如：

```
strSql="SELECT name, gender, birthdate FROM student" & _
    "WHERE name='" & username & "'"
```

在 VBScript 中，条件语句包括 If…Then…Else 语句和 Select Case 语句。使用这些语句可以计算测试表达式的值并根据计算结果执行不同的操作。

If…Then…Else 语句根据表达式的值有条件地执行一组语句，该语句包括以下两种形式。

单行形式：

```
If condition Then statements [Else elsestatements]
```

块形式：

```
If condition-1 Then
    [statements]
[ElseIf condition-2 Then
    [elseifstatements]]
    . . .
[Else
    [elsestatements]]
End If
```

其中 condition、condition-1、condition-2 均为 Boolean 表达式，其值是 True 或 False。若这些表达式的值为 Null，则视为 False。statements 是当条件表达式为 True 时执行的一条或多条语句。elseifstatements 是当相关条件表达式为 True 时执行的一条或多条语句。elsestatements 是当所有条件表达式均为 False 时执行的一条或多条语句。

Select Case 语句根据表达式的值执行几组语句之一，语法如下：

```
Select Case testexpression
[Case expressionlist-n
```

```
        [statements-n]]
        ...
    [Case Else
        [elsestatements]]
    End Select
```

其中，testexpression 为任意数值或字符串表达式。expressionlist-n 为一个或多个表达式的列表，若 Case 出现则必选。statements-n 为当 testexpression 与 expressionlist-n 中的任意部分匹配时执行的一条或多条语句。elsestatements 为当 testexpression 与 Case 子句的任何部分不匹配时执行的一条或多条语句。

若 testexpression 与任何 Case expressionlist 表达式匹配，则执行此 Case 子句与下一个 Case 子句之间的语句；对于最后的 Case 子句，则会执行该子句到 End Select 之间的语句，然后控制权会转移到 End Select 之后的语句。若 testexpression 与多个 Case 子句中的 expressionlist 表达式匹配，则只有第一个匹配后的语句被执行。

Case Else 用于指示若在 testexpression 与任何其他 Case 选项的 expressionlist 之间未找到匹配，则执行 elsestatements。

在 VBScript 中可以使用下列循环语句：While…Wend 语句、For…Next 语句以及 For Each…Next 语句等。

While…Wend 语句当指定的条件为 True 时执行一系列语句，语法如下：

```
    While condition
        [statements]
    Wend
```

其中，condition 是数值或字符串表达式，其值为 True 或 False。如果 condition 为 Null，则视为 False。statements 是在条件为 True 时执行的一条或多条语句。

若 condition 为 True，则执行 Wend 语句之前的所有语句 statements，然后将控制权返回 While 语句，并且重新检查 condition。如果 condition 仍为 True，则重复执行以上过程。如果不为 True，则从 Wend 语句之后的语句处继续执行程序。

For…Next 语句以指定次数重复执行一组语句，语法如下：

```
    For counter = start To end [Step step]
        [statements]
        [Exit For]
        [statements]
    Next
```

其中，counter 用做循环计数器的数值变量。start 为 counter 的初值。end 为 counter 的终值。step 为 counter 的步长，默认值为 1。statements 是 For 与 Next 之间的一条或多条语句，将被执行指定的次数。当循环启动并且所有循环中的语句都执行后，step 值被加到 counter 中。这时，或者循环中的语句再次执行（基于循环开始执行时同样的测试），或者退出循环并从 Next 语句之后的语句继续执行。

Exit For 只能用于 For Each…Next 或 For…Next 结构中，提供另一种退出循环的方法。在语句中的任意位置可以放置任意个 Exit For 语句。

For Each…Next 语句对数组或集合中的每个元素重复执行一组语句，语法如下：

```
    For Each element In group
        [statements]
        [Exit For]
        [statements]
    Next [element]
```

其中，element 是用来枚举集合或数组中所有元素的变量。group 为对象集合或数组的名称。

statements 是对于 group 中的每一项执行的一条或多条语句。

如果 group 中至少有一个元素，就会进入 For Each 块执行。一旦进入循环，便首先对 group 中的第一个元素执行循环中的所有语句。只要 group 中还有其他的元素，就会对每个元素执行循环中的语句。当 group 中没有其他元素时退出循环，并从 Next 语句之后的语句继续执行。

10.3 ASP 内置对象

ASP 提供了一些内置的对象，可以在 ASP 代码中直接使用。通过这些 ASP 内置对象，可以很方便地搜集随浏览器请求发送的信息，响应浏览器，存储特定用户信息以及在所有用户之间或应用程序范围内共享信息。

10.3.1 Response 对象

Response 对象用于控制发送到客户端的 HTTP 响应，主要包括：控制哪些数据和数据类型将发送到客户端的 HTTP 响应标头中，控制哪些数据和数据类型通过 HTTP 响应正文发送到客户端，重定向浏览器到其他 URL 或设置 Cookie 值，以及控制何时和如何发送数据。

Response 对象具有一个名为 Cookies 的集合，可用于设置发送到客户端的 Cookie 值。使用 Request 对象的同名集合可以检索客户端随 HTTP 请求发送到服务器的 Cookie 值。Cookies 集合由一些 Cookie 变量组成，每个 Cookie 变量具有一些属性（如表 10.1 所示）。

表 10.1 Cookie 变量的属性

属　　性	说　　明
Domain	指定 Cookie 仅被发送到对该域的请求中
Expires	指定 Cookie 的过期日期
HasKeys	指定 Cookie 是否包含关键字
Path	指定 Cookie 仅发送到对该路径的请求中
Secure	指定 Cookie 是否安全

Response 对象的主要成员在表 10.2 中列出。

表 10.2 Response 对象的主要成员

成　　员	说　　明
Buffer 属性	设置是否对 ASP 脚本产生的 HTTP 响应进行缓冲
CacheControl 属性	决定代理服务器是否能缓存 ASP 生成的输出
Charset 属性	将字符集名称添加到 HTTP Content-Type 标头中
ContentType 属性	指定响应的 HTTP 内容类型
Expires 属性	指定在浏览器中缓存的页面超时前缓存的时间
ExpiresAbsolute 属性	指定浏览器上缓存页面超时的日期和时间
IsClientConnected 属性	检查客户端是否与服务器断开
Pics 属性	将 PICS 标记的值添加到响应标头的 PICS 标记字段中
Status 属性	服务器返回的状态行的值
AddHeader 方法	在响应中添加一个自定义的 HTTP 标头（包括名称和值）
AppendToLog 方法	在请求的 Web 服务器日志条目后添加字符串
BinrayWrite 方法	将信息直接写入到当前 HTTP 输出中，不进行任何字符转换
Clear 方法	清空 HTTP 响应缓冲区的当前内容
End 方法	停止处理 ASP 脚本并将缓冲区的当前内容立即发送到客户端
Flush 方法	立即发送缓冲的输出
Write 方法	将字符串写入当前 HTTP 输出

在某些情况下，可能需要将用户重新定向到其他页面上。例如，如果用户想访问一个要求登录的页面，可以将用户引导到登录页面上。如果用户输入的表单信息不完整，可以通过调用 Redirect 方法将用户引导到该表单处重新输入。

```
If username = "" Then                    ' 如果用户名为空
    Response.Redirect "login.asp"        ' 则重定向到登录页
End If
```

使用 Response 对象的 Write 方法可以将信息直接写入 HTTP 响应正文。语法格式如下：

```
Response.Write vntData
```

其中，参数 vntData 指定要插入 HTML 文本流中的信息，该文本流将被客户端浏览器接收。插入的信息包括文本、HTML 标记以及客户端脚本等。

<% Response.Write(expr) %> 也可以用 ASP 输出命令 <%= expr %> 来代替，该输出命令在 ASP 与 HTML 以及 ASP 与客户端脚本的协同中经常用到。

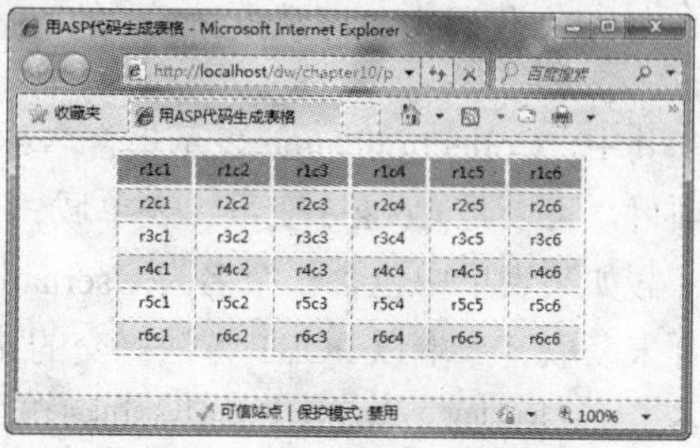

【实战演练】在 ASP 页中生成一个背景色隔行交替的表格，运行结果如图 10.21 所示。

（1）在 DW 站点的 chapter10 文件夹中创建一个 ASP 页并命名为 page10-02.asp。

（2）将该页的标题设置为"用 ASP 代码生成表格"。

图 10.21 用 ASP 代码生成表格

（3）切换到代码视图，在页面正文部分添加以下 HTML 和 ASP 代码：

```
<table align="center" border="1" width="368">
<%
Dim i, j, bgcolor
For i = 1 To 6
    If i = 1 Then
        bgcolor = "#4BACC6"
    ElseIf i Mod 2 = 0 Then
        bgcolor = "#DBEEF3"
    Else
        bgcolor = "#FFFFFF"
    End If
%>
    <tr bgcolor="<%= bgcolor %>">

        <% For j = 1 to 6 %>
        <td align="center">r<%= i %>c<%= j %></td>
        <% Next %>
    </tr>
    <% Next %>
</table>
```

（4）在浏览器中查看该页的运行结果。

10.3.2 Request 对象

Request 对象是最重要的 ASP 内置对象，它用于访问用户发送的 HTTP 请求标头和请求正文。通过 Request 对象可以对用户的决定做出反应，可以根据用户输入来执行更有意义的服务器端操作，例如动态创建网页内容或更新数据库等。

Request 对象提供了 5 个集合，如表 10.3 所示。

表 10.3　Request 对象的集合

集　　合	说　　明
ClientCertificate	用于检索存储在发送到 HTTP 请求中客户端证书中的字段值
Cookies	用于检索在 HTTP 请求中发送的 Cookie 的值
Form	用于检索 HTTP 请求正文中表单域的值
QueryString	用于检索 HTTP 查询字符串中变量的值
ServerVariables	用于检索预定的服务器环境变量的值

在 ASP 代码中，可从 Request 的上述集合中检索出某个变量的值，语法如下：

```
Request.CollectionName(variable)
```

其中，CollectionName 表示集合名称；variable 参数是一个字符串，用于指定要从集合中检索的项目，可以是 Cookie 变量、表单域、查询字符串中的变量、服务器环境变量等。

假如某表单中包含一个名为 Username 的文本框，则在处理该表单的 ASP 页中可以通过 Form 集合来获取客户端以 POST 方法提交的文本框的值（也称为表单参数），代码如下：

```
username = Request.Form("Username")
```

如果表单数据是以 GET 方法提交的，则应通过 QueryString 集合来获取所提交的用户名，代码如下：

```
username = Request.QueryString("Username")
```

通过在某个 ASP 页的 URL 后面附加字符串"?name=kk&age=18"，可以向该页传递两个参数，名称分别为 name 和 age，这些参数也称为 URL 参数。在该页中可通过 QueryString 集合来获取所传递的 URL 参数，代码如下：

```
name = Request.QueryString("name")
age = Request.QueryString("age")
```

也可以通过调用 Request(variable)来直接引用所有的请求变量，而不需要指定集合的名称。如果同名的变量出现在多个集合中，则 Request 对象仅返回遇到的第一个实例。

在 Dreamweaver CS5 中，可使用绑定面板将从 Request 对象的各个集合中获取的请求变量定义为动态内容源，操作方法如下。

（1）在文档窗口中，打开要使用该变量的页面。

（2）选择"窗口"→"绑定"以显示绑定面板。

（3）在绑定面板中单击加号按钮，然后从弹出菜单中选择"请求变量"，如图 10.22 所示。

（4）当出现如图 10.23 所示的"请求变量"对话框时，从"类型"列表中选择以下请求集合之一：

● QueryString 集合：检索附加到发送页面的 URL 中的信息。查询字符串由一个或多个名称/值对组成，这些名称/值对使用一个问号（?）。如果查询字符串包含多个名称/值对，则使用&符号将它们合并在一起。

● Form 集合：检索表单信息，这些信息包含在使用 POST 方法的 HTML 表单所发送的 HTTP 请求的正文中。

● ServerVariables 集合：检索预定义环境变量的值。该集合包含一个很长的变量列表。

● Cookies 集合：检索在 HTTP 请求中发送的 Cookie 的值。

● ClientCertificate 集合：从浏览器发送的 HTTP 请求中检索认证域。

（5）指定集合中要访问的变量。例如，如果要访问 Request.Form("Username")变量中的信息，可输入参数 Username。如果要访问 Request.ServerVariables("REMOTE_ADDR")变量中的信息（表示客户端计算机使用的 IP 地址），可输入 REMOTE_ADDR。

（6）单击"确定"按钮。所定义的请求变量即会出现在绑定面板中，如图 10.24 所示。

图 10.22　添加请求变量　　　　　图 10.23　"请求变量"对话框　　　　图 10.24　绑定面板中的请求变量

（7）若要在页面中输出请求变量的值，可单击要显示该变量值的位置，然后在绑定面板上单击要该变量并单击"插入"按钮，或者将该变量从绑定面板拖入页面中。此时将在页面中插入一个 ASP 输出命令，例如<%= Request.Form("Username") %>。

Request 对象提供了一个 TotalBytes 属性，用于获取客户端在请求正文中发送的字节总数。

Request 对象提供了一个方法 BinaryRead 方法，可以直接从客户端以 POST 方法发送的 HTTP 请求正文中读取指定字节的数据。

【实战演练】在 ASP 页中创建一个填写个人信息的表单，并通过 Request.Form 集合来获取提交的表单数据，如图 10.25 所示。

（1）在 DW 站点的 chapter10 文件夹中创建一个 ASP 页并命名为 page10-03.asp。

（2）将该页的标题设置为"Request 对象应用示例"。

（3）在该页上插入一个表单并在其中插入一个表格，然后在各个单元格分别插入标签、验证文本域 Widget、隐藏域、"提交"按钮和"重置"按钮。

图 10.25　Request 对象应用示例

（4）对验证文本域 Widget 的验证选项进行设置，并将两个文本框分别命名为 Username 和 Email；将隐藏域命名为 IP，将其值设置为"<%= Request.ServerVariables("REMOTE_ADDR") %>"；将"提交"按钮命名为 Submit。

（5）在绑定面板中定义 3 个请求变量，名称分别为 Username、Email 和 IP。

（6）切换到代码视图，在表单结束标签</form>下方添加以下内容（ASP 输出命令可通过插入请求变量来生成）：

```
<% If Request.Form("Submit")<>"" Then %>
<p align="center">用户名：<%= Request.Form("Username") %>；电子信箱：<%= Request.Form("Email") %>；
IP 地址：<%= Request.Form("IP") %></p>
<% End If %>
```

（7）在浏览器中打开该页，然后填写个人信息并单击"提交"按钮。

10.3.3　Server 对象

顾名思义，Server 对象代表 Web 服务器本身。Server 对象提供了 Web 服务器的一些功能，包括几个方法和一个属性，可以在客户端请求和服务器响应处理中使用。使用 Server 对象可以在服务器上创建各种对象实例，以实现访问数据库和文件系统等功能；还可以完成调用 ASP 脚本、处理 HTML 和 URL 编码以及获取路径信息等任务。

Server 对象的方法在表 10.4 中列出。

Server 对象仅有一个 ScriptTimeout 属性，用于指定超时值，在脚本运行超过这一时间之后即进行超时处理。该属性的默认值为 90 秒。对 ScriptTimeout 属性的设置必须放在要运行的 ASP 脚本之前。

表 10.4　Server 对象的方法

方　法	说　明
CreateObject	在服务器上实例化一个对象
Execute	调用指定的 ASP 脚本
GetLastError	返回一个 ASPError 对象
HTMLEncode	将 HTML 编码规则应用到指定的字符串
MapPath	将指定的虚拟路径映射为物理路径
Transfer	重定向到指定的 ASP 脚本, 保留所有内置对象的值
URLEncode	将 URL 编码规则应用到指定的字符串

图 10.26　Server 对象应用示例

【实战演练】使用 Server.CreateObject 方法创建 ADO 对象, 并借助这些对象来实现对 Access 数据库的访问, 如图 10.26 所示。

(1) 在 DW 站点的 chapter10 文件夹中创建一个 ASP 页并命名为 page10-04.asp。

(2) 将该页的标题设置为 "Server 对象应用示例"。

(3) 在 <%@LANGUAGE %> 命令下方添加以下 ASP 代码块:

```asp
<%
Dim cmd, rs
Set cmd = Server.CreateObject("ADODB.Command")      ' 创建 ADO 命令对象
Set rs = Server.CreateObject("ADODB.Recordset")     ' 创建 ADO 记录集对象
cmd.ActiveConnection = "Driver={Microsoft Access Driver (*.mdb)};DBQ=" & _
    Server.MapPath("../data/Northwind.mdb")              ' 设置数据库连接（指定驱动程序和数据库）
cmd.CommandText = "SELECT 雇员 ID,姓名+名字 AS 姓名, 职务, 尊称, 出生日期, 城市+地址 AS 家庭住址 FROM 雇员"                ' 设置命令文本
Set rs = cmd.Execute                                 ' 执行 SQL 命令并生成记录集
%>
```

(4) 在页面正文部分添加以下代码:

```html
<table align="center" border="1" cellpadding="4" cellspacing="0">
  <caption>罗斯文公司雇员信息表</caption>
  <tr bgcolor="#CCCCCC">
    <% For i = 0 To rs.Fields.Count-1 ' 遍历记录集的所有字段 %>
    <th><%= rs.Fields(i).Name %></th><!-- 显示字段名称 -->
    <% Next %>
  </tr>
  <% While Not rs.EOF %>
  <tr>
    <% For i = 0 To rs.Fields.Count-1 %>
    <td><%= rs.Fields(i).Value %></td><!-- 显示字段值 -->
    <% Next %>
  </tr>
  <%

  rs.MoveNext                          ' 移至下一条记录
  Wend
  %>
</table>
```

(5) 在 </html> 标签正文添加以下 ASP 代码块:

```asp
<%
rs.Close                              ' 关闭记录集
```

```
Set rs = Nothing
%>
```

（6）在浏览器中查看该页的运行结果。

10.3.4　Session 对象

Session 对象表示 Web 服务器上的当前用户的会话。当用户首次访问服务器上的一个 ASP 页时，ASP 应用程序服务器自动创建一个 Session 对象，同时生成一个会话标识，并将此标识发送到在客户端计算机，存储在 Cookie 中。这样，Session 对象与用户之间便建立起一一对应的关系，换言之，Session 对象是特定于用户的。当用户继续访问同一服务器上的其他页面时，不会再次针对该用户创建新的 Session 对象，直到用户关闭浏览器时，服务器才将销毁对应于该用户的 Session 对象，并取消 Session 对象与用户之间的对应关系，一个用户会话周期到此结束。当用户再次连接到服务器并在浏览器中打开某个页面时，服务器将为该用户创建一个新的 Session 对象，一个新的用户会话周期由此开始。

Session 对象有以下集合。

- Contents：包含通过 ASP 脚本添加的具有会话级别范围的所有变量和对象，不包括使用过 object 标记创建的对象。
- StaticObjects：包含使用 object 标记创建的具有会话级别范围的所有变量和对象，这些变量和对象在 global.asa 文件中创建。

使用会话变量可以存储和显示在用户访问（或会话）期间保持的信息。服务器为每个用户创建不同的 Session 对象并保持一段固定时间，或直至该对象被明确终止。定义页面的会话变量之前，必须先在源代码中创建它们。创建会话变量后，即可将其用于网页中。

在 Dreamweaver CS5 中，可以通过以下操作来定义会话变量。

（1）在源代码中创建一个会话变量并为其指定值。

例如，下面的代码将用户通过表单提交的用户名保存到 Session.Contents 集合中并创建了一个名为 Username 的会话变量；当用户在不同页面之间跳转时均可使用该会话变量的值。

```
Session.Contents("Username") = Request.Form("Username")
```

其中，Session.Contents("Username") 也可以简写为 Session("Username")。

（2）选择"窗口"→"绑定"，以显示"绑定"面板。

（3）单击加号按钮并从弹出菜单中选择"阶段变量"，如图 10.27 所示。

（4）在如图 10.28 所示的"阶段变量"对话框中输入源代码中定义的变量名称，然后单击"确定"按钮。

（5）定义会话变量后，即可在当前站点的各个页面中使用该会话变量的值，方法是：在动态页上单击要插入会话变量的位置，然后在绑定面板上单击要使用的会话变量并单击"插入"按钮，如图 10.29 所示。

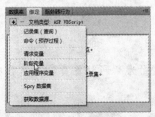

图 10.27　添加会话变量

图 10.28　指定会话变量名称

图 10.29　已定义的会话变量

Session 对象的主要成员在表 10.5 中列出。

表 10.5　Session 对象的主要成员

成　　员	说　　明
CodePage 属性	设置或检索 Web 服务器用来显示动态内容的代码页。代码页是一个字符集，包含特定的区域设置所使用的所有字母、数字和标点字符。代码页用数字表示，例如简体中文为 936，美国英语和大多数欧洲语言为 1252
LCID 属性	设置或检索区域标识符，表示如何设置用户首选项（如日期、时间及货币）的某些信息格式。LCID 属性值是一个整数。例如，中文（中国）为 2052，英语（英国）为 1033
SessionID 属性	用于获取当前用户的会话标识，其值是一个长整型数字。SessionID 属性为只读属性。服务器在创建会话时会为每一个会话生成一个唯一的标识并存储为客户端计算机上的 Cookie
Timeout 属性	设置或获取 Web 服务器保持会话信息的时间长度，以分钟为单位。默认值为 20。在这个时间内不请求或刷新页面，Web 服务器会保持会话信息。超过这个时间，如果用户仍未请求或刷新页面，则结束当前会话
Abandon 方法	销毁 Session 对象并释放其资源
Contents.Remove 方法	从 Contents 集合中删除一个项目
Contents.RemoveAll 方法	从 Contents 集合中清除所有项目
OnStart 事件	当启动用户会话时产生这个事件
OnEnd 事件	当结束用户会话时产生这个事件

要对上述会话事件进行处理，可以在 global.asa 文件中创建相应的事件处理过程。

【实战演练】创建两个 ASP 页，分别用于模拟登录页面和网站首页，使用会话变量保存所提交的用户名，如图 10.27 和图 10.28 所示。

图 10.27　登录页面

图 10.28　网站首页

（1）在 DW 站点的 chapter10 文件夹中创建两个 ASP 页，分别命名为 page10-05a.asp 和 page10-05b.asp，将它们的标题分别设置为"网站登录"和"网站首页"。

（2）在文档窗口打开文件 page10-05a.asp，将其标题设置为"网站登录"；在该页中插入一个表单，在该表单中插入一个表格，然后在表格的各个单元格中分别添加标签、验证文本域 Widget、验证密码 Widget、"提交"按钮和"重置"按钮。

（3）对各个验证 Widget 的选项进行设置，将文本框命名为 Username，将密码框命名为 Password，将"提交"按钮命名为 Submit。

（4）在<%@LANGUAGE %>命令下方添加以下 ASP 代码块：

```
<%
If Request.Form("Submit") <> "" Then
    Session("Username") = Request.Form("Username")
    Response.Redirect "page10-05b.asp"
End If
%>
```

（5）在文档窗口打开文件 page10-05b.asp，将该页面的标题设置为"网站首页"，然后在<%@LANGUAGE %>命令下方添加以下 ASP 代码块：

```
<%
Dim Username
If Request.QueryString("action") = "logout" Then
```

```
            Session.Contents.RemoveAll
            Session.Abandon
            Response.Redirect "page10-05a.asp"
        End If
        If Session("Username") = "" Then
            Username = "游客"
        Else
            Username = Session("Username")
        End If
        %>
```

（6）在文档首部创建以下 CSS 样式表：

```
        * {font-family: "微软雅黑"; font-size: 12px;}
        li {list-style-type: none; float: left; margin-right: 12px;}
        </style>
```

（7）在页面正文部分添加一个项目列表、一个换行标签和一个段落，代码如下：

```
        <ul>
        <li>欢迎您，<%= Username %></li>
        <li><a href="page10-05a.asp">登录</a></li>
        <% If Session("Username") <> "" Then %>
        <li><a href="page10-05b.asp?action=logout">退出</a></li>
        <% End If %>

        </ul>
        <br clear="left" />
        <h3 align="center">欢迎您访问本网站！</h3>
```

（8）在浏览器中对这两个页面进行测试。

10.3.5　Application 对象

在 ASP 上下文中，Web 服务器上的一个虚拟目录及其子目录下的所有 ASP 文件及其资源构成一个应用程序。使用 Application 对象可以在指定的 ASP 应用程序的所有用户之间共享信息，并在服务器运行期间持久地保存数据。Application 对象还提供了控制访问应用层数据的方法以及可在应用程序启动和停止时触发的事件。

通过在 Web 站点的主目录（或虚拟目录）及其子目录中创建一组相关的 ASP 文件，可以创建一个 ASP 应用程序，主目录或虚拟目录便是这个应用程序的根目录，数据和对象可以在整个应用程序的所有页面、所有用户之间共享。在一个 Web 站点中可以创建多个虚拟目录，每个虚拟目录对应于一个应用程序。在 Web 站点中创建一个 ASP 应用程序之后，便可以通过 Application 对象在该应用程序的所有用户之间共享信息。

Application 对象有以下两个集合。

● Contents：包含所有通过脚本命令添加到应用程序中的项目。

● StaticObjects：包含通过 object 标记创建的并指定了应用程序作用域的对象。

在 ASP 网站中，可以使用应用程序变量来存储和显示某些信息，这些信息在应用程序的生存期内被保持并且在用户改变时仍持续存在。在源代码定义了应用程序变量后，就可以在页面中使用它的值。

在 Dreamweaver CS5 中，可以通过以下操作来定义应用程序变量。

（1）在源代码中创建一个应用程序变量并为其指定值。

（2）选择“窗口”→“绑定”，以显示绑定面板。

（3）单击加号按钮并从弹出菜单中选择“应用程序变量”，如图 10.30 所示。

（4）在如图 10.31 所示的“应用程序变量”对话框中输入源代码中定义的变量名称，然后单击“确定”按钮。该变量即会出现在绑定面板中 Application 图标下方，如图 10.31 所示。

（5）定义应用程序变量后，即可在当前站点的各个页面中使用该变量的值，方法是：在动态页上单击要插入应用程序变量的位置，然后在绑定面板上单击在 Application 图标下的应用程序变量并单击"插入"按钮，如图 10.32 所示。

图 10.30 添加应用程序变量　　　图 10.31 命名应用程序变量　　　图 10.32 已定义的应用程序变量

Application 对象的方法和事件在表 10.6 中列出。

表 10.6　Application 对象的方法和事件

成　员	说　明
Contents.Remove 方法	从 Contents 集合中删除一个项目
Contents.RemoveAll 方法	从 Contents 集合中清除所有项目
Lock 方法	锁定 Application 对象，阻止其他客户端更改 Contents 集合中任何变量的值
Unlock 方法	释放通过 Lock 方法锁定的应用程序变量，允许其他客户端改变 Contents 内容集合中变量的值
OnStart 事件	创建 Application 对象时产生这个事件
OnEnd 事件	结束 Application 对象时产生这个事件

要对上述事件进行处理，可以在 global.asa 文件中创建相应的事件处理过程。

Application_OnStart 事件在创建第一个新的会话之前发生，也就是在 Session_OnStart 事件之前发生。例如，要在发生 OnStart 事件时将应用程序变量 onlineNumber 的值设置为 0，可在 global.asa 文件中编写以下代码。

```
<script language="vbscript" runat="server">
    Sub Application_OnStart()
        Application("onlineNumber")=0
    End Sub
</script>
```

若要在用户访问某个页面时将上述应用程序变量的值增加 1，则应当首先锁定 Application 对象，然后对该应用程序变量的值进行修改，接着还需要解除对该应用程序变量的锁定。代码如下：

```
Application.Lock
Application("onlineNumber")=Application("onlineNumber")+1
Application.Unlock
```

10.4　ADO 数据访问

ADO 是指 ActiveX Data Objects，是基于 Windows 平台的动态网站中应用最广泛的数据库访问技术，通过 ADO 组件可以访问网站上的后台数据库。ASP＋ADO 组合是目前最常用的动态网站开发技术之一。ADO 对象库包含在 msadoxx.tlb（xx 表示版本号）中。ADO 对象模型包含一组对象，其中最重要的 3 个对象是 Connection、Recordset 和 Command。

10.4.1　创建数据库连接

如果希望通过 ASP 动态网页访问服务器上的数据库，就必须创建数据库连接。连接数据库是通过 ASP 动态网页访问数据库的必要条件。创建数据库连接可使用 ADO Connection 对象来实现。对于客户端/服务器数据库系统，该对象可以等价于到服务器的实际网络连接。

在 ASP 页中，可用下面的脚本创建 Connection 对象：

```
Set conn=Server.CreateObject("ADODB.Connection")
```

创建 Connection 对象后，即可在 ASP 服务器端脚本中使用该对象的属性、方法和集合。Connection 对象的主要成员在表 10.7 中列出。

表 10.7　Connection 对象的主要成员

成　　员	描　　述
ConnectionString 属性	指定用于建立连接数据源的信息
ConnectionTimeout 属性	指定在终止尝试和产生错误之前执行命令期间需等待的时间，以秒为单位
Mode 属性	指示在 Connection 对象中修改数据的可用权限
CursorLocation 属性	设置或返回游标服务的位置
DefaultDatabase 属性	设置连接的默认数据库
Provider 属性	指定连接所使用的 OLE DB 提供程序
State 属性	说明其对象状态是打开或是关闭，其值为 0 指示对象是关闭的，其值为 1 指示对象是打开的
Version 属性	读取使用中的 ADO 执行版本
Open 方法	建立到数据源的物理连接
Close 方法	断开到数据源的物理连接
Execute 方法	执行对连接的命令

　　ASP 应用程序必须通过开放式数据库连接（ODBC）驱动程序（或对象链接）和嵌入式数据库（OLE DB）提供程序连接到数据库。该驱动程序或提供程序用做解释器，能够使 Web 应用程序与数据库进行通信。对于不同格式的数据库，需要使用不同的驱动程序或提供程序。

　　Connection 对象的 ConnectionString 属性包含用来创建数据库连接的各种信息。该属性的取值是一个字符串，通常也称为连接字符串。连接字符串包含一系列的"参数=值"语句，各个语句之间用半角分号分隔。

　　连接字符串包含的常用参数在表 10.8 中列出。

表 10.8　常用连接参数

参　　数	描　　述
Provider	指定数据库的 OLE DB 提供程序。访问 Access 数据库时，可将该参数值设置为 "Microsoft.Jet.OLEDB.4.0"；访问 SQL Server 数据库时，可将该参数值设置为 "SQLOLEDB"。若连接字符串未包含 Provider 参数，则将使用 ODBC 的默认 OLD DB 提供程序，而且必须为数据库指定适当的 ODBC 驱动程序
Driver	指定在没有为数据库指定 OLE DB 提供程序时所使用的 ODBC 驱动程序。访问 Access 数据库时，可将该参数值设置为 "{Microsoft Access (*.mdb)}" 或 "{Microsoft Access Driver (*.mdb,*.accdb)}"；访问 SQL Server 数据库时，可将该参数值设置为 "{SQL Server}"
Server	指定运行 SQL Server 实例的服务器名称。对于运行于本地计算机上的 SQL Server 实例，也可以把该参数设置为一个英文句点 "."、"(local)" 或 "localhost"
Data Source	指定一个具体的数据源。对于 Access 数据库，可将该参数设置为指向一个 Access 数据库文件（.mdb）的路径；对于 SQL Server 数据库，可将该参数设置为 SQL Server 服务器的名称
Database	指定 SQL Server 数据库的名称
DBQ	指定指向基于文件的数据库（如 Access 数据库）的路径，该路径是在服务器上存储数据库文件的路径
UID 或 User ID	指定用户登录标识
PWD 或 Password	指定登录密码
Integrated Security	指定是否使用 Windows 集成安全性设置，其值为 SSPI、True 或 False。若设置为 SSPI 或 True，则表示使用 Windows 集成性安全设置，此时不需要指定用户登录标识和密码，可通过信任连接来访问数据源

参　　数	描　　述
DSN	指定系统数据源名称。若在服务器上定义系统 DSN 时设置了其他参数的值，则可以在连接字符串中省略这些参数。系统 DSN 通过 Windows 提供的 ODBC 数据源管理工具来创建。ODBC 系统数据源存储了如何与指定数据提供程序连接的信息。系统数据源对当前机器上的所有用户可见，包括 NT 服务
FileDSN	指定一个文件 DSN，其值为指向数据源文件的路径。文件 DSN 通过 Windows 提供的 ODBC 数据源管理工具来创建。ODBC 文件数据源允许用户连接到数据提供程序。文件 DSN 可以由安装了相同驱动程序的用户共享
File Name	指定一个数据链接文件（.udl）的路径，在该文件中定义了通过 OLE DB 提供程序连接数据源的各项相关信息

下面给出设置连接字符串的一些例子。

通过 ODBC 驱动程序连接 Access 数据库：

"Driver={Microsoft Access Driver (*.mdb);DBQ=" & Server.MapPath("../data/test.mdb")

通过 OLE DB 提供程序连接 Access 数据库：

"Provider=Microsoft.Jet.OLEDB.4.0;Data Source=" & Server.MapPath("../data/test.mdb")

通过 ODBC 驱动程序连接 SQL Server 数据库：

Driver={SQL Server};Server=ABC;UID=sa;Password=123456;Database=test

通过 OLE DB 驱动程序连接 SQL Server 数据库（使用信任连接）：

Provider=SQLOLEDB;Data Source=ABC;Integrated Security=SSPI;Database=test

通过系统 DSN 连接数据库：

DSN=test

通过文件 DSN 连接数据库：

"FileDSN=" & Server.MapPath("../data/test.dsn")

通过数据链接文件连接数据库：

"File Name=" & Server.MapPath("../data/test.udl")

使用 Connection 对象的 Open 方法可以建立到数据源的物理连接，语法如下：

conn.Open connectionString, userId, password, options

其中，参数 connectionString 指定连接数据源所使用的连接字符串，关于其设置值，可参阅 ConnectionString 属性；参数 userId 指定建立连接时所使用的用户名；参数 password 指定建立连接时所使用的密码；参数 options 决定该方法是同步打开连接还是异步打开连接。

注意：访问 Access 数据库时，必须设置 Internet 来宾账户（IUSR_<计算机名>）对该数据库文件（.mdb）所在文件夹的访问权限；访问 SQL Server 数据库时，必须设置 Internet 来宾账户对该数据库的访问权限。

创建数据库连接时，可以将所需的各项连接参数包含在字符串中，也可以使用 DSN（Data Source Name，数据源名称）来封装这些参数。在 Windows 系统中，可使用"数据源（ODBC）"管理工具来创建 DSN。下面说明如何创建系统 DSN 来指定连接数据库的各项参数。

（1）在控制面板中，单击"管理工具"；在"管理工具"窗口中，双击"数据源（ODBC）"。

（2）在"ODBC 数据源管理器"中，单击"添加"按钮，如图 10.33 所示。

（3）在如图 10.34 所示的"创建新数据源"对话框中，选择"系统 DSN"选项卡，选择要使用的 ODBC 驱动程序，然后单击"完成"按钮。例如，对于 Access 数据库，可选择"Microsoft Access Driver (*.mdb)"或"Microsoft Access Driver (*.mdb,*.accdb)"；对于 SQL Server 数据库，可选择"SQL Server"。

（4）选择 ODBC 驱动程序后，还需要选择要连接的数据库。对于不同格式的数据库，选择的过程会有所不同。如图 10.35 所示，是选择 Access 数据库时的情形。

（5）设置连接参数后，所创建的数据源将出现在 ODBC 数据源管理器中，如图 10.36 所示。若要更改连接参数，可单击一个数据源并单击"配置"按钮；若要删除数据源，可单击一个数据源并单击"删除"按钮。

图 10.33　添加 ODBC 数据源

图 10.34　选择 ODBC 驱动程序

图 10.35　选择 Access 数据库

图 10.36　ODBC 数据源管理器中的 DSN

　　ODBC 数据源包含的各项信息存储在 Windows 系统注册表中。使用本地定义的 DSN 或在远程计算机上定义的 DSN 都可以在 Dreamweaver CS5 中创建数据库连接。操作方法如下：

　　（1）在运行 Dreamweaver 的 Windows 计算机上定义一个 DSN。如果要使用远程 DSN，则必须在运行应用程序服务器（如 IIS）的 Windows 计算机上定义该 DSN。

　　（2）在 Dreamweaver CS5 中打开一个 ASP 页，然后选择"窗口"→"数据库"，以打开"数据库"面板。

　　（3）单击该面板上的加号按钮，然后从菜单中选择"数据源名称（DSN）"，如图 10.37 所示。

　　注意：由于在 DSN 中只能指定 ODBC 驱动程序，因此如果要使用 OLE DB 提供程序，就必须使用连接字符串，此时应当从菜单中选择"自定义连接字符串"。

　　（4）在如图 10.38 所示的"数据源名称（DSN）"对话框中，为新连接输入一个名称，不要使用空格或特殊字符。

图 10.37　基于 DSN 创建数据库连接

图 10.38　"数据源名称（DSN）"对话框

　　（5）选择"使用本地 DSN"或"使用测试服务器上的 DSN"选项，然后选择要使用的 DSN。如果要使用本地 DSN 但未定义本地 DSN，可单击"定义"按钮打开 Windows ODBC 数据源管理器。

　　（6）完成"用户名"和"密码"框的设置。

　　（7）单击"高级"按钮并输入架构或目录名称，以限制 Dreamweaver 在设计时所检索的数据库项数。在 Microsoft Access 中不能创建架构或目录。

　　（8）单击"测试"按钮连接到数据库，然后单击"确定"按钮。若连接失败，请仔细检查连接字符串或检查 Dreamweaver 用来处理动态页的测试文件夹的设置。

图 10.39 在数据库面板中

创建数据库连接后，可在数据库面板中查看数据库结构以及表中的数据，如图 10.39 所示。在当前站点的所有 ASP 页中，均可使用该数据库连接来执行相关操作。

10.4.2 查询记录

通过数据库查询从数据库中提取的一组记录所构成的一个子集称为记录集。定义记录集的基本原则是：只包含要在页面上显示的数据。虽然一个记录集也可以包含一个数据表中的所有记录和所有字段，但由于通常很少会用到数据库中的全部数据，因此，记录集要尽量小一些。记录集越小，所占用的内存空间就越小，这样服务器的性能就会得到提高。

在 ASP 应用程序中可以通过 ADO Recordset 对象来处理记录集。Recordset 对象表示来自数据库表或查询命令执行结果的记录全集，但该对象总是指向记录集内的单个记录，称为当前记录。在 ASP 应用程序中，可通过下面的语句来创建 Recordset 对象：

    Set rs=Server.CreateObject("ADODB.Recordset")

创建 Recordset 对象后，即可在 ASP 脚本中使用该对象的属性、方法和集合。Recordset 对象的主要成员在表 10.9 中列出。

表 10.9 Recordset 对象的主要成员

成 员	描 述
AbsolutePositon 属性	指定 Recordset 对象当前记录的位置，其值在 1 到 RecordCount 属性值之间
AbsolutePage 属性	指定当前记录所在的页，其值在 1 到 PageCount 属性值之间
ActiveConnection 属性	指定 Recordset 对象当前所属的 Connection 对象，可将该属性设置为打开的 Connection 对象或有效连接字符串
BOF 属性	指示当前记录位置是否位于 Recordset 对象的第一个记录之前。若是则返回 True，否则返回 False
EOF 属性	指示当前记录位置是否位于 Recordset 对象的最后一个记录之后。若是则返回 True，否则返回 False
CursorLocation 属性	设置或返回游标服务的位置
CursorType 属性	指示在 Recordset 对象中使用的游标类型
Filter 属性	为 Recordset 对象中的数据指定筛选条件
LockType 属性	指示编辑过程中对记录使用的锁定类型
PageCount 属性	指示 Recordset 对象包含的数据页数
PageSize 属性	指示 Recordset 对象中一个数据页所包含的记录数，默认值为 10
RecordCount 属性	指示 Recordset 对象中记录的当前数目
Source 属性	指示 Recordset 对象中数据的来源，可以是 Command 对象、SQL 语句、表的名称或存储过程
AddNew 方法	创建新记录，调用 Update 方法后保存到数据库
CancelUpdate 方法	取消在调用 Update 方法前对当前记录或新记录所作的任何更改
CancelBatch 方法	取消挂起的批更新
Close 方法	关闭 Recordset 对象以释放所有关联的系统资源
Delete 方法	删除当前记录或记录组
MoveNext 方法	在指定 Recordset 对象中移动到下一个记录并使其成为当前记录
MovePrevious 方法	在指定 Recordset 对象中移动到前一个记录并使其成为当前记录
MoveFirst 方法	在指定 Recordset 对象中移动到第一个记录并使其成为当前记录
MoveLast 方法	在指定 Recordset 对象中移动到最后一个记录并使其成为当前记录
Move 方法	移动 Recordset 对象中当前记录的位置
NextRecordset 方法	清除当前 Recordset 对象并通过提前执行命令返回下一个记录集
Open 方法	打开代表基本表、查询结果或者以前保存的 Recordset 对象中记录的游标
Requery 方法	通过重新执行对象所基于的查询，更新 Recordset 对象中的数据
Update 方法	保存对 Recordset 对象的当前记录所做的所有更改
UpdateBatch 方法	将所有挂起的批更新写入磁盘
Fields 集合	包含 Recordset 对象的所有 Field 对象，每个 Field 对象对应记录集内的一列，使用 Field 对象的 Value 属性可设置或返回当前记录的字段值

　　记录集表示来自基础表或 SQL 语句执行结果的记录全集。不过，在任何情况下，记录集对象总是表示集合内的单个记录，该记录称为当前记录，它由若干个字段组成。记录集对象是行（记录）和列（字段）构成的。通过 Recordset 对象可以在不同的行之间移动，并对不同字段的数据进行访问。

　　使用 ActiveConnection 属性可以指定 Recordset 对象当前所属的 Connection 对象。该属性的值可以是有效的连接字符串，也可以是已打开的 Connection 对象的引用。例如，下面的代码将记录集对象的 ActiveConnection 属性设置为一个连接字符串：

```
Set rs=Server.CreateObject("ADODB.Recordset")
rs.ActiveConnection="dsn=Northwind"
```

　　使用 Recordset 对象的 Open 方法可以打开代表基础表、查询结果或以前保存的记录集中记录的游标。语法格式如下：

```
rs.Open Source, ActiveConnection, CursorType, LockType, Options
```

　　其中，参数 Source 指定记录集的数据源，可以是 Command 对象变量名、SQL 语句、表名或存储过程调用等。参数 ActiveConnection 指定打开记录集时使用的数据库连接，可以是 Connection 对象变量名或连接字符串。

　　参数 CursorType 指定打开记录集时所使用的游标类型，有以下 4 个取值：0 表示仅向前游标（默认值），1 表示键集游标，2 表示动态游标，3 表示静态游标。

　　参数 LockType 指定打开记录集时所使用的锁定（并发）类型，有以下 4 个取值：1 表示只读（默认值），2 表示保守式记录锁定（逐条），3 表示开放式记录锁定（逐条），4 表示开放式批更新。

　　参数 Options 指定如何计算 Source 参数，它有以下 3 个取值：1 表示将 Source 参数作为 SQL 语句进行计算，2 表示将 Source 参数作为表名称进行计算，3 表示将 Source 参数作为存储过程名称进行计算。

　　在下面的代码中，使用一个系统 DSN 来指定所用的数据库连接，以一个表作为数据来源，选择了仅向前游标，设置锁定类型为只读，并指定将数据源作为表名称来计算：

```
Set rs=Server.CreateObject("ADODB.Recordset")
rs.Open "产品", "dsn=Northwind", 0, 2, 2
```

　　打开记录集后，Recordset 对象总是指向首记录。如果记录集为空，则 Recordset 对象的 EOF 和 BOF 属性同时为 True，借此可测试符合某个条件的记录是否存在。

　　使用 Recordset 对象的 Fields 集合可对记录集包含的字段进行访问。Fields 集合由 Field 对象组成，每个 Field 对象对应 Recordset 集内的一个字段，使用 Field 对象的 Value 属性可以设置或返回当前记录的数据。Field 对象的主要成员如下：Name 属性返回字段名，Value 属性用于查看或更改字段中的数据，Type、Precision 和 NumericScale 属性返回字段的基本特性，ActualSize 属性返回给定字段中数据的实际大小。

　　打开记录集后，可通过 Fields 集合的 Item 属性根据字段的名称或数字索引来访问特定的字段。例如，要读取记录集 rs 当前记录中的产品名称字段的值，可使用下列表达式之一：

```
rs.Fields.Item("产品名称").Value
rs.Fields("产品名称").Value
rs("产品名称")
```

　　如果产品名称字段是记录集内的第二个字段，则其索引为 1，因此还可以通过下列任一表达式来读取该字段的值：

```
rs.Fields.Item(1).Value
rs.Fields(1).Value
rs(1)
```

使用 Fields 集合的 Count 属性可以确定记录集字段的数目。字段序号从零开始，因此应该始终以 0 开始且以 Count 属性的值减 1 结尾而进行循环编码。例如：

```
For i=0 To rs.Fields.Count-1
    Response.Write rs.Fields(i).Name & "=" & rs.Fields(i).Value & "<br />"
Next
```

若要访问记录集中的不同记录，可使用 Recordset 对象的相关方法在记录之间移动以改变当前记录的位置。使用 MoveNext 方法移动到下一个记录，使用 MovePrevious 方法移动到前一个记录，使用 MoveFirst 方法移动到首记录，使用 MoveLast 方法移动到末记录。当移动到首记录后，如果调用 MovePrevious 方法，则 Recordset 对象的 BOF 属性变为 True。当移动到末记录后，如果调用 MoveLast 方法，则 Recordset 对象的 EOF 属性变为 True。

在下面的代码中，使用 While 循环语句来遍历整个记录集。

```
While Not rs.EOF
    ... ' 处理当前记录
    rs.MoveNext
Wend
```

记录集是 ASP 页中的主要动态内容源。在 Dreamweaver CS5 中，不需要手动输入 SQL 语句就可以创建记录集。操作方法如下。

（1）在文档窗口中打开要使用记录集的页面。

（2）在绑定面板中，单击加号按钮并从菜单中选择"记录集（查询）"，如图 10.40 所示。

（3）当出现如图 10.41 所示的简单"记录集"对话框时，对以下选项进行设置。如果出现的是高级"记录集"对话框，可单击"简单"按钮，以切换到简单"记录集"对话框。

图 10.40　创建记录集

图 10.41　简单的"记录集"对话框

- 在"名称"框中，输入记录集的名称。通常在记录集名称前添加前缀 rs，例如 rsProduct。
- 从"连接"列表中选择一个连接。若列表中未出现连接，可单击"定义"按钮创建连接。
- 在"表"列表中，选择为记录集提供数据的数据库表。
- 若要在记录集中包含表列的子集，可单击"已选定"，然后按住【Ctrl】键单击表中的列，以选择所需列。
- 若要进一步限制从表中返回的记录，可完成"过滤器"部分：在第一个列表中选择数据库表中的列，以将其与定义的测试值进行比较；从第二个列表中选择一个条件表达式，以便将每个记录中的选定值与测试值进行比较；在第三个列表中选择"输入的值"；在文本框中输入测试值。若记录中的指定值符合筛选条件，则将该记录包括在记录集中。
- 若要对记录进行排序，可选择要作为排序依据的列，然后指定是按升序（1、2、3…或 A、B、C…）还是按降序对记录进行排序。

（4）单击"测试"按钮连接到数据库并创建数据源实例，然后单击"确定"按钮，此时将出现显示一个表格，其中每行包含一条记录，而每列表示该记录中的一个字段，如图 10.42 所示。

（5）单击"确定"按钮。新定义的记录集即会出现在"绑定"面板中，如图 10.43 所示。

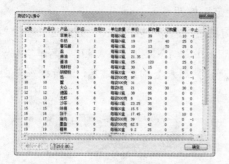

图 10.42　包含记录集数据的表格

图 10.43　绑定面板中的记录集

在 Dreamweaver CS5 中，也可以通过编写 SQL 来定义高级记录集。操作方法如下。

（1）在"文档"窗口中打开要使用记录集的页面。

（2）在绑定面板中，单击加号按钮并从弹出菜单中选择"记录集（查询）"。

（3）当出现如图 10.44 所示的高级"记录集"对话框时，对以下选项进行设置。如果出现的是简单"记录集"对话框，则通过单击"高级"按钮切换到高级"记录集"对话框。

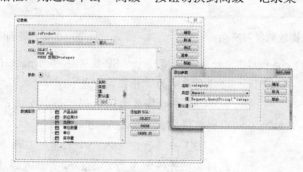

图 10.44　高级"记录集"对话框

- 在"名称"框中，输入记录集的名称。
- 从"连接"列表中选择一个连接。
- 在 SQL 文本区域中输入一个 SQL 语句，或使用对话框底部的图形化"数据库项"树生成一个 SQL 语句。
- 如果 SQL 语句包含变量，可在"变量"区域中定义它们的值，方法是单击加号按钮并输入变量名称、类型（整数、文本、日期或浮点数字）、默认值（在未返回运行时值时变量的取值）和运行时值。
- 如果 SQL 语句包含变量，应确保"变量"框的"默认值"列包含有效的测试值。运行时值通常是用户在 HTML 表单域中输入的 URL 参数或表单参数。
  "运行时值"列中的 URL 参数：

  Request.QueryString("formFieldName")

  "运行时值"列中的表单参数：

  Request.Form("formFieldName")

（4）单击"测试"按钮连接到数据库并创建一个记录集实例。如果 SQL 语句包含变量，则在单击"测试"按钮前，应确保"变量"框的"默认值"列包含有效的测试值。如果成功，将出现一个显示记录集中数据的表格，其中每行包含一条记录，而每列表示该记录中的一个字段。单击

"确定"按钮清除该记录集。

（5）如果对所做的工作感到满意，可单击"确定"按钮。

创建记录集后，可使用表格来显示记录集数据。方法是：选择"插入"→"数据对象"→"动态数据"→"动态表格"，或者在插入面板的"数据"类别中单击"动态数据"并从菜单中选择"动态表格"。

【实战演练】 创建一个 ASP 页，其功能是根据产品类别来查询产品信息，运行效果如图 10.45 和图 10.46 所示。

图 10.45 查询饮料类别产品

图 10.46 查询海鲜类别产品

（1）在 DW 站点的 chapter10 文件夹中创建一个 ASP 页并保存为 page10-06.asp，然后将该页的标题设置为"根据类别查询产品"。

图 10.47 创建记录集 rsCategory

（2）在数据库面板中创建一个连接 nw，用于连接 Access 示例数据库 Northwind.mdb。

（3）在该页中插入一个表单，在该表单中插入一个下拉式列表框并将命名为 Category 并插入描述性标签，然后将在列表框的 onChange 事件处理程序设置为"this.form.submit()"。

（4）使用简单记录集对话框创建一个记录集并命名为 rsCategory，从"类别"表中检索类别 ID 和类别名称信息，如图 10.47 所示。

（5）在绑定面板上创建一个名为 Category 的表单变量。

（6）在页面上单击列表框 Category，然后在属性检查器中单击"动态"按钮（如图 10.48 所示），以便将该列表框绑定到记录集 rsCategory。

图 10.48 将列表框绑定到动态源

（7）在如图 10.49 所示的"动态列表/菜单"对话框中，从"来自记录集的选项"列表中选择记录集 rsCategory，并从"值"和"标签"列表中分别选择"类别 ID"和"类别名称"，然后单击"选取值等于"文本框右侧的闪电按钮。

（8）在如图 10.50 所示的"动态数据"对话框中，展开 Request 对象并选择 Form.Category，然后单击"确定"按钮，再次单击"确定"按钮。

图 10.49　"动态列表/菜单"对话框

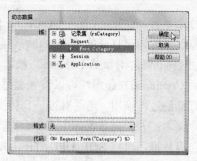
图 10.50　"动态数据"对话框

（9）使用简单记录集对话框定义一个记录集并命名为 rsProduct，从"产品"表中选取部分列，然后定义一个筛选器，以便根据提交的表单变量 Category 来过滤记录，如图 10.51 所示。

（10）选择"插入"→"数据对象"→"动态数据"→"动态表格"，然后对"动态表格"对话框选项进行设置，如图 10.52 所示。

（11）在浏览器打开该页，然后选择不同的类别来查询相应的产品。

图 10.51　定义记录集 rsProduct

图 10.52　设置"动态表格"对话框选项

10.4.3　添加记录

在 ASP 动态网站中，通常需要创建可以让用户向数据库中添加新记录的页面。在 ASP 页中，可以通过 ADO Command 对象执行 SQL INSERT 语句来完成添加新记录的任务。如果正在使用 Dreamweaver CS5，则可以通过添加服务器行为来快速生成添加新记录的页面。

ADO Command 定义了将对数据源执行的命令，可用于查询数据库并返回记录集或对数据库进行增删改操作。在 ASP 中可通过调用 Server.CreateObject 方法来创建 Command 对象：

```
Set cmd=Server.CreateObject("ADODB.Command")
```

创建 Command 对象后，便可以在脚本中引用它的属性、方法和集合。

Command 对象的常用成员在表 10.10 中列出。

表 10.10　Command 对象的主要成员

成　　员	描　　述
ActiveConnection 属性	指定 Command 对象当前所属的 Connection 对象
CommandText 属性	包含要发送给提供者的命令的文本
CommandTimeout 属性	指示等待命令执行的时间（单位为秒），默认值为 30
CommandType 属性	指示 Command 对象的类型
Prepared 属性	指示执行前是否保存命令的编译版本
CreateParameter 方法	使用指定属性创建新的 Parameter 对象
Execute 方法	执行在 CommandText 属性中指定的 SQL 语句或存储过程
Parameters 集合	包含 Command 对象的所有 Parameter 对象。通过调用该集合的 Append 方法可将 Parameter 对象添加到参数集合中

执行命令前，应通过设置ActiveConnection属性使打开的数据库连接与Command对象相关联，可将该属性设置为已打开的Connection对象或有效的连接字符串。只有在设置活动数据库连接后，才能调用Command对象的Execute方法。

使用CommandText属性可以设置通过Command对象执行的命令文本，可以是SQL语句、表名称或存储的过程调用。通常有以下几种情况：若要从数据库检索数据，可将SQL SELECT语句作为命令文本；若要向数据库中添加数据，可将SQL INSERT语句作为命令文本；若要更新数据库中的已有数据，可将SQL UPDATE语句作为命令文本；若要从数据库中删除数据，可将SQL DELETE语句作为命令文本。

当把一个SQL语句作为命令文本属性时，可以在SQL语句或存储过程调用中包含一个或多个参数，方法是在相应的位置上放置一个问号（?）作为占位符。例如：

```
cmd.CommandText="SELECT * FROM 雇员 WHERE 雇员 ID=?"
cmd.CommandText="INSERT INTO 雇员(姓氏,名字) VALUES (?, ?)"
```

在执行命令前，可以使用CommandType属性可以指示Command对象的类型以优化性能。该属性的常用值如下：1（SQL语句或存储过程调用），2（表名称），4（存储过程名称），8（未知命令类型，此为默认值）。

当SQL语句包含查询参数时，可通过Command对象的Parameters集合来设置所需要的各个参数值，以替换语句中的相应占位符。Parameters集合由一些Parameter对象组成，通过Parameter对象可以设置查询参数或存储过程参数的值。

通过调用Command.CreateParameter方法可以创建一个具有适当属性设置的Parameter对象并返回该Parameter对象，语法格式如下：

```
Set pmt=cmd.CreateParameter(name, type, direction, size, value)
```

其中，参数name是一个字符串，指定Parameter对象名称；参数type是一个长整型值，指定Parameter对象数据类型，其常用值如下：3（adInteger），4（adSingle），5（adDouble），6（adCurrency），11（adBoolean），14（adDecimal），129（adChar），131（adNumeric），133（adDBDate），134（adDBTime），135（adDBTimeStamp），200（adVarChar），201（adLongVarChar）。

参数direction是一个长整型值，指定Parameter对象类型，其取值如下：1（输入参数），2（输出参数），3（输入输出参数），4（返回值）。

参数size是一个长整型值，指定参数值最大长度（以字符或字节数为单位）；参数value指定Parameter对象的值。

创建一个Parameter对象后，可应调用Parameters集合的Append方法将该对象添加到参数集合中，语法格式如下：

```
cmd.Parameters.Append(pmt)
```

Parameter对象代表与参数化查询或参数化存储过程相关联的参数，或输入/输出参数以及存储过程的返回值。取决于提供者的功能，Parameter对象的某些集合、方法或属性有可能无效。使用Parameter对象的主要成员如下：Name属性设置或返回参数的名称；Value属性设置或返回参数的值；Attributes集合和Direction、Precision、NumericScale、Size以及Type属性设置或返回参数的各种特性。

对Command对象设置数据库连接、命令文本以及命令类型后，可以调用Execute方法执行命令并在适当的时候返回Recordset对象。Execute方法有以下两种语法格式。

对于返回记录集的Command：

```
Set recordset=cmd.Execute(recordsAffected, parameters, options)
```

对于不返回记录集的Command：

```
cmd.Execute(recordsAffected, parameters, options)
```

其中，参数 recordsAffected 是一个长整型变量，提供程序向其返回操作所影响的记录数目。该参数仅用于操作查询（INSERT、UPDATE 或 DELETE 语句）或存储过程，它不返回由选择查询或存储过程所返回的记录数目。parameters 是一个数组，指定使用 SQL 语句传送的参数值。options 是一个长整型值，指示提供程序如何计算 Command 对象的 CommandText 属性，请参阅 CommandType 属性。

在 ASP 页中添加新记录可通过 Command 对象执行 INSERT 语句来实现。在 SQL 语言中，INSERT 语句用于向一个已经存在的表中添加一行新的记录。其基本语法格式如下：

```
INSERT [INTO] table_name
[(column_list)] VALUES (expression_list)
```

其中，table_name 是用来接收数据的表的名称；INTO 关键字是可选项；column_list 指定若干个要插入数据的字段，该列表必须用圆括号起来，其中的各个字段名用逗号分隔；若省略字段名列表，则使用目标表中的所有字段来接收数据；expression_list 给出待插入的数据，该列表也必须用圆括号括起来，其中的各个值用逗号分隔。

通过编写 ASP 代码向数据库中添加新记录时，主要有以下编程要点：通过调用 Server 对象的 CreateObject 方法创建 Command 对象；设置 Command 对象所用的数据库连接并把一个 INSERT 语句作为命令文本；如果命令文本中包含有查询参数，还要通过 Command 对象的 Parameters 集合来设置添加记录所需的参数值，这些值通常来自表单变量；调用 Command 对象的 Execute 方法以执行 INSERT 语句，将新记录添加到表中。

在 Dreamweaver CS5 中，添加记录的页面由以下两个功能块组成：允许用户输入数据的 HTML 表单；用于更新数据库的"插入记录"服务器行为。既可以使用"插入记录表单向导"通过单个操作添加这两个构造块，也可以使用表单工具和服务器行为面板分别添加它们。

若要使用"插入记录表单向导"通过一次操作生成添加记录页面，可执行以下操作。

（1）在设计视图中打开 ASP 页，然后选择"插入"→"数据对象"→"插入记录"→"插入记录表单向导"。

（2）当出现如图 10.53 所示的"插入记录表单"对话框时，在"连接"列表框中选择一个数据库连接。如果需要定义连接，可单击"定义"按钮。

（3）在"插入到表格"列表中，选择应向其插入记录的数据库表。

（4）在"插入后，转到"框中，输入将记录插入表后要打开的页面，或单击"浏览"按钮浏览到该文件。

（5）在"表单字段"区域中，指定要包括在插入页面的 HTML 表单上的表单对象，以及每个表单对象应该更新数据库表格中的哪些列。

图 10.53 "插入记录表单"对话框

默认情况下，Dreamweaver 为数据库表中的每个列创建一个表单对象。如果所选数据库为创建的每个新记录都自动生成唯一键 ID，则需删除对应于该键列的表单对象，方法是在列表中将其选中然后单击减号按钮，这消除了表单的用户输入已存在的 ID 值的风险。

还可以更改 HTML 表单上表单对象的顺序，方法是在列表中选中某个表单对象然后单击对话框右侧的向上或向下箭头。

（6）指定每个数据输入域在 HTML 表单上的显示方式，方法是单击"表单域"表格中的一行，然后在表格下面的框中输入以下信息：

- 在"标签"框中，输入显示在数据输入字段旁边的描述性标签文字。默认情况下，Dreamweaver 在标签中显示表列的名称。
- 在"显示为"列表框中选择一个表单对象作为数据输入字段，可选择"文本字段"、"文本区域"、"菜单"、"复选框"、"单选按钮组"和"文本"。对于只读项，应选择"文本"。还可以选择"密码字段"、"文件字段"和"隐藏字段"。
- 在"提交为"列表框中，选择数据库表接受的数据格式。例如，如果表列只接受数字数据，则选择"数字"。
- 设置表单对象的属性。选择作为数据输入字段的表单对象不同，选项也将不同。对于文本字段、文本区域和文本，可以输入初始值。对于菜单和单选按钮组，将打开另一个对话框来设置属性。对于选项，选择"已选中"或"未选中"选项。

（9）单击"确定"按钮。此时，Dreamweaver 将 HTML 表单和"插入记录"服务器行为添加到页面。表单对象布置在一个基本表格中，可以使用 Dreamweaver 页面设计工具自定义该表格，此时应确保所有表单对象都保持在表单的边界内。若要编辑服务器行为，可选择"窗口"→"服务器行为"，以打开服务器行为面板，然后双击"插入记录"行为。

除向导外，还可以使用表单工具和服务器行为逐块生成插入记录页。操作方法如下：

（1）创建或打开一个 ASP 动态页，并使用 Dreamweaver 设计工具设计页的布局。

（2）添加一个 HTML 表单，方法是将插入点放置在希望表单出现的位置，然后选择"插入"→"表单"→"表单"。

（3）命名 HTML 表单，方法是单击文档窗口底部的<form>标签以选择表单，在属性检查器的"表单名称"框中输入一个名称。不需要指定表单的 action 或 method 属性来指示当用户单击"提交"按钮时向何处及如何发送记录数据。"插入记录"服务器行为会设置这些属性。

（4）为要插入记录的数据库表中的每一列添加一个表单对象，如文本框。表单对象用于数据输入。除了文本框外，也可以使用下拉式列表、选项和单选按钮。

图 10.54 "插入记录"对话框

（5）在表单上添加一个"提交"按钮。

（6）在服务器行为面板中，单击加号按钮并从弹出菜单中选择"插入记录"。

（7）当出现如图 10.54 所示的"插入记录"对话框时，在"连接"列表中选择一个数据库连接。如果需要定义连接，则单击"定义"按钮。

（8）在"插入到表格"列表框中，选择应向其插入记录的数据库表。

（9）在"插入后，转到"框中，输入在将记录插入表后要打开的页面，或单击"浏览"按钮浏览到该文件。

（10）在"获取值自"列表框中，选择用于输入数据的 HTML 表单。Dreamweaver 自动选择页面上的第一个表单。

（11）指定要向其中插入记录的数据库表列，从"值"列表框中选择将插入记录的表单对象，然后从"提交为"列表框中为该表单对象选择数据类型。数据类型是数据库表中的列所需的数据类型（文本、数字、布尔型选项值）。对表单中的每个表单对象重复此操作。

（12）单击"确定"按钮。此时，Dreamweaver 会将"插入记录"服务器行为添加到特定页面，该页面允许用户通过填写表单并单击"提交"按钮在数据库表中插入记录。

【实战演练】通过添加服务器行为创建一个插入记录页，用于向罗斯文数据库中添加新雇员，运行效果如图 10.55 所示。

（1）在 DW 站点的 chapter10 文件夹中创建一个 ASP 页并命名为 page10-07.asp，将该页的标题设置为"录入新雇员"。

（2）在该页上插入一个表单，在表单内添加一个表格，在单元格中插入标签，并添加 4 个 Spry 验证文本域，将所包含的文本框分别命名为 Surname、Name、BirthDate 和 HireDate，然后对数据验证选项进行设置；添加一个下拉式列表框并命名为 TitleOfCourtesy，并为其添加一些选项；添加一个提交按钮并命名为 Add，将其标题设置为"添加记录"。该表单的设计时布局如图 10.56 所示。

（3）在该页上添加"插入记录"服务器行为，设置"插入记录"对话框选项的情形如图 10.57 所示。

图 10.55　录入新雇员

图 10.56　创建 HTML 表单

图 10.57　设置"插入记录"对话框选项

（4）切换到代码视图，在表单结束标签</form>下方添加以下 ASP 代码块：

```
<%
If Request.Form("Add") <> "" Then
    Response.Write "<h3 align='center'>雇员信息已成功保存。</h3>"
End If
%>
```

（5）在浏览器打开该页，对添加记录功能进行测试。

10.4.4　更新记录

记录更新页是 ASP 动态网站中常用的功能模块之一。创建记录更新页时，需要从数据库中检索待更新的记录并通过 HTML 表单显示该记录的内容；当通过表单域修改字段值并单击提交按钮时，向服务器发送更新记录的查询语句，从而将数据更新保存到数据库中。

在 ASP 应用程序中对数据库信息的更新，主要有以下编程要点。

（1）使用链接或表单选择要更新的记录，通过 URL 参数或表单变量传递待更新记录的标识（如产品 ID），然后获取该记录标识并检索要更新的记录集，并通过 HTML 表单显示记录集各个字段的当前值。

（2）当提交更新表单时，通过 Request.Form 集合获取表单变量的值，将这些值作为字段的新值用在 UPDATE 语句中。

（3）创建 Command 对象并设置所用的数据库连接，将 UPDATE 语句作为要执行的命令文本，用于更新字段的新值用问号（?）占位符表示。

（4）通过 Command 对象的 Parameters 集合向 UPDATE 语句传递所需要的各个字段值。

（5）通过调用 Command 对象的 Execute 方法来执行 UPDATE 语句，从而实现数据更新。

在 SQL 语言中，通过 UPDATE 语句对指定表中的一条、多条或所有记录进行更改，基本语法格式如下：

```
UPDATE table_name
SET column_name1=expression1, column_name2= expression2, ... , column_nameN= expressionN
```

[WHERE search_condition]

其中，table_name 给出要修改的表的名称；SET 子句指定要修改的字段和所使用的数据，字段名给出包含待修改数据的字段；表达式的值用于代替字段中原有的值。WHERE 子句用于指定要修改目标表中的哪些记录，满足条件 search_condition 的记录均被更新。如果省略 WHERE 子句，则目标表中的所有记录都将被修改成由 SET 子句指定的数据。

在 Dreamweaver CS5 中，不用编写代码或编写少量代码，即可快速生成记录更新页。记录更新页通常包括以下 3 个构造模块：用于从数据库表中检索记录的过滤记录集；允许用户修改记录数据的 HTML 表单；用于更新数据库表的"更新记录"服务器行为。既可以使用"更新记录表单向导"通过单个操作将这些模块添加到页面中，也可以使用表单工具和服务器行为面板分别添加 HTML 表单和"更新记录"服务器行为。

使用更新记录表单向导可以通过单个操作创建记录添加页面的基本构造块，即把 HTML 表单和"更新记录"服务器行为同时添加到页面中，具体操作方法如下。

（1）在设计视图中打开 ASP 页，然后创建一个包含过滤条件的记录集，以检索待更新的数据记录。

（2）选择"插入"→"数据对象"→"更新记录"→"更新记录表单向导"。

（3）当出现如图 10.58 所示的"更新记录表单"对话框时，在"连接"下拉列表框中选择一个数据库连接。如果需要定义连接，则单击"定义"按钮。

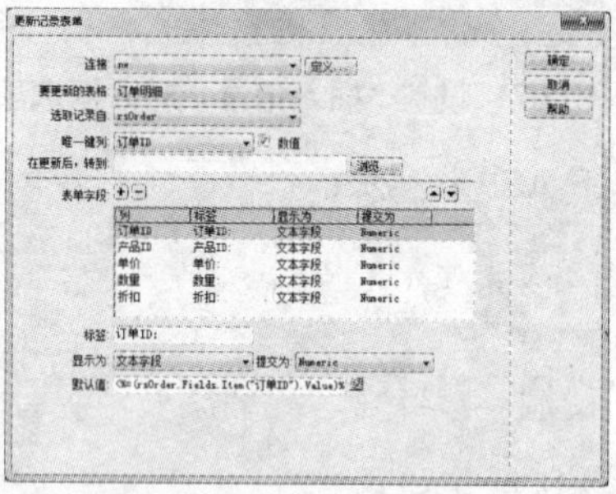

图 10.58　"更新记录表单"对话框

（4）在"要更新的表格"下拉列表框中，选择包含要更新的记录的数据库表。

（5）在"选取记录自"下拉列表框中，指定包含显示在 HTML 表单中的记录的记录集。

（6）在"唯一键列"下拉列表框中，选择一个键列（通常是记录 ID 列）来标识数据库表中的记录。如果该值是一个数字，则选择"数字"复选框。键列通常只接受数值，但有时候也接受文本值。

（7）在"更新后，转到"框中，输入在表格中更新记录之后要打开的页面。

（8）在"表单字段"区域中，指定每个表单对象应该更新数据库表中的哪些列。

默认情况下，Dreamweaver 为数据库表中的每个列创建一个表单对象。如果数据库为创建的每个新记录都自动生成唯一键 ID，则需删除对应于该键列的表单对象，方法是在列表中将其选中然后单击减号按钮。这消除了表单的用户输入已存在的 ID 值的风险。

还可以更改 HTML 表单上表单对象的顺序，方法是在列表中选中某个表单对象然后单击对话框右侧的向上或向下箭头。

（9）指定每个数据输入域在 HTML 表单上的显示方式，方法是单击"表单域"表格中的某一行，然后在表格下面的框中输入以下信息：

- 在"标签"框中，输入显示在数据输入字段旁边的描述性标签文字。默认情况下，Dreamweaver 在标签中显示表列的名称。
- 在"显示为"下拉列表框中，选择一个表单对象作为数据输入字段，可以选择"文本字段"、"文本区域"、"菜单"、"复选框"、"单选按钮组"和"文本"。对于只读项，可选择"文本"。还可以选择"密码字段"、"文件字段"和"隐藏字段"。
- 在"提交为"下拉列表框中，选择数据库表所需的数据格式。例如，如果表列只接受数字数据，则选择"数字"。

● 设置表单对象的属性。选择作为数据输入字段的表单对象不同，选项也将不同。对于文本字段、文本区域和文本，可以输入初始值。对于菜单和单选按钮组，将打开另一个对话框来设置属性。对于选项，选择"已选中"或"未选中"选项。

（10）通过选择另一个表单域行并输入标签、"显示为"值和"提交为"值来设置其他表单对象的属性。对于列表框和单选按钮组，将打开另一个对话框来设置属性。对于选项，定义一个选项当前记录的值和给定值之间的比较，以确定当显示记录时是否选中了该选项。

（11）单击"确定"按钮。此时，Dreamweaver 将 HTML 表单和"更新记录"服务器行为添加到页中。表单对象布置在一个基本表格中，可以使用 Dreamweaver 页面设计工具自定义该表格，应确保所有表单对象都保持在表单的边界内。若要编辑服务器行为，可在服务器行为面板中双击"更新记录"行为。

除了使用向导外，还可以使用表单工具和服务器行为面板分别来添加更新页的最后两个基本构造块。操作方法如下。

（1）创建一个 ASP 页作为更新页，使用 Dreamweaver 设计工具对该页进行布局。

（2）添加一个 HTML 表单，方法是：将插入点放置在希望表单出现的位置，然后选择"插入"→"表单"→"表单"。

（3）为 HTML 表单命名，方法是单击文档窗口底部的 <form> 标签以选择表单，然后在属性检查器的"表单名称"框中输入一个名称。不需要为表单指定 action 或 method 属性来指示当用户单击"提交"按钮时表单向何处及如何发送记录数据。"更新记录"服务器行为会设置这些属性。

（4）为数据库表中要更新的每一列添加一个表单对象，例如文本字段、列表框、复选框和单选按钮等。每个表单对象都应该在早先定义的记录集中具有一个对应的列。唯一的例外就是唯一键列，该列没有对应的表单对象。

（5）在表单上添加一个"提交"按钮并选择该按钮，然后在属性检查器的"值"框中输入一个新值。

（6）确保定义了一个记录集来保存用户要更新的记录，然后将每个表单对象绑定到记录集中的数据。

（7）在"服务器行为"面板中，单击加号按钮并从弹出菜单中选择"更新记录"。

（8）当出现如图 10.59 所示的"更新记录"对话框时，从"提交值，自"列表框中选择一个表单。

（9）在"数据源"或"连接"列表框中，选择一个数据库连接。如果可行，可输入用户名和密码。

（10）在"要更新的表格"列表框中，选择包含要更新的记录的数据库表。

（11）在"选取记录自"列表框中，选择包含显示在

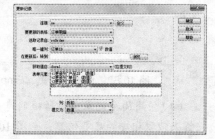

图 10.59　"更新记录"对话框

HTML 表单上的记录的记录集。在"唯一键列"列表框中，选择一个键列来标识数据库表中的记录。如果该值是一个数字，则选择"数字"选项。键列通常只接受数值，但有时候也接受文本值。

（12）在"更新后，转到"或"如果成功，则转到"框中，输入在表格中更新记录后将要打开的页，或单击"浏览"按钮浏览到该文件。

（13）指定要更新的数据库列，从"值"列表框中选择将更新该列的表单对象，然后从"提交为"列表框中为该表单对象选择数据类型。数据类型是数据库表中的列所需的数据类型，如文本、数字、布尔型选项值。为表单中的每个表单对象重复此操作。

（14）单击"确定"按钮。此时，Dreamweaver 将服务器行为添加到页，该页允许用户通过修

改显示在 HTML 表单中的信息并单击"提交"按钮更新数据库表中的记录。

　　【实战演练】使用服务器行为创建一个记录更新页，用于修改雇员信息，运行效果如图 10.60 和图 10.61 所示。

图 10.60　修改雇员信息　　　　　　　　　　　图 10.61　更新成功

　　（1）在 DW 站点的 chapter10 文件夹中创建一个 ASP 页并命名为 page10-08.asp，将该页的标题设置为"修改雇员信息"。

　　（2）使用高级记录集对话框创建一个记录集并命名为 rsEmp1，从"雇员"表中获取所有雇员的 ID 和姓名信息，如图 10.62 所示。

　　（3）创建一个表单变量并命名为 Employee；在该页插入一个表单并命名为 form1，在该表单内添加一个下拉式列表框并命名为 Employee，然后将该列表框绑定到记录集 rsEmp1，如图 10.63 和图 10.64 所示。

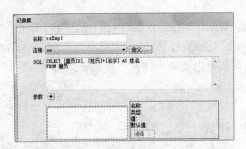

图 10.62　创建记录集 rsEmp1　　　　　　　　图 10.63　将列表框绑定到记录集

　　（4）使用简单记录集对话框创建一个记录集并命名为 rsEmp2，根据从下拉式列表框中选择的雇员来获取相应的雇员信息，如图 10.65 所示。

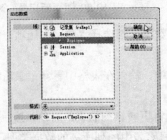

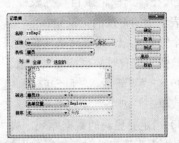

图 10.64　"动态数据"对话框　　　　　　　　图 10.65　创建记录集 rsEmp2

　　（5）在表单 form1 下方插入表单 form2 并在其中插入一个表格，添加文本框、列表框和提交按钮；将文本框和列表框绑定到记录集 rsEmp2 的字段值，页面布局效果如图 10.66 所示。

提示：若要将一个文本框绑定到记录集的某个字段，可在页面上单击该文本框，然后在绑定面板上单击所需字段并单击"绑定"按钮，如图 10.67 所示。

（6）在该页上添加一个"更新记录"服务器行为，设置"更新记录"对话框选项的情形如图 10.68 所示。

图 10.66　页面布局效果

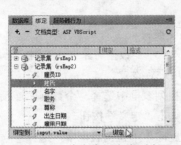

图 10.67　将文本框绑定到字段

图 10.68　"更新记录"对话框

（7）切换到代码视图，在表单 form2 的开始标签<form>之前添加以下 ASP 代码块：

```
<% If Request.Form("Employee") <> "" Then %>
```

（8）在表单 form2 的结束标签<form>之后添加以下 ASP 代码块：

```
<% End If %>
<%
If Request.Form("Update") <> "" Then        ' Update 为提交按钮的名称
    Response.Write "<h3 align='center'>雇员信息已被更新。</h3>"
End If
%>
```

（8）在浏览器中打开该页，并对记录更新功能进行测试。

10.4.5　删除记录

删除记录一般是通过主/详细页集合来完成的。在主页上选择要删除的记录并将记录标识传递到详细页上，在详细页上获取由主页传递来的记录标识并通过 Command 对象向服务器发出 SQL DELETE 语句，以删除所选记录。在应用开发中，也常常把用于选择记录的主页和用于删除记录的详细页合而为一。如果正在使用 Dreamweaver CS5，也可以通过添加"删除记录"服务器行为来快速创建记录删除页。

在 ASP 应用程序中从数据库中删除记录，主要有以下编程要点。

（1）通过调用 Server.CreateObject 方法创建 Command 对象。

（2）设置 Command 对象所使用的数据库连接。

（3）将 DELETE 语句设置为由 Command 对象执行的命令文本。

（4）如果 DELETE 语句包含参数，则通过 Parameters 集合传递所需参数。

（5）通过调用 Command 命令的 Execute 方法执行 DELETE 语句。

在 SQL 语言中，DELETE 语句从数据库表中删除已有记录，语法如下：

```
DELETE [FROM] table_name
[WHERE search_condition]
```

其中，table_name 指定从其中删除记录的表的名称。FROM 是一个可选的关键字；WHERE 子句指定要从目标表中删除哪些记录，满足条件 search_condition 的记录均被删除；如果省略

WHERE 子句，则目标表中的所有记录都将被删除。

在 Dreamweaver CS5 中，可使用"删除记录"服务器行为快速生成记录删除页面。记录删除页面通常可使用主/详细页集合中的详细页来充当。在主页中通过单击链接选择要删除的记录，在记录删除页中从数据库表中检索待删除的记录，以只读方式显示待删除记录。当单击"提交"按钮时，将删除语句发送给服务器。

若要创建删除记录页，可执行以下操作。

（1）创建一个 ASP 页作为删除页，然后创建一个具有筛选条件的记录集，从数据库表中检索要删除的记录。

（2）在该页上插入一个表单，在该表单中添加一个提交按钮。

（3）添加"删除记录"服务器行为，方法是选择"插入"→"数据对象"→"删除记录"，并在出现如图 10.69 所示的"删除记录"对话框时对以下选项进行设置。

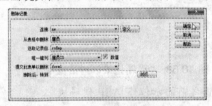

图 10.69 "删除记录"对话框

- 在"连接"下拉列表框中选择一个数据库连接。若要定义连接，则单击"定义"按钮。
- 在"从表格中删除"下拉列表框中，选择包含要删除的记录的数据库表。
- 在"选取记录自"下拉列表框中，指定包含要删除的记录的记录集。

- 在"唯一键列"下拉列表框中，选择一个键列来标识数据库表中的记录。如果该值是一个数字，则选择"数字"选项。键列通常只接受数值，但有时候也接受文本值。
- 在"提交此表单以删除"下拉列表框中，指定具有将删除命令发送到服务器的"提交"按钮的 HTML 表单。
- 在"删除后，转到"框中，指定从数据库表格删除该记录之后将打开的页。可指定向用户显示简短的成功消息的页，或者指定一个在其中列出剩余记录的页，使用户可以验证该记录是否已被删除。

（4）单击"确定"按钮。此时，Dreamweaver 将"删除记录"服务器行为添加到页，该页允许用户通过单击表单上的提交按钮从数据库表中删除记录。若要修改"删除记录"服务器行为，可在服务器行为面板上双击此行为。

【实战演练】创建一个主/详细页集合。在主页上选择要删除的订单，在详细页上执行删除操作，运行效果如图 10.70 和图 10.71 所示。

图 10.70 选择要删除的订单

图 10.71 执行删除操作

（1）在 DW 站点的 chapter10 文件夹中创建一个 ASP 页作为主页使用，将该页命名为 page10-09a.asp，然后将其标题分别设置为"选择要删除的订单"。

（2）使用简单记录集对话框在该页中创建一个记录集并命名为 rsOrder，从"订单"表中获取所有记录，如图 10.72 所示。

（3）在该页中插入一个动态表格，用于显示来自记录集 rsOrder 的数据，并设置每页显示 10 条记录，如图 10.73 所示。

图 10.72　在主页中创建记录集 rsOrder　　　　图 10.73　设置"动态表格"选项

（4）在动态表格的最右侧插入一列，然后在该列的两个单元格中分别输入"操作"和"删除订单"。

（5）在页面上选择"删除订单"，然后在服务器行为面板上单击加号并从弹出菜单中选择"转到详细页面"。

（6）在如图 10.74 所示的"转到详细页面"对话框中，指定 page10-09b.asp 作为详细信息页（稍后将创建该页），将传递的 URL 参数命名为 id，从"记录集"列表框中选择 rsOrder，从"列"列表框中选择"订单 ID"，然后单击"确定"按钮。

（7）添加记录集导航条，方法是将插入点放在该表格下方，然后选择"插入"→"数据对象"→"记录集分页"→"记录集导航条"，当出现如图 10.75 所示的"记录集导航条"对话框时，选择 rsOrder 记录集并指定使用文本显示方式。

图 10.74　"转到详细页面"对话框　　　　图 10.75　"记录集导航条"对话框

（8）添加记录导航状态，方法是在导航条表格左侧插入一列并将插入点置于该列中，然后选择"插入"→"数据对象"→"显示记录计数"→"记录集导航状态"，当出现如图 10.76 所示的"记录集导航状态"对话框时，选择记录集 rsOrder，再单击"确定"按钮。

（9）在 DW 站点的 chapter10 文件夹中创建另一个 ASP 页作为详细页，并将该页命名为 page10-09b.asp，将其标题设置为"删除订单"，然后在该页中创建一个名为 rsOrder 的记录集，根据 URL 参数指定的订单 ID 从"订单"表中检索要删除的记录，如图 10.77 所示。

（10）在 page10-09b.asp 页中插入一个表单，在该表单内输入提示文本、插入一个提交按钮和一个普通按钮，将这两个按钮的标题文字分别设置为"删除订单"和"返回前页"；将"返回前页"按钮的 onclick 事件处理程序设置为"history.back()"。

（11）在该页中添加"删除记录"服务器行为，设置"删除记录"对话框选项的情形如图 10.78 所示。

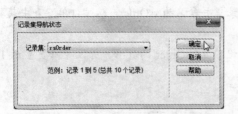

图 10.76 "记录集导航状态"对话框

图 10.77 在详细页中创建记录集 rsOrder

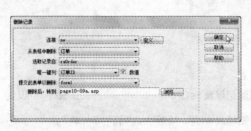

图 10.78 设置"删除记录"对话框选项

（12）对删除记录功能进行测试，方法是在浏览器中打开 page10-09a.asp 页，单击某条记录所在行中的"删除订单"链接，进入 page10-09b.asp 页，在此单击"删除记录"按钮。

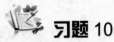

习题 10

一、填空题

1. 客户端脚本由位于客户端的_____负责解释执行，服务器端脚本则由位于服务器上的_____负责解释执行。

2. Response 对象的_____方法将重定向的信息发送到浏览器，尝试连接另一个 URL；_____方法将信息写入当前的 HTTP 响应正文。

3. 要检索附加到发送页面的 URL 中的信息，可使用 Request 对象的_____集合；要检索表单信息，可使用 Request 对象的_____集合。

4. Session 对象的_____属性用于设置或获取 Web 服务器保持会话信息的时间长度；该对象的_____方法用于销毁 Session 对象并释放其资源。

5. 使用 Application 对象可以在指定的 ASP 应用程序的所有_____之间共享信息，并在_____期间持久地保存数据。

6. 在 Dreamweaver CS5 中，如果不想手动输入 SQL 语句来创建记录集，可使用_____对话框；如果要通过输入 SQL 语句来创建记录集，可使用_____对话框。

7. 当把一个 SQL 语句作为命令文本属性时，可在 SQL 语句或存储过程调用中包含一个或多个参数，方法是在相应的位置上放置一个_____作为占位符；当 SQL 语句包含查询参数时，可通过 Command 对象的_____集合来设置所需要的各个参数值，以替换语句中的相应占位符。

8. 添加记录的页面由以下两个功能块组成：允许用户输入数据的_____；用于更新数据库的_____服务器行为。

9. 记录更新页通常包括以下 3 个构造模块: 用于从数据库表中检索记录的_____; 允许用户修改记录数据的_____; 用于更新数据库表的_____服务器行为。

10. 删除记录一般是通过主/详细页集合来完成的。在主页上选择要删除的记录并将_____传递到详细页上, 在详细页上获取由主页传递来的记录标识并通过 Command 对象向服务器发出_____语句, 以删除所选记录。

二、选择题

1. ASP 定界符是 ( )。
    A. <% %>   B. <@ @>
    C. <? ?>   D. <!-- -->

2. 要在服务器上实例化一个对象, 可调用 Server 对象的 ( ) 方法。
    A. MapPath   B. Execute
    C. HTMLEncode   D. CreateObject

3. 创建数据库连接时, 应在连接字符串中使用 ( ) 参数来指定 ODBC 驱动程序。
    A. Provider   B. Driver
    C. Data Source   D. DBQ

4. 要更新数据库表中的记录, 可使用 ( ) 语句来实现。
    A. SELECT   B. INSERT
    C. UPDATE   D. DELETE

三、简答题

1. ASP 有哪些特点?

2. ASP 内置对象主要有哪些?

3. Request 对象有哪些集合?

4. 如何在 Dreamweaver CS5 中使用 OLE DB 提供程序来创建数据库连接?

 上机实验 10

1. 在 Dreamweaver CS5 中创建一个站点, 使之支持 ASP VBScript 服务器模型。

2. 创建一个 ASP 页, 用于背景色隔行交替的表格。

3. 创建一个 ASP 页, 要求在该页中创建一个用于填写个人信息的表单, 并通过 Request.Form 集合来获取提交的表单数据。

4. 创建两个 ASP 页, 分别用于模拟登录页面和网站首页, 使用会话变量保存所提交的用户名。

5. 创建一个 ASP 页, 其功能是根据产品类别来查询产品信息。

6. 创建一个 ASP 页, 要求通过添加服务器行为创建实现插入记录功能, 用于向罗斯文数据库中添加新的雇员。

7. 创建一个 ASP 页, 要求使用服务器行为创建一个记录更新页, 用于修改罗斯文数据库中的雇员信息。

8. 创建一个主/详细页集合。在主页上选择要删除的订单, 在详细页上执行删除操作。

反侵权盗版声明

电子工业出版社依法对本作品享有专有出版权。任何未经权利人书面许可，复制、销售或通过信息网络传播本作品的行为；歪曲、篡改、剽窃本作品的行为，均违反《中华人民共和国著作权法》，其行为人应承担相应的民事责任和行政责任，构成犯罪的，将被依法追究刑事责任。

为了维护市场秩序，保护权利人的合法权益，我社将依法查处和打击侵权盗版的单位和个人。欢迎社会各界人士积极举报侵权盗版行为，本社将奖励举报有功人员，并保证举报人的信息不被泄露。

举报电话：（010）88254396；（010）88258888

传　　真：（010）88254397

E-mail：　dbqq@phei.com.cn

通信地址：北京市万寿路 173 信箱

　　　　　电子工业出版社总编办公室

邮　　编：100036